ERDE 2.0 —

TECHNOLOGISCHE INNOVATIONEN
ALS CHANCE FÜR EINE NACHHALTIGE ENTWICKLUNG?

Hrsg. Stefan Mappus, MdL
Minister für Umwelt und Verkehr
des Landes Baden-Württemberg

Bibliographische Information der Deutschen Bibliothek
Die Deutsche Bibliothek verzeichnet diese Publikation in der Deutschen
Nationalbibliografie; detaillierte bibliografische Daten sind im Internet über
»http://dnb.ddb.de« abrufbar.

ISBN 3-540-21327-9 Springer Berlin Heidelberg New York

Springer ist ein Unternehmen von Springer Science+Business Media
springer.de
© Springer-Verlag Berlin Heidelberg 2005
Printed in Germany

Gestaltung, Herstellung und Satz:
L2M3 Kommunikations Design GmbH, Stuttgart

Hrsg. Stefan Mappus, MdL
Minister für Umwelt und Verkehr
des Landes Baden-Württemberg

Texte:
Claude Fussler, Arnim von Gleich, Armin Grunwald, Volker Hauff,
Harald Hiessl, Eberhard Jochem, Stefan Kuhlmann, Carsten Orwat,
Konrad Ott, Franz Josef Radermacher, Albrecht Rittmann,
Klaus Töpfer, Walter Trösch, Andreas Troge, Rainer Walz,
Gerhard Zeidler

ERDE 2.0 –

TECHNOLOGISCHE INNOVATIONEN
ALS CHANCE FÜR EINE NACHHALTIGE ENTWICKLUNG?

 Springer

INHALT

VORWORT

Stefan Mappus

Kaum eine Kraft beeinflusst unser Leben so stark wie die Technik. Technologische Entwicklungen, angefangen von der Erfindung des Rades, über die Dampfmaschine bis hin zur heutigen Informations- und Kommunikationstechnologie, haben zu neuen Wirtschaftsstrukturen, zu sozialen Veränderungen, aber auch zu veränderten privaten Lebensformen geführt. Heute lässt die Technik kühnste Träume in Erfüllung gehen: Wir fliegen um die Erde und zum Mond und können in Sekundenschnelle mit Menschen weltweit kommunizieren.

Auf der anderen Seite hat Technik aber auch einen noch nie da gewesenen Raubbau an den natürlichen Ressourcen ermöglicht. Der weltweite Energieverbrauch steigt unaufhaltsam und damit verbunden der Ausstoß klimaschädlicher Treibhausgase; der Abbau von Rohstoffen schreitet voran und die globalen Transport- und Verkehrsströme belasten die Umwelt in zunehmendem Maße.

Unsere Zukunft und die unserer Kinder hängt zunehmend davon ab, welche Technologien heute entwickelt werden. Denn die technischen Neuentwicklungen, an denen heute in den F & E-Zentren und Labors geforscht wird, sind die Technologien, die schon morgen Marktreife erlangen und übermorgen auf den globalen Märkten eingesetzt werden. Noch nie zuvor gelangten neue Technologien in einer solch rasenden Geschwindigkeit weltweit zur Anwendung. Auch dies ist eine Folge der Globalisierung.

Daraus lassen sich aus meiner Sicht zwei wichtige Schlussfolgerungen ziehen. Zum Ersten müssen bei jeder Neuentwicklung einer Technologie Nachhaltigkeitsaspekte eine zentrale Rolle spielen. Wir können es uns angesichts der enormen Wirkungskraft, die neue Technologien weltweit entfalten können, nicht leisten, eine Technik auf den Markt zu bringen, die in hohem Maße umweltschädlich ist. Hier sind nach meiner Überzeugung auch staatliche Leitlinien notwendig.

Zum Zweiten bietet die technologische Globalisierung auch Chancen. Neue Technologien, die zukunftsfähige, umweltfreundliche Lösungen für die Bereiche Mobilität, Wohnen, Produktion und Energieversorgung anbieten, haben ein weltweites Marktpotenzial. Das eröffnet sowohl wirtschaftliche Erfolgschancen als auch eine greifbare Perspektive für die Realisierung einer weltweiten nachhaltigen Entwicklung.

Ich freue mich, dass es uns gelungen ist, im Anschluss an die Jubiläumsausstellung »Erde 2.0«, Experten der verschiedensten Fachdisziplinen und Forschungsrichtungen für einen Gedankenaustausch zur Frage zu gewinnen, welche Chancen innovative Technologien für eine nachhaltige Zukunft bieten. Wir möchten mit diesem Buch Anstöße für die Forschung und Anregungen für eine stärkere Vernetzung der Disziplinen geben. Wir sehen uns aber auch selbst in der Pflicht, innovative Technologien zu fördern, die Chancen für eine nachhaltige Zukunft bieten.

GRUSSWORT

Klaus Töpfer

Täglich leben über 75 000 Menschen mehr auf unserem wunderschönen blauen Planeten Erde. Diese neuen Erdenbürger kommen vornehmlich in den armen Entwicklungsländern des Südens zur Welt. Sie alle wünschen sich ein menschenwürdiges Leben, wünschen sich Lebenschancen, ein Leben ohne ständige existenzielle Angst, morgen noch satt und gesund sein zu dürfen.

Gleichzeitig: In den hoch entwickelten Ländern erfordert der historisch einmalig hohe Lebensstandard einen ständig wachsenden Bedarf an Energie, an Rohstoffen und den Leistungen der Natur. Die Herausforderung ist also klar: Der Lebensstandard der vielen armen Menschen dieser Welt – rund 1,5 Milliarden leben mit weniger als einem Dollar pro Tag – muss entschieden verbessert werden – ohne dass Natur und Umwelt zerstört werden – ohne dass kommende Generationen die Kosten des heutigen Wohlstandes zu begleichen haben. Die Veränderung der Konsummuster der Reichen in dieser Welt muss Chancen für eine verantwortliche Entwicklung der vielen Armen werden.

Dies kann nur gelingen, wenn gleichzeitig eine Effizienz-Revolution diese wirtschaftliche Entwicklung abkoppelt von steigenden Umweltbelastungen, von wachsendem Rohstoffverbrauch und Naturzerstörung, also: nur in einer nachhaltigen Entwicklung, die wirtschaftliche Entwicklung, sozialen Ausgleich und Umweltverantwortung verbindet.

Diese Überbrückung des großen Unterschiedes zwischen Nord und Süd, zwischen Arm und Reich, ist ein zentraler Eckstein jeder vorsorgenden Friedenspolitik.

Die Herausforderung liegt somit auf zwei Ebenen. Auf der einen Seite in einer Veränderung der Konsummuster gerade in den hoch entwickelten Ländern und andererseits in massiven Anstrengungen zur Verbesserung umweltfreundlicher Technologien. Dabei verstehe ich unter »Technologien« ein ganz breites Feld, das von den »hard technologies« technischer Verbesserungen bis hin zu Kommunikations- und Informationstechniken sowie zu einer entscheidenden Verbesserung des Verwaltungshandels, des Kampfes gegen Korruption führt. Auch für die industrielle Revolution in den Industrieländern Europas waren die Erfindung der Dampfmaschine durch Newcomen und Watts ebenso durchschlagend wie die Stein-Hardenbergschen Reformen etwa in Deutschland für unabhängige, qualifizierte Verwaltungsstrukturen und transparente Rechtssysteme.

Ein Beispiel möge dies belegen: Immer wieder wird die Besorgnis geäußert, dass die nächsten Kriege Wasserkriege sein werden. Also Auseinandersetzungen um den Zugang zu frischem Süßwasser.

Diese Besorgnis ist sicher bereits gegenwärtig gerechtfertigt, beachtet man neben der Bevölkerungszunahme auch die drastisch ansteigende Verstädterung bis hin zu mehr und mehr Megacities, aber auch die Industrialisierung und den ständig steigenden Wasserbedarf für Bewässerung. Dies sind also die treibenden Größen für die Wassernachfrage – während das Wasserangebot scheinbar konstant bleibt.

Aber Wasserkrisen können auch vermieden werden, wenn vorsorgende Technologien für das Wassersparen nicht nur entwickelt, sondern auch eingesetzt werden. Sie können vermieden werden, wenn in das Recycling von Wasser entscheidend mehr investiert wird, auch in dezentrale, naturnahe Anlagen. Sie können vermieden werden, wenn die Abwässer weniger mit Schadstoffen belastet werden, etwa durch entsprechende technische Verbesserungen in Industriebetrieben. Diese Krisen können vermieden werden, wenn die Chance genutzt wird, in der Landwirtschaft »more crop per drop« zu erzeugen. Viele weitere Verbesserungen der Technik können hier angeführt werden. Aber gleichzeitig auch: Entscheidend sind effiziente Institutionen in der Verteilung von Wasser, in der Unterhaltung von Wasserverteilungsnetzen, von großer Bedeutung sind sozial gerecht gestaffelte Preissysteme für Wasser.

Von herausragender Bedeutung sind darüber hinaus grenzüberschreitende Vereinbarungen für abgestimmte und regional optimierte Wassernutzung; die Bemühungen also, rechtlich verbindliche Rahmenwerke und Konventionen für die Wassernutzung in gemeinsam genutzten Flusssystemen oder Grundwasserleitern zu finden.

Die Wasserkrisen sind demnach keineswegs Wassermengenkrisen. Sie sind Investitions- und Technologiekrisen, sie sind administrative und politische Krisen.

Und so ist es nicht überraschend, festzustellen, dass bisher in nahezu allen Fällen drohende Wasserknappheiten nicht zu kriegerischen Auseinandersetzungen, sondern zu gemeinsamen Abkommen, zu gezielten Investitionen geführt haben. Fortschritte in der Umwelttechnik sind somit entscheidende Abrüstungsinstrumente in einer vorsorgenden Friedenspolitik.

Die Beispiele für die zentrale Herausforderung an umweltfreundliche, effizienzerhöhende Technologien sind zahlreich.

So muss der mit der Wirtschaftsentwicklung, besonders auch in den dynamischen Entwicklungsländern mit sehr hohen Wachstumsraten des Bruttosozialproduktes, einhergehende steigende Energieverbrauch einerseits durch moderne Techniken, anderseits durch hohe Energieeffizienz von diesem Wachstum abgekoppelt werden.

Andererseits muss eine drastische Erweiterung der Energiequellen die weitgehende Fixierung auf die kohlenstoffhaltigen fossilen Energien, Kohle, Öl und Gas aufbrechen.

Die technologischen Fortschritte in den erneuerbaren Energien, bei der Nutzung von Sonne und Wind, von Biomasse, Erdwärme und Wasser, sind vorsorgende Friedenspolitik, sind neue Chancen, für notwendige Entwicklungsprozesse ohne drastische Konsequenzen für das Klima unserer Welt.

Umwelttechnologien also zur Sicherung von Wohlstand, aber auch einer Ermöglichung von Wohlstand bei denen, die bisher massiv auf der Schattenseite dieser Welt leben.

Umwelttechniken für eine Kreislaufwirtschaft, in der es in der Vision keine Abfälle mehr geben darf. Die Einbeziehung von Wiederverwertung, Wiederverwendung in die Entwicklung von Produktionslinien in der gesamten Volkswirtschaft. Die Kreislaufwirtschaft, die »life cycle economy«, ist keineswegs eine abstrakte Utopie, keineswegs eine zu belächelnde Vision. Damit ergeben sich für die jungen Menschen unserer Gesellschaft mindestens ebenso große wie faszinierende Aufgaben, wie sie frühere Generationen in wirtschaftlichen Wachstumsprozessen geschaffen haben. Das menschliche Kapital, also die Fähigkeit zum Erdenken, zum Erfinden, aber auch zum Umsetzen neuer Möglichkeiten für alte und neue Herausforderungen – dies macht die Attraktivität unserer Zeit aus. Wieder ist es die Zeit der fragenden Geister, der Tüftler im besten Sinne und in moderner Form. Wieder ist der Einzelne gefragt, der durch noch so notwendige und gut gemeinte staatliche Förderprogramme nicht ersetzt werden kann.

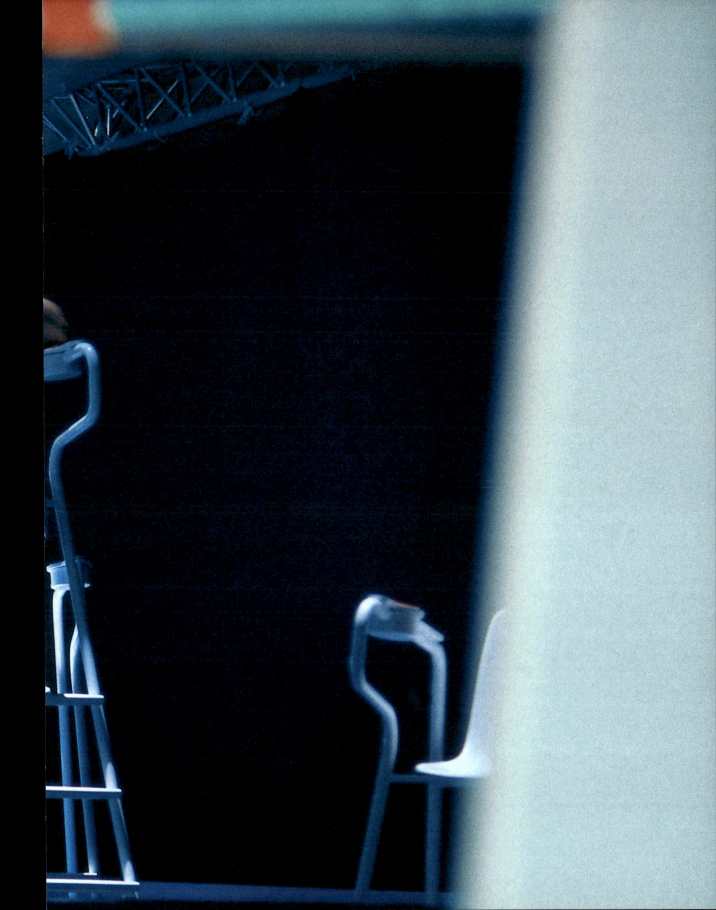

EINFÜHRUNG

DIE MECHANISMEN UMWELTTECHNISCHER ENTWICKLUNGEN ZUR FÖRDERUNG DER NACHHALTIGKEIT

Albrecht Rittmann

Zum Jubiläumsjahr 2002, in dem das Land Baden-Württemberg seinen 50. Geburtstag feierte, führte das Ministerium für Umwelt und Verkehr in Baden-Württemberg die Jubiläumsausstellung »Erde 2.0 – Baden-Württemberg zeigt Technologien für morgen« durch. In den Bereichen Gebäudetechnik, Wasser, Energie, Produktion, Recycling, Landwirtschaft, Logistik und Antriebssysteme wurde auf der Landesausstellung gezeigt, welche technischen Innovationen einer nachhaltigen Entwicklung entgegenkommen. Mit diesem Sachbuch wird das in der Landesausstellung angesprochene Thema fortgesetzt.

Rolle und Bedeutung technischer Innovationen bei der Entwicklung nachhaltiger Strukturen beschäftigen das Ministerium für Umwelt und Verkehr Baden-Württemberg im Rahmen seiner Nachhaltigkeitspolitik seit geraumer Zeit. Die Entwicklung hin zur Nachhaltigkeit ist unzweifelhaft eine vorrangige Aufgabe, deren Dimension definierbar, aber real noch nicht abzuschätzen ist. Besondere Schwierigkeiten treten dadurch auf, dass die Gestaltung einer nachhaltigen Entwicklung eine rollen- und medienübergreifende Aufgabe, in der Sprache der Verwaltung also keine ressortspezifische Angelegenheit ist, sondern Zusammenarbeit auf allen Gebieten bedeutet. Unternehmen, wissenschaftliche Einrichtungen, Politik und Verwaltungen müssen sich mit einem integrativen Ansatz dem Nachhaltigkeitsthema nähern. Die typischen Egoismen der Beteiligten lassen sich aber durch Appelle oder den Versuch, Einsichten zu schaffen, nur bedingt bewältigen. Der richtige Ansatz kann daher nur sein, dass sich alle, Wirtschaft, Wissenschaft, Politik und Verwaltung in ihren jeweils eigenen Zuständigkeitsbereichen dafür verantwortlich fühlen, Nachhaltigkeit zu entwickeln.

Im ersten Teil des Buches wird die Frage nach der Relevanz technischer Innovationen im Nachhaltigkeitsprozess aus der Perspektive der Politik, der globalen Umgestaltung der Wirtschaft, der Unternehmensphilosophien sowie aus der Ethik der Technik beleuchtet. Die Rolle technischer Innovationen im Nachhaltigkeitsprozess kann nicht allein den Technikern und Konstrukteuren der Forschungsabteilungen der Unternehmen und Institute überlassen bleiben. Möglichst viele Disziplinen haben sich aufgrund des notwendigen gesamtschaulichen Ansatzes des Nachhaltigkeitsthemas auch mit der Technikfrage zu beschäftigen. Da technische Entwicklungsprozesse zu großen Teilen langdauernde Entwicklungszyklen benötigen, die Zeit aber zu Veränderungen z. B. in allen Prozessen, die Verbrennungsvorgänge ändern oder substituieren, knapp ist, müssen schnell grundlegende Entscheidungen getroffen werden. Traditionell führt die bundesrepublikanische Gesellschaft nur ansatzweise Technikdebatten. Wie lustvoll und mit welchem Einsatz wird doch die Debatte zum Zwangspfand geführt, eine Diskussion der für die zukünftige Energieversorgung auch unter Nachhaltigkeitsaspekten bedeutungsvollen Frage, ob es zu einer Renaissance der Kernkraft, etwa zur Herstellung von Wasserstoff kommen muss, findet dagegen praktisch nicht statt. Die Technikentwicklung muss sich am Ziel orientieren, den Druck auf ökologisches Systeme dauerhaft zu reduzieren. Die derzeitige Inanspruchnahme überschreitet die Belastbarkeit der Biosphäre um circa 20 Prozent (Fussler, Seite 60 ff). Der Frage, ob es Ziel der Technikentwicklung sein muss, diese Überbeanspruchung zu beseitigen, das Naturkapital also zu erhalten (starke Nachhaltigkeit), oder ob Teile des Naturkapitals durch Wissen und technische Entwicklungen substituiert werden können (schwache Nachhaltigkeit), geht der Beitrag von Ott »Technikentwicklung und Nachhaltigkeit – eine ethische Perspektive« nach. Das Ministerium für Umwelt und Verkehr Baden-Württemberg strebt Nachhaltigkeit im Sinne von Ott an. Ob sich allerdings dieses Ziel verwirklichen lässt und es auf Dauer bestehen bleiben kann, lässt sich aus heutiger Perspektive nicht beantworten. An der Dringlichkeit der Umsetzung des Zieles starker Nachhaltigkeit dürfen jedoch keine Zweifel erwachsen.

Für die im zweiten Teil des Buches beschriebenen technologischen Entwicklungspfade, die einen besonderen Beitrag zu einer nachhaltigen Entwicklung leisten können, wurden die material- und rohstoffbezogenen Technologien, die wasserbezogenen Technologien, die transport- und verkehrsbezogenen Technologien, die energiebezogenen Technologien, die Life Sciences sowie schließlich die informationsbezogenen Technologien ausgewählt. Mit diesem Ansatz sollen erstmals in einer großen Bandbreite die derzeit überschaubaren technischen Potenziale beleuchtet werden. Zukünftige Szenarien einer Technikentwicklung können jedoch nur im Trend dargestellt werden. Konkrete Prognosen des technischen Fortschritts sind inhärent falsch.

Zunächst ist allerdings die Frage zu stellen, welche Relevanz technische Innovationen zur Erreichung des Nachhaltigkeitszieles haben. Die Meinungen hierzu gehen bis in die Extreme. Häufig ist zu hören, dass es (nur) eines radikalen Mentalitätswandels der Menschen zusammen mit einer Änderung des Lebensstils bedürfe, um die Welt in einen nachhaltigen Zustand zu versetzen. Die Gegenmeinung vertritt die Auffassung, dass es vorrangig darum gehen muss, saubere, ressourcenschonende, die Umwelt nicht belastende Prozesse und Verfahren zu schaffen, um Nachhaltigkeit zu erreichen.

Beide Meinungen sind in ihrer Einseitigkeit nicht zutreffend. Ein Appell an Verhaltensänderungen kann Menschen ansprechen, zumeist aber nur eine Minderheit, niemals rund um den Globus eine Mehrheit. Wollen wir nicht auf eine Illusion setzen, sind technische Innovationen, die den Wohlstand soweit wie möglich erhalten oder ihn überhaupt möglich machen, unverzichtbarer Teil jeder Nachhaltigkeitsstrategie. Technische Innovationen finden anderseits nicht im luftleeren Raum statt, sondern beruhen auf vielfältigen Faktoren, auch auf dem Faktor echter oder künstlich erzeugter Nachfrage aufgrund eines Mentalitätswandels. Der technische Fortschritt ist schließlich der Ausdruck von Investitionsentscheidungen. Er bedarf ebenso gesicherter Rahmenbedingungen, denn sonst zögern die Investoren.

Es ist die vorwiegende Einschätzung der Autoren dieses Buches, dass es nicht nur technischer, sondern ebenso gesellschaftlicher und organisatorischer Änderungen bedarf, um ein nachhaltiges System zu etablieren. Radermacher setzt in seinem Beitrag »Nachhaltigkeit und Innovation unter den Randbedingungen des globalen Wandels – eine Makroperspektive« an Grundsatzfragen an und formuliert Bedingungen, ohne die ein echter globaler Nachhaltigkeitsprozess überhaupt nicht einsetzen kann. Er hält Macht, Einflussgrößen auf wirtschaftliche und technische Parameter und damit einhergehend soziale Standards auf der Welt zu ungleich verteilt, sodass es unter diesen Konditionen niemals gelingen könne, internationale Standards aufzubauen. Tieferliegende historische Gerechtigkeitsfragen müssen erst gelöst werden, um die Umweltsituation, die durch die Wirkungsmechanismen des globalen ökonomischen Systems massiv belastet wird, zu ändern. In letzter Konsequenz führen Radermachers Thesen dazu, dass der Frieden zwischen den Kulturen, die Bekämpfung der Armut und eine globale ökosoziale Marktwirtschaft die Eckpfeiler jeder nachhaltigen Entwicklung sind. In der Tat, die Abholzung der tropischen Regenwälder, eines der gravierendsten Umweltprobleme, lässt sich beispielsweise nicht durch technische Entwicklungen aufhalten. Nur gesellschaftliche und wirtschaftliche Reformen, die aus der Armut und dem damit verbundenen Landhunger herausführen, halten diesen und anderen ökologischen Raubbau auf.

Um die Abhängigkeiten und Stimulanzen technischer Entwicklungen speziell im Umweltschutz aufzuzeigen, sollte man einen Blick auf die Umwelttechnikgeschichte der letzten 40 Jahre werfen. Innerhalb dieses Zeitraums haben sich im Wesentlichen die umweltspezifischen Techniksparten entwickelt.

Der *erste Schritt* war die Verbreitung der so genannten additiven Umwelttechnik (End-of-pipe-techniques), also einer Technologie, die darauf ausgerichtet ist, Schadstoffe zu absorbieren. Auslösendes Moment, diese Technik zu entwickeln und zu verbreiten, waren gesetzgeberische Maßnahmen des Ordnungsrechts. Insbesondere die Dynamisierungsklausel des Bundesimmissionsschutzgesetzes bewirkte wahre Wunder. Die Luft wurde wieder sauberer, das Wasser wieder klarer. Die gesetzgeberische Aufforderung, sich bei der Abgas-, Abwasserreinigung oder der Abfallbehandlung am Stand der Technik, definiert als beste verfügbare technische Entwicklung, zu orientieren, führte innerhalb eines relativ kurzen Zeitraums zu deutlichen Verbesserungen der betroffenen Umweltmedien. Das Rezept, über steigende Grenzwerte technische Optimierungen zu erreichen, ging voll auf. Bei manchen Parametern ist das Quasi-0-Emissionsziel bereits erreicht oder der Kosten-/ Nutzenaufwand grenzwertig geworden.

Der *zweite Schritt* in der Fortentwicklung der Umwelttechnik hatte weniger gesetzgeberische als ökonomische Gründe. Es setzte sich die schlichte Erkenntnis durch, dass jeglicher Input eines Produktionsprozesses, der nicht zum Produkt wird, sondern als Output den Produktionsprozess wieder verlässt, vermeidbare Kosten verursacht. Wenn es gelingt, diese Kosten durch Änderungen des Produktionsprozesses so zu verringern, dass sie die Umstellungskosten übersteigen, werden durch die Umweltschutzmaßnahme auch die Produktionskosten verringert (Cleaner Production). Insbesondere im Abfall und Energiebereich wurden auf diese Weise deutliche Fortschritte erzielt. Die Instrumente, die Cleaner Production beeinflussten, sind Managementsysteme wie das Eco-Management and Audit Scheme (EMAS), ISO 14001 oder Ansätze wie Ökoprofit, die mit ihrer stoffbezogenen Analytik die Möglichkeiten aufzeigen, wie industrielle, aber auch handwerkliche Prozesse geändert und optimiert werden können. Einschlägige Managementsysteme führen auch zur so genannten IPP (Integrierte Produktpolitik), welche ökoanalytisch den gesamten Lebenszyklus eines Produktes betrachtet, um umweltfreundlichere Produkte zu gewinnen.

Für die Politik ist diese Entwicklungsstufe eine favorable. Sie kann aufatmen, muss nicht mehr ungeliebte Grenzwerte durchsetzen oder »best available techniques« formulieren. Der Unternehmer muss selbst erkennen, auf welchem Wege er Ressourcen spart. Der Politik verbleibt die Aufgabe, den beschriebenen Trend zur Self-Correction zu stimulieren, indem durch Förderprogramme die Einführung von Managementsystemen oder Stoffstromuntersuchungen erleichtert wird.

Die bisherigen Erfahrungen zeigen allerdings, dass die Unternehmen wegen der hohen Kosten der Revalidierung von zertifizierten Umweltmanagementsystemen diese häufig nur zeitlich befristet einsetzen. So sinkt zwischenzeitlich im Trend die Zahl der Unternehmen, die EMAS-zertifiziert sind. Das erste Durchkämmen der Produktionsprozesse bringt eben mehr an Einsparmöglichkeiten als deren Wiederholungen. Nun könnte man auf die Idee kommen, ein Umweltmanagementsystem, z.B. EMAS, zur gesetzlichen Pflicht zu machen. Der Erfolg wäre vermutlich vergleichbar mit der Einführung eines Zwangszivildienstes als Krankenpfleger oder Altenpfleger. Zur erfolgreichen Durchführung eines Umweltmanagementsystems bedarf es einer Eigenmotivation.

Cleaner Production soll von der technischen Seite her zum Faktor-4 bzw.

Faktor-10-Ansatz führen. Bei gleichem Input soll das Produkt 4- oder 10-mal effizienter werden. Das kann zur Ressourcenschonung bei gleichzeitigem Wachstum führen, aber auch den so genannten Bumerang-Effekt auslösen (kritisch hierzu Radermacher Seite 84). Die durch Dematerialisierung oder Miniaturisierung gewonnenen Ressourcen führen zu erhöhter Produktion oder zu Folgeprodukten. Steil steigende Nachfrage nach Elektro- und Elektronikgeräten und deren Funktionserweiterungen zeigen dies anschaulich auf. Gleichwohl: Der gedankliche Ansatz der Dematerialisierung bleibt richtig und sollte Leitmotiv aller technischen Neuentwicklungen sein.

Zur Phase staatlicher Stimulanz statt staatlichem Ordnungsrecht gehört auch die Förderung ausgewählter Technologien. In Deutschland sind hiervon im Nachhaltigkeitsbereich insbesondere die erneuerbaren Energien betroffen. Durch das Gesetz zur Einführung der Erneuerbaren Energien (EEG) kommt es zu einer Subvention des aus erneuerbaren Energien gewonnenen Stroms, mittelbar damit auch zur Förderung energieproduzierender Technologien. In seiner gegenwärtigen Ausgestaltung ist dieses Instrument zwar zur schnellen Verbreitung erneuerbarer Energien geeignet, durch langjährig garantierte Subventionen, welche die Volkswirtschaft insgesamt belasten, geht dieses Instrument aber weit über seine Aufgabe hinaus, ein Anreiz zur Neuentwicklung und zur Einführung neuer Technologien zu sein. Als billigere und ebenso wirksame Alternative käme eine Verpflichtung der energieproduzierenden Unternehmen in Betracht, eine bestimmte, periodisch steigende Quote der Energieerzeugung aus erneuerbaren Energien einzusetzen (Quotenmodell). Das würde bei den Energieunternehmen Investitionen in neue, regenerative Energieerzeugungstechniken zur Folge haben. Allerdings würde dieses Modell weniger dazu führen, die Stromversorgung zu dezentralisieren und Private zu Investitionen anzuregen. Schnell kommt man daher zu der Frage der technologischen Ausrichtung: Lässt sich Strom günstiger in zentralen Einheiten produzieren, oder soll Strom zukünftig dezentral in kleinen Einheiten, möglichst am Ort des Gebrauchs, gewonnen werden? Die Frage ist schwer zu beantworten. Wenn es aber wie hier um die Analyse der Entwicklungsmechanismen technischer Innovationen geht, kann festgestellt werden, dass das EEG dezentrale Energieerzeugung bevorzugt und deshalb einen Innovationsschub in diese Richtung auslöst.

Die derzeitige *dritte Stufe* der Einführung neuer Techniken ergibt sich aus dem inzwischen eingeführten Handel von Zertifikaten. Die Übernutzung von Naturressourcen (hierzu zählt auch die Übernutzung der Atmosphäre durch Kohlendioxid-Emissionen) soll durch die Vergabe von handelbaren Berechtigungsscheinen (Zertifikaten) gemindert werden. Öffentliche Güter werden rationiert und nach vorgegebenen Regeln den Nutzern zugeteilt. Die Rationen werden im Laufe der Handelsperioden kleiner, sodass der Nutzer gezwungen wird, durch Systemverbesserungen seinen Bedarf an Ressourcen zu verringern. Dieses System wird derzeit zur Reduktion von CO_2-Emissionen angewandt, könnte aber für viele andere Fälle einer Übernutzung von Ressourcen, z. B. beim Flächenverbrauch, in gleicher Weise eingesetzt werden.

Das Zertifikatesystem ist ein überaus probates Mittel zur Einführung verbesserter Techniken mit der Besonderheit, dass diese dort eingesetzt werden, wo sie nach einer Kosten-/Nutzenanalyse am vorteilhaftesten für das betroffene Unternehmen sind. Der Zertifikatehandel wird daher als marktwirtschaftliches Instrument bezeichnet. Das darf nicht darüber hinwegtäuschen, dass der Zertifikatehandel zunächst eine planwirtschaftliche Komponente hat (die Menge der Nutzung von Naturressourcen wird von einem nationalen oder supranationalen Organ festgelegt). Die Verteilung der Nutzungsrechte wird durch ein marktwirtschaftliches System betrieben (der Betreiber einer Anlage kann zwischen dem Kauf von Zertifikaten oder der Investition in eine CO_2 mindernde Technik entscheiden, den Kaufpreis der Zertifikate bestimmt der Markt).

Der Zertifikatehandel ist wegen der Zuteilungsproblematik der Zertifikate ein außerordentlich komplexes, wegen der Kosten der Zuteilung und des Handels auch ein System mit hohen Nebenkosten. Beim Handel mit CO_2 und anderen treibhausrelevanten Gasen ist er auch nur zielführend, wenn er weltweit oder zumindest bei allen großen Industrienationen (einschließlich USA, Australien, Indien und China) zur Anwendung kommt.

Diejenigen, die in den Zertifikatehandel nicht einsteigen, dürfen keinen Wettbewerbsvorteil haben. Bei den betroffenen Unternehmen wird er gleichwohl einen Modernisierungsschub auslösen. Die Frage muss allerdings gestellt werden, ob eine CO_2-optimierte Energieerzeugung nicht auf einfachere Weise erzielt werden könnte. Das Ministerium für Umwelt und Verkehr befürwortet alternativ Abgaben auf den Verbrauch von Naturressourcen. Diese Lösung ist weniger nebenkostenintensiv und kann zu den gleichen Zielen wie der Zertifikatehandel führen. Abgabenlösungen sind für die Regierung jedoch aus naheliegenden Gründen ein »heißes Eisen«, darüber hinaus deutlich wettbewerbsrelevant. Sie sind realistischerweise nur durchführbar, wenn sie im Rahmen weltweiter Abkommen ähnlich wie der Kyoto-Mechanismus vereinbart werden. Die Staaten dürfen diese Abgaben auch nicht als eigene Einkommensquelle nutzen, sondern sollten sie einem internationalen Fond zuführen, der wiederum die Gelder für einschlägige Förderprogramme zurückfließen lässt.

Fassen wir zusammen: Ökonomische und staatliche Anreizsysteme wechseln sich in ihrer Bedeutung ab. Ordnungsrechtliche Vorgaben kreieren neue Techniken, sind jedoch schadstoffbezogen und können deshalb bei einer komplexen Aufgabenstellung nur bedingt eingesetzt werden. In der Vergangenheit wurden ordnungsrechtliche Vorgaben erlassen, ohne dass eine entsprechende einsatzreife Technologie zur Einhaltung der Vorgaben zur Verfügung stand. Sie wurde jedoch aufgrund der Verpflichtung binnen kurzem entwickelt.

Steuerrechtliche Instrumente und Abgaben besitzen vielfältige Fähigkeiten der Steuerung. Sie sind allerdings im nationalen Rahmen nur begrenzt einsetzbar, weil sonst den Unternehmen im weltweiten Wettbewerb nicht tragbare Nachteile entstehen könnten. Subventionen sind europarechtlich nur bedingt möglich. Self-Correction, z.B. über Umweltmanagementsysteme, bedarf zusätzlicher unternehmerischer Energie, die wiederum ein inspiratives Umfeld benötigt. Über den Zertifikatehandel liegen noch keine Erfahrungen vor. Es ist derzeit noch offen, ob er sich international durchsetzen wird. Wenn ja, wäre dies ein großer Fortschritt beim Bestreben, mit Naturressourcen nachhaltig umzugehen.

Gibt es weitere Anreizsysteme, die zukünftig im Nachhaltigkeitsbereich technische Entwicklungen voranbringen können? Dazu die Antwort, die den höchsten Wahrscheinlichkeitsgrad besitzt: In Zukunft wird die Hauptantriebsfeder schlichtweg die Verknappung der Ressourcen sein. Dabei kommt es weniger auf die tatsächliche Verknappung der Ressourcen an, sondern inwieweit der Markt eine Verknappung empfindet und dadurch in spürbarem Umfang die Preise steigen. Die Frage beispielsweise, inwieweit die Vorräte an Rohöl und Erdgas bei wachsendem Bedarf tatsächlich reichen, ist sekundär. Es geht ausschließlich um die Frage der Verfügbarkeit zu herkömmlichen Preisen. »Not macht erfinderisch« heißt ein Sprichwort. Die Not wird aber derzeit überwiegend nur von denjenigen gesehen, die sich der hier angesprochenen Zukunftsfrage stellen.

Knappheit bei den fossilen Energieträgern und anderen Ressourcen wie Kupfer, Trinkwassermangel, aber auch die Erderwärmung werden die Volkswirtschaften so massiv belasten, dass ein Gegensteuern vor allem mit technischen Neuentwicklungen die automatische Folge sein wird. Der Druck ist augenblicklich noch nicht groß genug, dass ein deutliches Ansteigen technischer Entwicklungen im Nachhaltigkeitsbereich zu verzeichnen ist. Es ist aber nur eine Frage der Zeit, dass sich das Innovationskarussell schneller drehen wird. Die deutschen Automobilfirmen beginnen sich bereits auf eine Zeit einzustellen, in der Benzin und Diesel auf Rohölbasis nur noch beschränkt zur Verfügung stehen. Viele amerikanische Unternehmen, vom Aluminiumkonzern Alcoa bis zum Chemieriesen DuPont halten wenig von der derzeitigen Klimaschutzpolitik der US-Regierung und beginnen freiwillig, ihre CO_2-Emissionen zu reduzieren, weil sie wissen, dass ihre Emissionen in Zukunft stark begrenzt werden. Eine Tatsache, die vorsichtigen Optimismus auslöst.

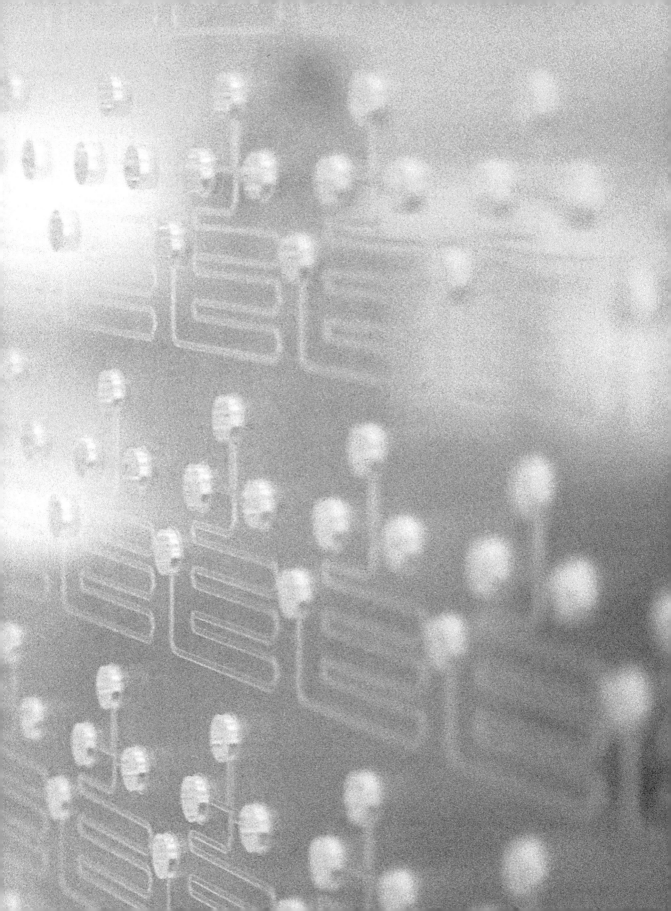

eit – eine ethische Perspektive

en Randbedingungen
erspektive

ntwicklung

mischer Perspektive

en Umweltpolitik

TECHNO-LOGISCHER FORTSCHRITT – BAUSTEIN DER NACHHALTIGKEIT

Volker Hauff

Auf dem Weg zu einer nachhaltigen Entwicklung werden sich Maß und Richtung des technologischen Fortschritts verändern müssen. Nachhaltigkeit heißt, Umweltgesichtspunkte gleichberechtigt mit sozialen und wirtschaftlichen Gesichtspunkten zu berücksichtigen und unser heutiges Handeln beim Staat, in der Wirtschaft und in der Zivilgesellschaft so auszurichten, dass wir unseren Kindern und Enkeln ein intaktes ökologisches, soziales und ökonomisches Gefüge hinterlassen – jedenfalls keine Sackgassen, Altlasten und Hypotheken. Richtig verstanden, schafft Nachhaltigkeit Wettbewerb und Freiheit für Zukunftsoptionen. Dabei spielen technologische und soziale Innovationen eine große Rolle; die größte Rolle aber spielt deren Verknüpfung.

In Deutschland und in der Welt sind wir von einer nachhaltigen Entwicklung noch entfernt. Innovation und Wohlstand sollten sich im Wachsen des Kapitalstocks und der Lebensqualität ausdrücken. Aber tatsächlich sind die öffentliche Verschuldung, die Zurückweisung der Arbeitskraft so vieler, insbesondere erfahrener Arbeitnehmer, sowie der ungebrochene Verzehr an Rohstoffen und Energieträgern eine gigantische Vernichtung von Kapital und Naturressourcen. Sie sind Anzeichen einer Entwicklung, die nicht als nachhaltige gelten kann. Unser Wohlstand – und das ist auch eine ökonomische, keine nur moralische Beobachtung – ist der von fröhlich prassenden Erben.

Der UN-Weltgipfel zur Nachhaltigen Entwicklung 2002 in Johannesburg setzte die 1972 mit der ersten UN-Umweltkonferenz in Stockholm und mit dem Brundtland-Bericht 1987 sowie der Rio-Weltkonferenz zu Umwelt und Entwicklung 1992 begonnene Suche nach grundlegenden Prinzipien einer Weltpolitik fort, die zugleich die natürlichen Grundlagen und die Lebensperspektiven der Menschen erhält. Im Jahr 1992 stand Rio für Aufbruch, Begeisterung und Vision. Nach dem Ende der Block-Gegensätze sollte die Friedensdividende die ärgsten Entwicklungshemmnisse der Welt beseitigen und zugleich die Umweltverwüstungen des westlichen Industrialisierungsmodells vermeiden. Das waren zwar teilweise politische Illusionen, aber dennoch: Rio gab den Startschuss für die globale Nachhaltigkeitspolitik, und die dort beschlossene Agenda 21 hat viele Menschen ermutigt, sich für eine neue Politik zu Umwelt und Entwicklung einzusetzen. Dagegen fand Johannesburg 2002 in einer wesentlich veränderten Welt statt. Armut, Umweltzerstörung und die Polarisierung der Welt haben zugenommen, ebenso wie die Enttäuschung und Entmutigung über die Weltinnenpolitik. Aber immerhin hat Johannesburg der US-amerikanischen Absage an die multilaterale Umweltpolitik Stand gehalten. Zurzeit jedoch verstreicht das politische Momentum von Johannesburg weitgehend ohne Wirkung. Die Europäische Union ist nicht mehr der Promotor für eine nachhaltige Entwicklung, der sie noch in Johannesburg war, und Europa selbst entwickelt keine klare Nachhaltigkeitspolitik. Harte Einschnitte gegen berechtigte Interessen sind notwendig, wenn eine nüchterne Bilanz der bisherigen Entwicklungsstrategien gezogen wird.

Innovation wird heute immer noch mit Fortschritt gleichgesetzt, und unter Fortschritt wird in aller Regel verstanden, dass alle Dinge modern und mehr werden. Die öffentliche Wahrnehmung verkürzt Innovation auf die Mehrung von Geschäftschancen und Wohlstand. Die politische Auseinandersetzung ging in der Vergangenheit und im Grunde noch heute im Wesentlichen nur um die Frage der Mittel, nicht um die der Zwecke. Gestritten wurde um die Frage, mit welchem Mittel Innovationen anzukurbeln und zu beschleunigen sind: Ob man dies dem Markt allein überlassen müsse, weil nur ein möglichst freier Markt den geeigneten Mechanismus zur Optimierung des wirtschaftlichen Mitteleinsatzes für Innovationen habe – oder ob man Innovationen »planen«, das heißt durchaus auch mit marktkonformen Mitteln der Politik über Anreize, Infrastrukturplanung und Förderungen Innovationen erzwingen könne.

Beides – so scheint es heute – verspricht auf die Dauer keine Erfolge. Weder ist der Fortschrittsglaube in die politische Programmierbarkeit noch das alleinige Marktvertrauen innovationsfördernd. Es kommt auf die Mischung an und die entscheidet sich im konkreten Fall nicht anhand von politischen Weltanschauungen, sondern durch die technologischen und praktischen Umstände des jeweiligen Sachzusammenhanges und dadurch wie bewusst die technologische, gesellschaftliche und ökologische Richtung wahrgenommen wird, die mit den Entscheidungen angestoßen oder eingeschlagen wird.

EIN »INNOVATIVE TURN« IST NÖTIG – FÜR EINE INNOVATIONSPOLITIK MIT RICHTUNGSBEWUSSTSEIN

Die Geschichte Europas hält Antworten auf unsere Fragen nach Innovationsbereitschaft und Innovationskraft bereit, die heute meist vergessen werden. Sie wieder zu entdecken, ist eine wichtige Aufgabe; gleichzeitig geben sie jedoch nicht mehr hinreichende Antworten auf die durch Investitionszyklen und Umweltfolgen heute neuen zusätzlichen Fragen.

Die »Erfindung des Erfindens« ist eine solche alteuropäische Primärtugend. Die Vermischung der Völker Europas, das Kulturgut der natürlichen und sozialen Vielfalt, die permanente Umwandlung und Übernahme von Dingen und Verfahren haben oft genug zu Unterdrückung, Krieg und Misswirtschaft beigetragen – aber sie haben insgesamt das kulturelle und politische Erbe Europas auch positiv geprägt, in dem sie den Zwang zum Ideenreichtum begründet und die Realisierung von Ideen zur Überlebensstrategie gemacht haben. Im ausgehenden Mittelalter haben fünf Basisinnovationen Europa geprägt und die Produktivität vorangetrieben: die energetische Nutzung des Wasserrades, die Entwicklung von Augengläsern und Brillen mit dem Nebeneffekt der verlängerten produktiven Arbeitsfähigkeit erfahrener Feinhandwerker, die Erfindung der mechanischen Uhr mit ihren demokratisierenden und wirtschaftlichen Wirkungen, der Buchdruck mit beweglichen Typen und die durch ihn explodierende Verbreitung von Wissen, die Übernahme und Verbesserung des Schießpulvers. Sie haben den Weg freigemacht für eine dynamische wirtschaftliche und gesellschaftliche Entwicklung. Sie stellten für die weitere Entwicklung Europas einen ersten innovationspolitischen »turn«, ein neues Paradigma der Entwicklung dar.

Egal, ob Innovationen schrittweise oder in Sprüngen erfolgen, egal, ob sie aus Technologietransfers hervorgehen oder neu entwickelt werden, ob sie technologisch oder management bezogen sind – die hochentwickelten Gesellschaften lassen zukünftige Innovationen nur möglich erscheinen, wenn sie immer zugleich auch eine organisatorische und politische Dimension haben. Innovationen im Sinne der Nachhaltigkeit können sich nicht wie bisher üblich fast ausschließlich auf die Methode des »trial and error« verlassen, der sie früher oft zu recht gefolgt waren. Dazu sind die Auswirkungen technologischer Grundentscheidungen in der heutigen Welt zu verflochten und teils nicht mehr rückholbar – siehe Klimaeffekte und Verbrauch endlicher Ressourcen. Sie sind oft auch ein »positionelles Gut«, das heißt, sie geben eine technologiepolitische Richtung vor, der andere Technologie-Entwickler folgen können, die sie aber nicht überholend verändern können. Ähnlich einer Lokomotive, die als Technologieführer voranfährt, und die von ihren Nachfolgern nicht überholt werden kann, obwohl diese im einen oder anderen Detail durchaus aufgeholt haben. Moderne Innovationen sind auch nicht mehr rein technologische Innovationen, die sich aus einer linearen Anwendung von Forschungsergebnissen ergeben. Innovationen sind vielmehr das Ergebnis komplexer Wechselbeziehungen zwischen Personen, dem unternehmerischen Handeln, der Funktion von Organisationen und dem politischen Handlungsumfeld sowie den gesellschaftlichen Normen. Gleichrangig neben der Technologie-Innovation steht deshalb die organisatorische Innovation. Sie gilt für das Wirtschaftsunternehmen mit neuartigen Formen der Organisation von Arbeit, des Personalmanagements und der Geschäftsmodelle. Sie gilt aber auch im Kontext des gesellschaftlichen Zusammenhalts, z.B. bei neuen sozialen Kooperationsformen wie bürgerschaftlichem Engagement in der Altenpflege und in der kommunalen Selbstverwaltung durch Bürgerhaushalte und Agenda 21-Gruppen, aber auch in der Beziehung zwischen

Mieter und Vermieter bei der energetischen Gebäudesanierung, bei der Schaffung selbstverantworteter Handlungsstrukturen in der Wirtschaft und Zivilgesellschaft etwa zum Papierrecycling, zum Umweltschutz, zur Entwicklungszusammenarbeit und zur sozialen Verantwortung.

Innovatives Handeln unter den modernen Bedingungen heißt in aller Regel, dass man es mit hochkomplexen Sachverhalten zu tun hat und dass jeder notwendige Versuch, diese Komplexität zu reduzieren, am Ende wieder neue Komplexitäten schafft. Dies ist als Rahmenbedingung zu akzeptieren und darf nicht als k.o.-Formel missverstanden werden. Nur so ist politisches Handel möglich. Innovatives Handeln ist unter dieser Bedingung ein fortwährendes Ineinandergreifen von These, Begründung, Bewährung und Korrektur. Darauf hat schon Karl Popper hingewiesen. Wo er aber glaubte, dass eine Theorie so lange Bestand habe bis sie von der Wirklichkeit »falsifiziert« werde, wissen wir heute, dass wir im Hinblick auf bestimmte moderne Probleme wie die Klimawirkungen, die Lebensmittelsicherheit, das »social divide« in der sozialen Entwicklung der Weltgesellschaft nicht auf die Falsifizierung durch die Wirklichkeit warten dürfen. Wo das befürchtete oder zu erwartende Schadensausmaß so groß ist (selbst bei geringer Eintrittswahrscheinlichkeit), hat die Politik nicht den »zweiten Versuch« zur Verfügung.

Technologischer Fortschritt ist keine Einbahnstrasse, auf der sich die verschiedenen Teilnehmer und Konkurrenten alle in der selben Richtung, nur mit unterschiedlicher Geschwindigkeit bewegen. Er war das auch in der Vergangenheit nicht, obwohl uns der Blick zurück auf die Industrialisierung Europas und auf das Wirtschaftswunderland Deutschland nach 1945 mitunter einen solchen Eindruck nahe legen. Um der Komplexitätsfalle zu entgehen und gleichzeitig auch Versuchungen des Staates hinsichtlich einer »Programmierbarkeit« von Technologien vorzubeugen, braucht moderner – und nachhaltiger – technologischer Fortschritt gesellschaftliche Rückkopplungen und Prüfstationen. Eine davon liefern Märkte und die Entwicklung der Nachfrage. Die Schaffung neuer Märkte und die Nachfrage neuer Produkte durch die Verbraucher sind für Innovation von zentraler Bedeutung. Innovative Produkte entstehen aber eher auf Grund eines differenzierten und anspruchsvollen Bedarfs der Verbraucher als auf Grund eines reinen Preiswettbewerbs. Auf Dauer schafft nicht der Geiz, sondern der Geist Innovationen an der Ladentheke. Nachhaltigkeit ist nicht durch staatliche Ordnungspolitik allein zu erreichen. Der Staat ist nicht legitimiert, an Stelle des Konsumenten festzulegen, welches Produkt für den Verbraucher im Sinne der Nachhaltigkeit relativ besser oder schlechter ist. Er muss Umwelt, Gesundheit und Sicherheit der Konsumenten schützen und muss zur Abwehr von Gefahren auch mit Ge- und Verboten in den Markt eingreifen. Für die Bewertung des relativen Beitrages eines Produktes zur Nachhaltigkeit kann der Staat solche Eingriffe nicht vornehmen. Hier ist es seine Aufgabe, den Wettbewerb um geeignete Innovationen zu ermöglichen und die Voraussetzungen für informierte Entscheidungen der Konsumenten zu treffen.

Der öffentliche Sektor kann sowohl eine Quelle von Innovation sein als auch ihr größtes Hemmnis. Beispielsweise spielt ein effizientes, offenes und wettbewerbsorientiertes öffentliches Beschaffungswesen eine sehr wichtige Rolle für erfolgreiche Innovationen. In diesem Licht muss die staatliche Daseinsvorsorge neu betrachtet werden, weil nicht mehr nur die traditionellen Elemente der Sozial- und Infrastrukturpolitik zur Daseinsvorsorge gezählt werden müssen, sondern nunmehr auch das staatliche Handeln, das den Rahmen für eine insgesamt nachhaltige Entwicklung und eine hieran orientierte Innovationspolitik setzt.

In Deutschland ist die absehbare demografische Entwicklung eine der größten Herausforderungen für die Politik. Bei der betrieblichen Arbeitsorganisation und der Personalpolitik wird sie in Zukunft mehr als bisher berücksichtigt werden müssen. Die Arbeitsorganisation muss die späten Phasen des Arbeitslebens einbeziehen. Man wird Wege finden müssen, um die Kenntnisse, Fähigkeiten und Fertigkeiten der Mitarbeiter kontinuierlich zu aktualisieren und eine nutzbringende Zusammenarbeit zwischen Mitarbeitern unterschiedlicher Altersgruppen zu gewährleisten, bei der die speziellen Kenntnisse und Fähigkeiten der verschiedenen Generationen bestmöglich genutzt werden. Wenn von Master-Konsumenten die Rede ist, wird man in Zukunft andere (ältere) Bevölkerungsschichten meinen als heute. Die Kommunen werden die Leitbilder ihrer Stadtentwicklung neu ausrichten müssen. Die medizinische und soziale Versorgung im Alter wird Gegenstand sozialer Innovationen sein müssen.

DAS BEISPIEL ENERGIEPOLITIK

Die technische Leistungsfähigkeit Deutschlands fällt international zurück und gibt, trotz guter Grundsubstanz in der Breite der Forschung, kaum Antworten auf den künftigen Strukturwandel einer sich demografisch und industriell wandelnden Gesellschaft. Die Risse im Fundament der deutschen Innovationspolitik werden als ein Vorbote für das Versiegen der Innovationsquelle Wissenschaft bezeichnet. Die Innovationsleistung der EU ist im Vergleich zu der Japans und den USA unterentwickelt. Um die EU bis zum Ende des Jahrzehnts zum wettbewerbsfähigsten und dynamischsten wissensbasierten Wirtschaftsraum zu machen, muss sie aus Sicht einer nachhaltigen Innovationspolitik auch zur öko-effizientesten Wirtschaftsregion werden.

Der Nachhaltigkeitsrat hat sich bereits mehrfach zu zentralen Fragen der

Energie- und Klimapolitik geäußert. Besonderes Gewicht hat er dabei ihrem Leitbild und den Zielen für Klimaschutz, Versorgungssicherheit und Wettbewerbsfähigkeit gegeben. Er hat sich für eine innovativere und konsequentere Bemühung zur Energieeffizienz ausgesprochen und neue Initiativen für eine aktive und verstärkte Energieforschung empfohlen. Zum Energieträger Kohle hat der Rat festgestellt, dass er von der derzeitigen Energiepolitik durch Subventionspolitik und Umweltpolitik falsch besetzt ist. Außer Acht geraten sind vor allem die Industriepolitik, der langfristige Ressourcenschutz und die Versorgungssicherheit sowie die Langfristziele der Klimapolitik. Das Thema Kohle macht auf ein systematisches Defizit der Energiepolitik Deutschlands aufmerksam. Wir haben keinen Orientierungsrahmen für die Energiepolitik der Zukunft.

Dem Umgang mit Energie kommt eine entscheidende Bedeutung für die Wohlfahrt der Menschheit zu. Wenn es überhaupt einen Sinn macht, die wichtigen Sachthemen zur Nachhaltigkeit in eine Reihenfolge zu bringen, dann müsste man sagen: Energie, Energie, Energie. Das gilt auch für Deutschland: Die jetzt in Deutschland anstehenden Entscheidungen über die Erneuerung des fossilen Kraftwerksparks, die Zukunft der erneuerbaren Energien, über unseren Beitrag zum Klimaschutz und über die Art, wie wir unsere Energie verwenden, werden die Strukturen der Energieversorgung für viele Jahre prägen. Die Entscheidungen können uns Vorteile bringen. Man kann aber auch viel falsch machen.

Deutschland ist ein Hochtechnologieland. Wenn es das bleiben soll, dann brauchen wir eine Perspektive für die Kraftwerkstechnologie, auch für die Kohletechnologie, die über den Tag hinaus reicht. Ich bin der Auffassung, dies ist mit dem Ziel zu erreichen, die fossile Energieherstellung sauber und frei von CO_2 zu machen. Die Kohle ist nicht die Alternative zu den erneuerbaren Energien und zu Effizienzstrategien im Umgang mit Energie. Vor dem globalen Hintergrund der Weltenergieversorgung kann es meines Erachtens keinen Zweifel geben: Auf absehbare Zeit brauchen wir sowohl fossile als auch erneuerbare Energien und die Effizienz. Und alle müssen an den Anforderungen an eine nachhaltige Energiebereitstellung gemessen werden: Versorgungssicherheit der Energie-Dienstleistung, Wettbewerbsfähigkeit, Klima- und Umweltschutz. Eine Decarbonisierung – also der Ausstieg aus den fossilen Energieträgern – ist keine Perspektive für die globale Energieversorgung.

Deutschland und Europa sollten Führungsverantwortung auf dem Weg in die saubere Kohlenutzung übernehmen, und das durchaus im Wettbewerb mit den USA. Deutschlands und Europas Verantwortung ist es auch, die erneuerbaren Energien weltweit auf den Weg zu bringen.

Deutschlands und Europas Verantwortung ist es auch, die Ressource Nummer eins zu nutzen, wenn es um Zukunftsenergien geht: das ist die Einsparung und die effiziente Nutzung. Hier sind wir mit unserem Latein noch lange nicht am Ende. Wir müssen die großen Möglichkeiten, die wir haben, aber viel intensiver nutzen. Hier brauchen wir neue Impulse durch Staat und Wirtschaft.

Kohle wird international weiter und eher verstärkt eingesetzt werden und für Industrienationen wie Deutschland – unabhängig von eigenen Ressourcen – auch zukünftig relativ sicher zu beziehen sein. Preissprünge – wie wir sie jetzt beim Öl erleben und wie sie in Zukunft durch Erreichen des depletion-mid-point befürchtet werden – dürften im Kohlemarkt weniger Bedeutung haben. Unsere Mobilität ist heute nahezu vollständig vom Öl abhängig, ein wachsender Anteil unseres Primärenergieverbrauches in Deutschland und in der Europäischen Union wird von außereuropäischen Gasimporten mit sehr einseitiger Abhängigkeit gedeckt. Versorgungssicherheit ist hier nicht gegeben. Wenn Koks und Stahl ungewöhnlich knapp werden, sind Kernaktivitäten unserer Industrie betroffen. Versorgungssicherheit ist auch ein Nachhaltigkeitskriterium. Die derzeit erarbeitete Strategie für alternative Kraftstoff- und Antriebstechniken beim Autobau ist ein Beispiel für eine richtungsorientierte Innovationspolitik. Als Nachhaltigkeitsstrategie des Bundes setzt sie einen zukunftsorientierten Handlungsrahmen, den die Hersteller brauchen und innerhalb dessen sie um die besten Lösungen bei Biokraftstoffen, technologischen Optimierungen am Motor und innovativen neuen Motoren sowie bei Innovationen am System Auto konkurrieren können und werden. Eine Road Map, ein gemeinsamer Entwicklungskorridor macht die finanziellen Anstrengungen effizienter und lässt durchaus Raum für Wettbewerb. Einen solchen Mechanismus braucht auch die Energiepolitik; wahrscheinlich braucht ihn jede breit angelegte Innovationsstrategie, weil die Höhe heutiger Investitionen und die Nicht-Rückholbarkeit mancher Wirkungen auf die Natur und den Ressourcenverbrauch eine Innovationsstrategie nach dem »trial and error« – Verfahren obsolet machen. Deshalb brauchen wir einen innovative turn – eine Innovationspolitik mit Richtung auf die Nachhaltigkeit. Nachhaltigkeit – so könnte man etwas vereinfachend sagen – ist politisch nichts anderes als ein Widerspruchsmanagement.

Der Nachhaltigkeitsrat hat sich für ein »konditioniertes Ja« zur Kohle ausgesprochen. Nur wenn es gelingt, beim Einsatz der Kohle die für die Vermeidung des Klimawandels notwendige Reduzierung von CO_2-Emissionenzu erreichen, dürfen wir weiter auf die Kohle setzen. Diese Herausforderung zu erfüllen, ist nicht einfach: Aus Gründen des Klimaschutzes erscheint es langfristig erforderlich, eine Emissionsminderung in den Industrieländern um 70 bis 80 % bis 2050 gegenüber 1990 zu erreichen. Die Perspektive »Clean Coal« muss Konsequenzen für den anstehenden Kraftwerksneubau in Deutschland und Europa haben. Wir brauchen eine Road Map, die uns erste Anlagen zur CO_2-Abscheidung und -Speicherung noch in der Periode der Erneuerung des deutschen Kraftwerksparks liefert. Nach unseren Gesprächen mit den Anlagenbauern kann das gelingen. Die jetzige Planung für neue Kraftwerke muss die Option einer späteren CO_2-Abscheidung berücksichtigen.

Dies verlangt viel, aber würden neue Kohlekraftwerke auf höchstem Effizienzniveau, jedoch ohne Sequestrierung gebaut, so würden zugleich auch langfristig die Emissionen für einen großen Teil der Energieversorgung festgelegt. Die Energiestruktur könnte dann auf weitere Anforderungen des Klimaschutzes nicht oder nur zu sehr viel höheren Kosten reagieren. Insofern ist die Investition in eine solche Technologie auch eine Versicherung gegen steigende CO_2-Vermeidungskosten.

Kürzlich hat das World Economic Forum eine Bewertung der Wettbewerbsfähigkeit Deutschlands, Europas und der USA veröffentlicht. Bewertet wurden die acht Lissabon-Kriterien zur Innovation, Informationsgesellschaft, Marktliberalisierung, Finanzdienstleistungen, Netz-Industrien, Unternehmen, soziale Kohäsion und zur Nachhaltigkeit. Das Ergebnis ist, dass Europa in Sachen Wettbewerbsfähigkeit den USA noch immer nicht das Wasser reichen kann. Schlimmer noch: Europa fällt zurück. Allerdings gibt es auch eine gute Nachricht: Deutschland ist bei zwei Kriterien weltweit in der Spitzengruppe: Bei den Netzindustrien und der Nachhaltigkeit. Das ist ein gutes Zeichen, sofern diese Beobachtung als Auftrieb für die Innovations-, Industrie- und Wettbewerbspolitik genutzt wird.

LITERATUR

Rat für nachhaltige Entwicklung: Perspektiven der Kohle in einer nachhaltigen Energiewirtschaft. texte Nr. 4. Berlin, 2003.

Rat für nachhaltige Entwicklung: Effizienz und Energieforschung als Bausteine einer konsistenten Energiepolitik. texte Nr. 14. Berlin, 2004.

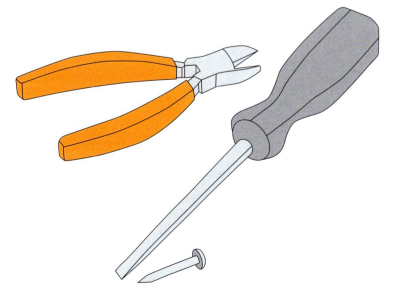

n der Nachhaltigkeit

UND NACHHALTIGKEIT —
E ETHISCHE PERSPEKTIVE 〉 》

en Randbedingungen
erspektive

ntwicklung

mischer Perspektive

en Umweltpolitik

TECHNIKENT-WICKLUNG UND NACHHALTIGKEIT – EINE ETHISCHE PERSPEKTIVE

Konrad Ott

ZUSAMMENFASSUNG

Der Beitrag versucht, aus der Debatte um die Bedeutung der Idee einer nachhaltigen Entwicklung ein Kriterium für die Technikbewertung zu entwickeln. Dadurch soll das Kriterium der »Umweltverträglichkeit« konkretisiert werden. Ein Schwerpunkt liegt auf der Möglichkeit, zwischen konkurrierenden Konzeptionen von Nachhaltigkeit (»starke«, »schwache« Nachhaltigkeit) eine rationale Wahl zu treffen. Im Lichte einer Konzeption starker Nachhaltigkeit sollte die Technikentwicklung mit den Regeln vereinbar sein, das Naturkapital zu erhalten und in Naturkapital zu investieren.

1. EINFÜHRUNG

Die *Technikphilosophie* befasst sich seit je her mit der Explikation der Begriffe, in denen wir über unseren Umgang mit Technischem sprechen (System, Handlung, Instrument, »Realtechnik«, Medium, Innovation, Diffusion, »homo faber«, Gestaltung etc.). Diese Arbeit am Begriff ist gewiss nie definitiv beendet, gleichwohl haben sich doch etliche sinnvolle Sprachregelungen etabliert. Die *Technikethik* hat sich häufig mit der Grundsatz- und Einstiegsfrage befasst, warum die Technik überhaupt ein Gegenstand moralischer Bewertung ist und sein kann (hierzu Jonas 1987). Im Anschluss an eine Beantwortung dieser Frage, die zumeist in Auseinandersetzung mit den Spielarten des Technikdeterminismus erfolgte, wurden mehrfach formale Rahmenkonzepte und Schemata für eine inhaltliche Technikbewertung entwickelt.[1] Des Weiteren wurden unter Rekurs auf unterschiedliche Ethiktheorien allgemeine Prinzipien und Grundwerte für diese inhaltlichen Bewertungen begründet.[2] Weitere Konkretisierungsschritte im Hinblick auf die Ingenieursverantwortung stellen beispielsweise die neuen Standeskodizes in der Ingenieursethik dar (VDI-Hauptgruppe 2000). Auch die methodischen und konzeptionellen Fragen der Technikfolgenabschätzung sind mittlerweile recht intensiv diskutiert worden (statt vieler Petermann & Paschen 1991, SAPHIR 1993, Ropohl 1996, Grunwald 2000, Skorupinski & Ott 2000).

Mir erscheint es gegenwärtig vordringlich, die begrifflichen, (meta)ethischen und konzeptionellen Bemühungen um stärker normativ-inhaltlich bzw. politisch-praktische Vorschläge zu ergänzen, die, sofern sie sich diskursrational anerkennungswürdig erweisen sollten, zu einer an begründeten Kriterien orientierten Ausrichtung (»Finalisierung« im Sinne des so genannten Starnberger Ansatzes) des technischen Fortschrittes dienen könnten. Da ich mich in den vergangenen Jahren etwas näher mit den Grundlagen der Nachhaltigkeitsidee befasst habe (hierzu Ott 2001, 2003, Döring & Ott 2001, 2004), möchte ich die allseits beliebte Frage: »Haben wir die Technik, die wir brauchen?« auf das Verhältnis von Nachhaltigkeit und Technologieentwicklung beziehen. Natur- und Umweltschutz zählen nach übereinstimmender Auffassung zu hochrangigen Grundwerten (so schon im bekannten VDI-Oktogon; vgl. VDI 1993, auch VDI-Hauptgruppe 2000, S. 30), die im Rahmen einer jeden Technikbewertung zu berücksichtigen sind. Bei Hastedt (1991) bleibt die Umweltdimension unterbestimmt. Hastedts Kriterium der Umweltverträglichkeit meint nicht viel mehr, als dass Auswirkungen von Technik auf Umwelt und Natur erforscht werden sollten. Dem wird niemand widersprechen wollen. Wie diese Auswirkungen dann inhaltlich zu bewerten sind, bleibt bei Hastedt offen.[3] Die VDI-Richtlinie 3780 nennt immerhin einige inhaltliche Forderungen wie etwa einen sparsamen Umgang mit natürlichen Ressourcen und eine Verminderung von Emissionen, Immissionen und Deponaten (VDI 1993, S. 356). Im Bereich politiknaher Institute wie etwa dem maßgeblich von Ernst Ulrich von Weizsäcker geprägten Wuppertal Institut sind Begriffsworte wie »Effizienzrevolution«, »Faktor 4« usw. gängig. Die Verbindung zwischen der Nachhaltigkeitsidee und der Technikbewertung wurde dennoch nur selten systematisch behandelt (s. aber Kopfmüller 1996, Bleischwitz 1996). Viele Studien im Bereich von Technikfolgenabschätzung stellen diese Verbindung ad hoc her, woraus sich dann rhetorische Formeln wie etwa »nachhaltige Mobilität«, »nachhaltige Energieversorgung«, »nachhaltige Chemiepolitik« usw. ergeben. Bei Skorupinski & Ott (2000, S. 142) findet sich (etwas versteckt) ein Vorschlag zur Konkretisierung des Kriteriums der Umweltverträglichkeit in der Technikbewertung. Dort heißt es, dieses Kriterium sollte »im Sinne von starker Nachhaltigkeit« verstanden werden. Es wurde jedoch damals keine Rechtfertigung dieses Vorschlags unternommen. Diesen Faden möchte ich in meinem Beitrag wieder aufnehmen. Ich werden hierzu die Grundkonzeption »starker« Nachhaltigkeit darstellen (2), die Wahl dieses Konzeptes rechtfertigen (3) und die Implikationen für Technikbewertung und -politik aufzeigen (4). Mein Ziel ist es also, ein umweltbezogenes normatives Kriterium der Technikbewertung zu rechtfertigen und seine Anwendbarkeit darzulegen.

2. ZUR KONZEPTION »SCHWACHER« UND »STARKER« NACHHALTIGKEIT

Rund zehn Jahre nach der Verabschiedung der Agenda 21 auf der Konferenz für Umwelt und Entwicklung der Vereinten Nationen, zeigt sich in der Diskussion um den Begriff der Nachhaltigkeit eine problematische Entwicklung.[4] Es entsteht angesichts der Vielzahl an Veröffentlichungen, Konzepten, Verlautbarungen etc. der Eindruck, dass »Nachhaltigkeit« eine Worthülse geworden ist, die für alles und jedes benutzt werden darf, und dass jeder seine Handlungsweisen und Projekte mit dem Attribut »nachhaltig« schmücken kann. Angesichts dieser Beliebigkeit und rhetorischen Inflationierung macht sich Überdruss breit. Die postmoderne Beliebigkeit verschont auch die Schlüsselbegriffe der Umweltpolitik nicht.

Man kann, ja muss zur Klärung des Begriffswirrwarrs und entgegen der Tendenz zu einer rhetorisch-strategischen Beschlagnahmung des Begriffswortes »Nachhaltigkeit« beitragen, indem man vor allem verdeutlicht, dass auf der *konzeptionellen* Ebene eine möglichst gut begründete Entscheidung zwischen »schwacher« und »starker« Nachhaltigkeit zu treffen ist. Insofern könnte sich der bis zum Überdruss geforderte Nachhaltigkeitsdiskurs den Namen eines Diskurses (im Sinne Habermas) dadurch verdienen, dass ein Schwerpunkt auf diese konzeptionelle Ebene gelegt wird (s. auch SRU 2002, Kap. 1 sowie ausführlich Ott & Döring 2004, Kap. 3 m. w. L.).

In politischen Kontexten wird hingegen überwiegend das so genannte Drei-Säulen-Modell von Nachhaltigkeit favorisiert. Dabei werden die Säulen »Ökologie«, »Ökonomie« und »Soziales« unterschieden und als gleichrangig nebeneinander stehend verstanden. Gelegentlich werden weitere Säulen angefügt (»Wissen«, »demokratische Kultur«, »Institutionen« usw.).[5] Die »soziale Säule« ist offen für nahezu sämtliche sozialpolitische Zielsetzungen. Brand & Jochum (2000, S. 75) zufolge fungieren die Säulen wie »Wunschzettel«, in die unterschiedliche Akteure ihre Positionen und Interessen eintragen können. Dadurch wird der Beliebigkeit Tür und Tor geöffnet. Ein Fehler des Säulen-Modells liegt darin, dass es die Ebene der theoretischen Konzepte und der in ihnen enthaltenen Leitlinien gleichsam überspringt. Dadurch wird eine subalterne Ebene der Nachhaltigkeitsdebatte zu einem Grundkonzept aufgewertet.[6] Dies ist einer der scheinbar kleinen Anfangsfehler, die sich am Ende als Ursprung vieler weiterer Irrtümer erweisen (so sinngemäß schon Aristoteles über »Fehlerquellen«).

Zur Strukturierung der Debatte sollen hier folgende Ebenen der Nachhaltigkeitsdebatte unterschieden werden (Ott 2003, Ott & Döring 2004):
1. Idee (Theorie inter- und intragenerationeller Gerechtigkeit)
2. Konzeption (»starke« versus »schwache« Nachhaltigkeit, vermittelnde Konzepte)
3. Leitlinien (Resilienz, Suffizienz, Effizienz)
4. Dimensionen (Umwelt und Natur, Soziales, Ökonomie, Bildung, Technik usw.)
5. Regeln für unterschiedliche Dimensionen (sog. Managementregeln)
6. Zielsetzungen
7. Set von Indikatoren
8. Implementierung, Monitoring etc.

Die Beurteilung von einzelnen Ländern auf ihre (Nicht-) Nachhaltigkeit hin, die Sets von Indikatoren und politische Strategien fallen je nach Wahl des zugrunde gelegten Konzeptes (Ebene 2) unterschiedlich aus. Dies liegt u. a. daran, dass »schwache Nachhaltigkeit« primär ökonomische Sparraten (so genannte »Genuine Savings«) und »starke Nachhaltigkeit« in erster Linie physische und ökologische Größen (in Bezug auf Zerstörung und Verbrauch von Naturkapital) thematisiert. Insofern ist die Debatte keineswegs »akademisch«, sondern in ihren Konsequenzen eminent politisch.

Dass jedem plausiblen Nachhaltigkeitskonzept eine Vorstellung von inter- bzw. intragenerationeller Gerechtigkeit zugrunde liegt und von daher eine Theorie distributiver Gerechtigkeit konstitutiv zur obersten Ebene gehört, wird weitgehend anerkannt.[7] Trotz gegenteiliger Positionen (wie etwa Krebs 2000) empfiehlt es sich, der Zukunftsbewertung einen *egalitären und komparativen Standard* zugrunde zu legen (Ott & Döring 2004, Kap. 2). Dieser Standard verlangt, dass es durchschnittlichen Mitgliedern zukünftiger Generationen alles in allem »nicht schlechter als uns selbst« gehen darf, während absolute Standards nur fordern, dass die (näher zu spezifizierenden) Grundbedingungen eines menschenwürdigen Daseins auf Dauer zu erhalten sind. Der komparative Standard der Zukunftsethik beruht auf der Anerkennung intergenerationeller Verpflichtungen einerseits. Anderseits wird vom Grundsatz ausgegangen, dass jede Person gleichermaßen berücksichtigt werden und gleiche Chancen genießen sollte bei der Verteilung individueller und kollektiver Güter (hierzu Hinsch 2001, Gosepath 2001, Pauer-Studer 2000). Diese Übertragung führt bei Hinsch und Gosepath zu der Begründung einer »*presumption in favour of equality*«, mithin zu einer entsprechenden Verschiebung der Begründungslasten.

Selbst wenn man von einem solchen egalitären Standard ausgeht, ist damit noch keine spezifische Konzeption von Nachhaltigkeit gerechtfertigt, da auch das Konzept der schwachen Nachhaltigkeit präsumieren kann, diesen egalitär-komparativen Standard zu erfüllen. Die Vertreter schwacher Nachhaltigkeit glauben womöglich sogar, diesen Standard besser erfüllen zu können als Anhänger des Konzepts starker Nachhaltigkeit.

Unseren Verpflichtungen gegenüber zukünftigen Generationen kommen wir *de facto* nach, indem wir individuelle und kollektive Hinterlassenschaften bilden und die (durch Steuern beeinflussbare) Relation zwischen individuellen Erbschaften und kollektiven Vermächtnissen (Infrastrukturen, Umweltqualität, soziale Sicherungssysteme) politisch ausgestalten. Der Begriff eines »*fair bequest package*« ist daher ein Schlüsselbegriff der Nachhaltigkeitsdebatte. Aus ökonomischer Perspektive sind Hinterlassenschaften mit dem Aufbau, dem Erhalt und der Reproduktion von Kapitalien im weiteren

Sinne verbunden. Man unterscheidet 1. Sachkapital, 2. Naturkapital, 3. kultiviertes Naturkapital (u. a. Lachsfarmen, landwirtschaftliche Nutzflächen, Forste, Weinberge), 4. Sozialkapital (moralisches Orientierungswissen, Institutionen usw.), 5. Humankapital (Fähigkeiten, Bildung) sowie 6. Wissenskapital. Der allgemeine Begriff des Kapitals bezieht sich auf Bestände (»stocks«), die Nutzenströme (»flows«) hervorbringen.

In der Auffassung über eine faire Struktur der kollektiven Hinterlassenschaft an diversen Kapitalien unterscheiden sich die Konzepte schwacher und starker Nachhaltigkeit grundlegend. Im Konzept der starken Nachhaltigkeit soll Naturkapital, besser: sollen unterschiedliche und heterogene Naturkapitalien über die Zeit hinweg konstant gehalten werden (»*constant natural capital rule*«). Im Gegensatz dazu kann im Konzept schwacher Nachhaltigkeit Naturkapital durch a) Sachkapital und b) durch Wissen[8] *prinzipiell unbegrenzt substituiert* werden. Konzeptionell konstitutiv für das Konzept der schwachen Nachhaltigkeit dürfte das Substitutionsprinzip sein.[9] Wer von dem Grundsatz indefiniter Substituierbarkeit abweicht, also etwa den Erhalt des »kritischen« Naturkapitals fordert, vertritt m. E. bereits eine vermittelnde Position im Konzert der Nachhaltigkeitskonzeptionen.

Im Konzept schwacher Nachhaltigkeit kommt es darauf an, dass der Durchschnittsnutzen bzw. die durchschnittliche Wohlfahrt von Menschen dauerhaft erhalten wird (»*non declining utility rule*«). Die Nutzenfunktion wird ökonomisch, d. h. als Wachstumsformel konzipiert. Das Konzept schwacher Nachhaltigkeit ist zudem eine Portfolio-Perspektive auf die Kapitalbestände einer Gesellschaft. Es geht um die »optimale« Kombination von nutzenstiftenden Beständen. Es wäre dann in der Konsequenz auch eine weitgehend urbanisierte, artifizielle, technisierte und »virtuelle« Welt nachhaltig, wenn zuvor nur ausreichend in nutzenstiftendes Sachkapital und in Wissen investiert wurde. Im Konzept schwacher Nachhaltigkeit kann »der« Mensch (um mit diesem Abstraktum zu arbeiten) sich weitgehend von der Natur emanzipieren und seine Befriedigung (»Nutzen«) weitgehend aus von ihm selbst erzeugten Artefakten ziehen. Das Konzept schwacher Nachhaltigkeit stützt sich implizit auf eine »große Erzählung« von der Emanzipation der Menschen aus der Verhaftetheit an eine übermächtige, widerständige und feindliche Natur. Dem Erfindungsreichtum sind keine Grenzen gesetzt, Knappheiten werden durch technische Innovationen beseitigt, und auch eine Welt, in der Natur weitgehend substituiert worden wäre, wäre für den Menschen eine »gute« Welt. Der Umfang möglicher Substitution hängt dieser Auffassung gemäß »von der Zahl der Individuen ab, die sich mit ihr befassen, und von der Menge des Wissens, das diese Individuen besitzen und anwenden. Gemeinsam mit den korrespondierenden objektiven Kräften bilden diese

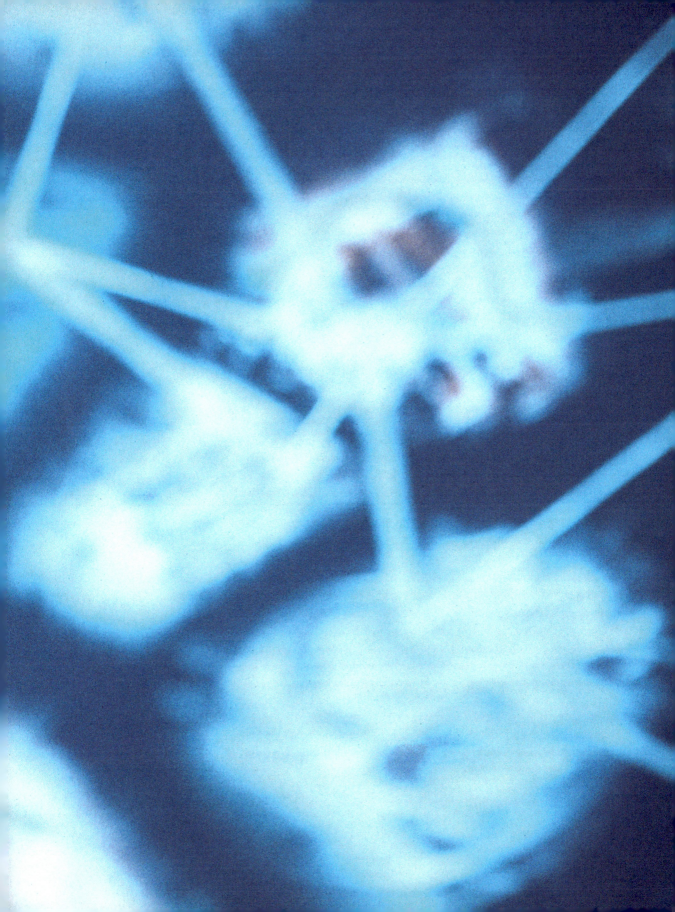

Kenntnisse die materiellen oder inventiven Ressourcen, die es zu vergrößern, zu verringern oder zu revolutionieren gilt« (Moscovici, 1982, S.67). Technologien sind die »ultimate resource« (Julian Simon).

Für die Vertreter des Konzepts starker Nachhaltigkeit hingegen besteht eine unhintergehbare Angewiesenheit der Menschen auf Naturkapitalien und eine weitgehende Komplementarität zwischen Natur- und Sachkapital (Daly, 1999). Naturkapitalien weisen Funktionen in der Produktion von »Nutzen« auf, die von Sachkapital nicht oder nicht ohne Nachteile übernommen werden können (Bartmann, 2001). Im weitesten Sinne ist die menschliche Ökonomie hier ein Teilsystem der umfassenden, durch den Aufbau negentropischer Strukturen gekennzeichneten Biosphäre. Der Stoffwechsel der Gesellschaften mit der sie umgebenden Natur (Marx) ist von solchen Strukturen hinsichtlich der Ressourcenverfügbarkeit (»sources«) und der Aufnahmefähigkeit von natürlichen Senken (»sinks«) abhängig. Im Konzept starker Nachhaltigkeit ist und bleibt die menschliche Lebensform physisch, ökonomisch und womöglich auch geistig-seelisch auf die Einbettung in Naturzusammenhänge angewiesen. Es geht daher in der Ergänzung zu Dalys Argumentation, die sich hauptsächlich auf die Komplementarität zwischen Natur- und Sachkapital bei der Güterproduktion bezieht, nicht nur darum, ob wir bei optimistischen Annahmen Naturkapitalien technisch substituieren könnten, sondern auch darum, ob wir dies gemäß unseren Präferenzen, Einstellungen und Wertüberzeugungen überhaupt wollen bzw. ob wir es als moralische Personen wollen sollen. Bei der Beantwortung dieser Frage müssen unterschiedliche Wertkategorien (instrumentelle, eudaimonistische, moralische) in Anschlag gebracht werden. Die Begründung der »constant natural capital rule« stützt sich somit nicht nur auf die Komplementaritätsthese Dalys, sondern auf ein breiteres Spektrum umweltethischer Argumentationsmuster (Ott & Döring 2004, Kap. 3).

Das stärker »ökologische« Konzept starker Nachhaltigkeit fragt nach der Bestimmung des langfristig vertretbaren (»nachhaltigen«) globalen Ausmaßes der Inanspruchnahme natürlicher Ressourcen durch die verschiedenen Wirtschaftsformen bzw. durch das eine und zunehmend globale ökonomische System, dessen Entstehung wir als Zeitzeugen miterleben. Die derzeitige Inanspruchnahme natürlicher Systeme hat in dieser Konzeption ein Ausmaß angenommen, das die natürlichen Grenzen der Belastbarkeit der Biosphäre zu überschreiten droht. Das biosphärische Netz der Angewiesenheit und der Wertrealisationsmöglichkeiten vieler Menschen droht an vielen Stellen gleichzeitig zu reißen. Dies bedroht die Sicherung menschlicher Wohlfahrt und könnte die Ausübung elementarer menschlicher Fähigkeiten (im Sinne von Nussbaum 1993) in Zukunft einschränken. Technikentwicklung vollzieht sich in einer fragiler werdenden Welt.

Die Werte- und Normbasis und die insgesamt plausible Zeitdiagnose erlaubt im Rahmen der Konzeption starker Nachhaltigkeit die handlungsorientierende Schlussfolgerung, der auf unterschiedlichen Skalen verbliebene Bestand an Naturkapitalien solle gesichert und aufgrund intergenerationeller Verantwortung auf Dauer erhalten werden (Erhaltungsziel). Außerdem sollte in näherer Zukunft verstärkt in den Aufbau von Naturkapitalien investiert werden. Das physische Ausmaß und der gesamte Materialdurchsatz des ökonomischen Systems sollte konstant bleiben oder, besser noch, langfristig schrumpfen. Der Druck auf ökologische »life-support-systems« soll deutlich und dauerhaft reduziert werden. Die Technikentwicklung und -gestaltung müsste dann immer auch an diesen Zielen orientiert werden.

Folgender Unterschied ist festzuhalten: Die Umsetzung der Konzeption schwacher Nachhaltigkeit würde aller Wahrscheinlichkeit nach die Welt weiter in eine Technosphäre verwandeln, in der vermutlich auch so genannte Biofakte (Karafyllis 2004) eine immer größere Rolle spielen dürften. Das Konzept starker Nachhaltigkeit hingen weist der Technik eine instrumentelle Rolle bei der ökologischen Umgestaltung der Industriegesellschaft zu. Die Technikstile, die sich aus den unterschiedlichen Konzepten von Nachhaltigkeit ergeben, dürften sich deutlich unterscheiden, wenngleich viele technische Innovationen für Vertreter beider Konzepte akzeptabel sein könnten. Eine moderate Effizienzsteigerung werden z. B. auch Vertreter der schwachen Nachhaltigkeit begrüßen. Richtig ist auch, dass keine Konzeption auf inkrementalistische Verbesserungen festgelegt ist.

Eine Gesellschaft, die sich auf die Idee der Nachhaltigkeit festgelegt hat, muss diskursrational über die Wahl des »besseren« Grundkonzeptes befinden. Diese Wahl darf keine Glaubensangelegenheit sein, obwohl man faktisch häufig den Eindruck gewinnt, dass Vertreter beider Konzepte sich gegenüber stehen wie Anhänger unterschiedlicher Konfessionen des gleichen Glaubens. Wie sieht die Diskurslage zur Zeit aus?

3. ZUR RATIONALEN WAHL EINES »BESSEREN« KONZEPTES

Gegen die Konzeption starker Nachhaltigkeit wurde geltend gemacht, sie wolle Natur statisch konservieren. Dieser Einwand ist nicht berechtigt, da der Erhalt von Naturkapitalien großen Raum für die Dynamik natürlicher Systeme lassen kann und muss. Das Konzept starker Nachhaltigkeit impliziert auch keinen kategorischen Schutz jeder Spezies, sondern geht nur von einer *prima-facie*-Verpflichtung zum Erhalt der biotischen Vielfalt aus, die im Einzelfall von starken Gegengründen »übertrumpft« werden kann. Daher ist die (von W. Beckerman stammende) Behauptung, das Konzept starker Nachhaltigkeit sei moralisch unhaltbar, weil es Artenschutz immer über menschliche Bedürfnisse stellen müsse, nicht zutreffend. Es trifft auch nicht zu, dass im Konzept starker Nachhaltigkeit ein vollständiger Nutzungsverzicht für nichterneuerbare Ressourcen (fossile Energieträger) gefordert wird. Es wird vielmehr die so genannte Hartwick-Regel aufgegriffen, die fordert, dass Erträge aus dem Verbrauch nichterneuerbarer Ressourcen in erneuerbare investiert werden sollen. Allerdings wird die Hartwick-Regel durch eine Sparsamkeitsforderung ergänzt, die neben der zeitlich verlängerten Verfügbarkeit auch deshalb eine große Bedeutung hat, da z.B. im Falle der Nutzung fossiler Energieträger die begrenzte Assimilationskapazität ökologischer Systeme zu beachten ist. Dies ist für Optionen im Bereich der Energietechnologien relevant.

Anhänger schwacher Nachhaltigkeit sollten das Argument der Unwissenheit bezüglich der Interessen zukünftiger Personen nicht ins Feld führen. Wenn man nämlich behauptet, man könne nichts Genaues über diese Interessen und Bedürfnisse wissen, so folgt daraus nicht, dass diese Bedürfnisse und Interessen verschieden von den heutigen sein werden (Shrader-Frechette 1991).[3] Ebenso gut könnten sie den unsrigen ähnlich sein. Wer das »argumentum ad ignorantiam« vorbringt und dabei unterstellt, die Bedürfnisse künftiger Individuen würden grundverschieden sein, der vermischt unterschiedliche Behauptungen. Das Konzept starker Nachhaltigkeit lässt hier mehr Optionen offen und ist daher unter dem Gesichtspunkt der Wahlfreiheit für zukünftige Generationen (Weikard 1999) respektive des Erhaltes von Vermächtnis- und Optionswerten (Hubig 1993) vorzuziehen. Aufgrund seiner Orientierung an dem Schutz von Naturkapital kann starke Nachhaltigkeit zudem die vielfältigen eudaimonistischen Werte, die Menschen mit der Erfahrung von Natur und Landschaft verbinden, stärker berücksichtigen (zur eudaimonistischen Dimension des Naturschutzes vgl. Acker-Widmaier 1999, S. 225ff sowie SRU 2002, Kap. 1). Im besten Fall kann man die Wahl starker Nachhaltigkeit also mit erhöhten Freiheitsspielräumen zukünftiger Personen rechtfertigen. Schlimmstenfalls müsste man sich zu einem präskriptiven (und insofern leicht paternalistischen) Verständnis von naturbezogenen eudaimonistischen Werten bekennen (zu dieser Option vgl. Norton 2002, S. 43).[10] Da nun aber die Realisierung jeder Konzeption von Nachhaltigkeit auf eine Prägung zukünftiger Präferenzen und Einstellungen hinaus läuft, erscheint mir diese Konsequenz tragbar. Die konträre Vision einer Anpassung von Präferenzen an die Möglichkeiten, die eine technisierte und artifizielle Welt bietet bzw. lässt, scheint mir zudem dem Grundaxiom neoklassischer Ökonomik, der »Präferenzensouveränität«, zuwider zu laufen.

Es geht also nicht nur darum, ob wir in der Sphäre der Güterproduktion Naturstoffe substituieren können, sondern auch darum, ob wir in der Sphäre der kulturellen Lebenswelt Natur substituieren wollen. Gesetzt, wir wollten dies nicht: Wir müssen dann uns um so mehr der Beantwortung der Frage widmen, welche Naturzustände wir warum (nicht) wollen (sollen).

Zur Begründung einer rationalen Wahl auf der Konzeptebene kann man auch Kriterien zur Bewertung von Risiken verwenden. In der Risikobewertung bekannt ist das so genannte »*false-negative/false-positive*«-Kriterium, mit dessen Hilfe man sich vor Augen führen kann, welcher von zwei möglichen Irrtümern moralisch akzeptabler ist. Das Kriterium kann bei Risiken und bei Ungewissheiten zum Einsatz kommen. Es besagt, dass man die Option wählen soll(te), durch die sich das moralisch akzeptabelste (»verantwortbarste«) Ergebnis einstellt, wenn man sich empirisch irrt. Es werden folgende zwei Hypothesen aufgestellt: 1. Weitgehende Substitution von Naturkapital ist möglich (*Positive Hypothese [H1]*). 2. Die positive Hypothese ist falsch (*Negative Hypothese*). Wir können nun als Kollektiv gemäß der positiven oder der negativen Hypothese handeln. Beide Hypothesen können sich in Zukunft als wahr oder als falsch erweisen. Die Konsequenzen eines Irrtums tragen nicht mehr wir selbst, sondern andere. Diese Alterität der Betroffenen verbietet es uns, diese Risiken einfach auf der Basis subjektiver Wahrscheinlichkeiten zu bewerten (s. hierzu Young, 2001, S. 68 ff). Es geht nicht um die Maximierung subjektiver Erwartungswerte, sondern um eine ethische Interpretation der »pay-off«-Matrix. Die entscheidende Frage ist, welcher mögliche Irrtum uns unter der vorausgesetzten Idee intergenerationeller Verantwortung moralisch akzeptabler erscheint.

Möglichkeiten / Realität	H1 ist wahr	H1 ist falsch
Entwicklung bestätigt H1	No Error	False Negative
Entwicklung widerlegt H1	False Positive	No Error

Die moralischen Schäden eines »false-positive«-Ergebnisses sind deutlich höher als die eines »false-negative«-Ergebnisses. Bei einem »false-negative«-Ergebnis wird (etwa durch Arten- und Biotopschutz) auch Natur geschützt, die womöglich nicht zum kritischen Naturkapital zählt, also im Rahmen einer anthropozentrischen Umweltethik zur Not entbehrlich wäre, während ein »false-positive«-Ergebnis unabsehbare Folgen für die Lebensgrundlagen zukünftiger Generationen hätte. Die optimistische Konzeption schwacher Nachhaltigkeit führt, wenn Hypothese 1 falsch wäre, zu einem Ergebnis für zukünftig Betroffene, das auch unter dem (ähnlichen) rawlsschen »Minimax-

Kriterium« (»Minimiere den maximalen Schaden!«) nicht gerechtfertigt werden kann. Falls man die deontologische Intuition teilt, dass es im Zweifel besser sei, einen Schaden zu verhindern als einen Nutzen ungefähr gleichen Ausmaßes zu stiften, so lassen sich risikoaverse Kriterien diskursiv gut begründen.[11] Daraus ergibt sich ein Grund für die Verwerfung von Hypothese 1. Daraus folgt natürlich nicht die Wahrheit von Hypothese 2, aber diese Folgerung muss auch nicht gezogen werden. Es genügt, dass ein Grund vorliegt, gemäß Hypothese 2 zu handeln.

Angesichts großer Unsicherheit akzeptieren auch etliche Vertreter vermittelnder Konzepte die »*constant natural capital rule*« als *prima-facie*-Leitlinie bzw. als oberste Managementregel. Goodland & Daly (1995) und Lerch & Nutzinger (1998) argumentieren, in der Praxis politischer Regulierung würden »mittlere« Positionen näher bei starker Nachhaltigkeit liegen, sofern man Vorsorge- bzw. Vorsichtsmaßregeln (»Safe Minimum Standard«) akzeptiert und ernst nimmt. Atkinson et al. (1997) gelangen zu dem Urteil, dass Ungewissheit in Verbindung mit Begründungslastregeln *in praxi* auf die Kernforderung starker Nachhaltigkeit, d.h. auf die »*constant natural capital rule*« hinauslaufen sollte.

Aus ethischen Gründen sollten nicht nur die Bedingungen des »nackten« Überlebens der Menschheit als einer Spezies (absolute Grenze), sondern die eines guten Lebens zukünftiger Individuen gesichert werden. Die minimale Naturausstattung zu erhalten, die zum Überleben von Exemplaren einer Spezies mit extrem hohem Einnischungspotenzial (wie Homo sapiens) nicht unterschritten werden darf, ist nicht das alleinige Ziel nachhaltiger Entwicklung. In der Konzeption starker Nachhaltigkeit geht es daher auch nicht nur darum, die für das Überleben der Menschheit unverzichtbaren Funktionen der Biosphäre (Atmosphäre, Fotosynthese, Ozonschicht, C-Kreislauf) und damit »absolute Grenzen« zu bestimmen. Dies ist zwar notwendig, aber nicht hinreichend. Zunächst gilt es anzuerkennen, dass natürliche Bestände für unterschiedliche Gruppen von Menschen auf unterschiedlichen räumlichen Skalen in einem existenziellen Sinne »kritisch« sein können (der Golfstrom, die Ozonschicht, Wasserquellen, Acker- und Weideland, jagdbare Tiere usw.), oder es können andere Bestände aus unterschiedlichen Werturteilen heraus als erhaltenswert eingestuft werden. Weiterhin gilt es einzusehen, dass es auch oberhalb des existenziell unverzichtbaren Bestands an so genanntem »kritischem« Naturkapital Güter gibt, die gemäß einem komparativen Standard intergenerationeller Verpflichtungen zu erhalten, zu schützen, zu pflegen usw. sind.

Bei der Klärung und inhaltlichen Bestimmung des Naturkapitalbegriffes kommt es darauf an, die Differenzen zu betonen, durch die sich Naturkapital von anderen Kapitalbeständen spezifisch unterscheidet. Die Aufgabe besteht darin, Naturkapital als solches, d.h. als Natur »kapital«, insbesondere wohl die intrinsische Produktivität von Lebendigem, in den Blick zu nehmen (Ott & Döring 2004, Kap. 4).

Gewiss taucht die Substitutionsproblematik innerhalb der Kategorie des Naturkapitals wieder auf. Daher muss überlegt werden, ob einzelne Komponenten von Naturkapital durch andere Komponenten oder aber durch Formen kultivierten Naturkapitals ersetzt werden können. Intuitiv wird man von einer begrenzten Substituierbarkeit einzelner Komponenten von Naturkapital ausgehen. So kann beispielsweise die Ozonschicht nicht durch Fischbestände, Grundwasser nicht durch Holzmasse und Artenvielfalt nicht durch regenerative Energien substituiert werden. Andererseits könnten naturnah bewirtschaftete Forste viele Funktionen von Primärwäldern erfüllen, so dass hier Substitutionen zulässig wären, falls keine anderen Gründe vorliegen sollten, Urwälder als solche zu erhalten oder sie als Sekundärwildnis neu zu schaffen. Es könnte auch gute Gründe dafür geben, kultiviertes Naturkapital aufzubauen (Plantagenwälder), wenn dies eine sinnvolle Strategie wäre, um Naturkapital an anderer Stelle erhalten (Primärwälder) und somit den Nutzungsdruck von Beständen nehmen zu können, die für den Artenschutz besonders wichtig sind.[12] Also verschwindet im Konzept starker Nachhaltigkeit die Substitutionsproblematik nicht, sondern verlagert sich in die Kategorie des Naturkapitals hinein. Dies ist für eine an der Nachhaltigkeitsidee orientierten Bewertung von Landnutzungstechnologien relevant.

Es geht also darum, die jeweils konkreten Bestände unterschiedlicher Segmente von Naturkapital und kultiviertem Naturkapital zu identifizieren, die zu Erreichung eines plausiblen Zielsystems starker Nachhaltigkeit notwendig sind (Ott & Döring 2004, Kap. 4). In diesem Sinne wird vorgeschlagen, »für jede einzelne Kapitalart des natürlichen Kapitalstocks »*kritische Grenzen*« zu definieren (Kopfmüller et al., 2001, S. 63), die nicht unterschritten werden sollen.

In einer kontrafaktisch unterstellten Diskurssituation mit zukünftigen Generationen könnte man das Konzept starker Nachhaltigkeit wohl am ehesten rechtfertigen. Dies ist aus der Sicht der als Rahmentheorie verstandenen Diskursethik ausreichend.[13] Diese Wahl verdankt sich gewiss keiner »Letztbegründung«, sondern ist (bestenfalls) ein begründetes Urteil. Dieses Urteil wird in einem bestimmten Kontext erhoben, reicht aber in seiner Geltungsdimension über diesen Entstehungskontext hinaus. Ich behaupte, dass die kontexttranszendierende Kraft dieser konzeptionellen Grundwahl mindestens den Bereich der wohlhabenden Industrieländer umfasst und dass sie darüber hinaus vor einem universellen Auditorium (im Sinne von Perelman 1979, S. 141) vorgestellt und gerechtfertigt werden kann. Schließt man sich diesem Urteil an, so sollte die Regel, das Naturkapital über die Zeit hinweg konstant zu halten, zur obersten Leitlinie nationaler und auch transnationaler Nachhaltigkeitsstrategien gemacht werden. Moderne Umweltpolitik sollte weiterhin als Investitionspolitik in Naturkapital erkennbar sein.

Beim Konzept starker Nachhaltigkeit handelt es sich um ein ökologisch ausgerichtetes, aber keineswegs um ein ausschließlich ökologisches Konzept. Sozialethische und gesellschaftstheoretische Fragen werden keineswegs ausgeblendet. Das Konzept starker Nachhaltigkeit übergreift auf einer nachgeordneten Ebene mehrere Handlungsdimensionen (Aktivitätsfelder). Das bereichsorientierte Drei-Säulen-Modell ist nunmehr aber im Sinne der Konzeption starker Nachhaltigkeit zu deuten und mit entsprechenden Leitlinien zu verknüpfen. Den »Säulen« (oder Aktivitätsfeldern) werden also im Lichte der vorausgesetzten Konzeption orientierende Leitlinien auferlegt, die sich mit den Begriffen »Effizienz«, »Suffizienz« und »Resilienz« überschreiben lassen. Effizienz bezieht sich zentral auf den umwelttechnischen Fortschritt bei der Schonung und Nutzung natürlicher Ressourcen. Die Aussicht auf eine »Effizienzrevolution« (im Sinne von Ernst Ulrich von Weizsäcker), die sich mit verwandten Konzepten ökologischer Modernisierung stark überlappt,[14] kann auch in (post)industriellen Gesellschaften einen »*steady state*« herbeiführen, der ja nur über das physisch-materielle Ausmaß der Ökonomie definiert ist und daher im Prinzip sogar weiteres Wirtschaftswachstum im Bereich des tertiären Sektors zulässt, sofern dies mit einer Reduktion des physischen Ausmaßes der ökonomischen Aktivitäten verknüpft wird. Wir haben demnach durch die Wahl auf der konzeptionellen Ebene eine Grundlage für die Forderungen nach einer technischen Effizienzrevolution gewonnen.

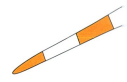

4. TECHNIKENTWICKLUNG IM DIENSTE STARKER NACHHALTIGKEIT

Welche Rolle könnte der Technik bei der geforderten Umsetzung des Konzepts starker Nachhaltigkeit zukommen? Die Antwort ist im Grundsatz einfach: Technik soll den ihr möglichen Beitrag zur Einhaltung der hier bekannt vorausgesetzten so genannten Managementregeln (SRU 2002, Tz 29) und der Realisierung der Forderung Dalys leisten: »to relieve pressure on ecosystems«. Natürlich besteht kein prinzipieller Gegensatz zwischen Technik und Natur. Ein Gegensatz bestand und besteht zwischen einer bestimmten »Gestalt«, mit Heidegger und Marcuse gesagt: einem »geschichtlichen Entwurf« von Technik einerseits, und Umwelt- und Naturschutzzielen respektive Nachhaltigkeit andererseits. Dieser »Techno-Stil« war historisch mit der fordistischen Phase kapitalistischer Ökonomie verbunden. Es spricht kein

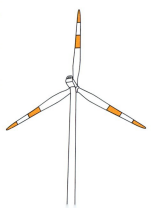

zwingendes technikphilosophisches Argument gegen die Möglichkeit, dass eine »andere«, d.h. eine an anderen Zielen und Kriterien ausgerichtete Technik eine große Hilfe im Rahmen einer integrierten Strategie nachhaltiger Entwicklung werden könnte. Es geht darum, das der Technik innewohnende Dienstwertpotenzial für eine nachhaltige Entwicklung auszuschöpfen, die jetzt als Entwicklung hin zu Realisierung des Konzepts starker Nachhaltigkeit zu verstehen ist. An diesem Punkt berührt sich der Dienstwertgedanke Friedrich Dessauers (1927) mit der Nachhaltigkeitskonzeption Herman Dalys.[15] Daraus ergibt sich eine neue Leitvision für Technikgenesen, die über das defensive und nur noch wenig inspirierende Kriterium der Umweltverträglichkeit hinausgeht. Der »klassische« technische Umweltschutz, der die Umweltmedien Wasser, Boden, Luft in den Mittelpunkt gestellt und damit beachtliche Erfolge erzielt hat, ist in der Konzeption starker Nachhaltigkeit nur eine, wenngleich nach wie vor wichtige Komponente im Rahmen einer umfassenderen Strategie zu Erhalt und Erneuerung der Naturkapitalien. Pointiert gesagt: Umweltschutz ist Teil des Naturschutzes. Technik wiederum wird nicht länger in den Dienst fortschreitender Naturbeherrschung, sondern in den Dienst einer technisch vermittelten Kooperation mit der äußeren Natur gestellt. Das Interessante an dieser Strategie könnte sein, dass sie »neue« und »alte« Techniken kombiniert und vermittelt.

Es existiert bereits jetzt ein weltweit verzweigtes Netzwerk von Akteuren, die sich in unterschiedlichen Kontexten für eine Neuakzentuierung technischer Innovationen in diese Richtung einsetzt. Fünfzig Beispiele für eine mögliche Durchsetzung des »Faktors 4« auf der ganzen Bandbreite technologischer Innovationen finden sich bei Weizsäcker, Lovins & Lovins (1997). Eine solche Effizienzstrategie verlangt eine Technikfolgenabschätzung insbesondere in Bezug auf den Beitrag, den der Einsatz einzelner Techniken zur nachhaltigen Entwicklung (im hier verstandenen Sinne) leisten kann.

Die Konzeption starker Nachhaltigkeit und das aus ihr ableitbare Regelwerk sind, so meine These, für die gegenwärtige Technikbewertung zielführender als unreflektierte Leitbilder, die die Technikgeneseforschung retrospektiv erforscht. Dies gilt auch für naive »grüne« Leitbilder wie »Small is beautiful« oder »Dezentralisierung«. Es kann durchaus möglich sein, dass es gute Gründe gibt, alte und neueste Techniken auf sinnvolle Weise zu kombinieren (mit der Sense mähen und satellitengestütztes und pflugloses »precision farming« betreiben, Holz sägen und Photovoltaikanlagen installieren, Gemüse »einmachen« und Biomass-to-Liquid-Treibstoffe herstellen, Baumwolle spinnen und im Internet diskutieren, Heilkräuter sammeln und Nanotechnik auf biotischer Basis erforschen, Holzarchitektur mit High-Tech-Infrastruktur, Langleinen in der Fischerei und verbesserte Aquakultur, Segel für Frachtschiffe aus Kunststoffen usw.). Gegen solche Möglichkeiten ist der Vorwurf der Technikfeindlichkeit plump und antiquiert.

Es ist keineswegs ausgemacht, dass eine solche Ausrichtung mit den ökonomischen Trends (Stichwort: »Globalisierung«) unvereinbar ist. Es dürfte sogar der Fall sein, dass (gleichsam auf der High-Tech-Seite) eine Diffusion umwelttechnologischer Innovationen zu besseren Ergebnissen im Bereich etwa des globalen Klimaschutzes, der Trinkwasserbewirtschaftung, des Schutzes aquatischer Ökosysteme etc. führen werden als eine Rückkehr zu lokalen Techniken. Im Bereich der Biotechnologien dürfte es der Fall sein, dass die Bionik und womöglich auch die »grüne« Gentechnik bisher noch in den Kinderschuhen stecken und in diesem Bereich interessante Entwicklungen zu beobachten sein werden. Eine in diesem Sinne nachhaltige Technik wird nicht immer »kleine« Technik sein. So sind beispielsweise Offshore-Windenergieanlagen eine regenerative Großtechnik. Es ist auch nicht ausgemacht, welche Technik unter diesem Kriterium bei genauerer Analyse wie gut oder wie schlecht abschneidet (etwa nachwachsende Rohstoffe). Aussagen hierüber bleiben einzelnen Studien und Verfahren der Technikfolgenabschätzung vorbehalten. Diskursive und partizipative Verfahren wären besonders angebracht bei technologischen Optionen, deren Bewertung unter dem Kriterium starker Nachhaltigkeit kontrovers ist (Gentechnik und der Praxis des ökologischen Landbaus, Energiepflanzen, Wasserkraft, Bewässerungssysteme, Offshore-Windenergie).

Rein tentativ und ohne Anspruch auf Vollständigkeit möchte ich zuletzt einige derjenigen innovativen Technologiefelder benennen, die mir unter dem Gesichtspunkt der Konzeption starker Nachhaltigkeit von besonderem Interesse zu sein scheinen:

- Bionik
- CO_2-Abscheidungstechnologie (»clean coal«)
- Erneuerbare Energieträger
- Dezentrale Biomasse-Kraftwerke
- Pfluglose und erosionsverhindernde Bodenbearbeitung
- Pflanzenzüchtung
- Versuche zu einer wirklichen Synthese aus der Praxis ökologischer Landwirtschaft mit der Methode der »grünen« Gentechnik
- Selektive Technologien in der Fischereiwirtschaft zur Schonung und zum Wiederaufbau der Bestände
- Bewässerungstechnologien zur Reduzierung des weltweiten Wasserverbrauchs in der Landwirtschaft
- Automatische Abfallsortierung

- Dematerialisierungstechnologien
- Entwicklung der Brennstoffzelle und von BTL-Technologien für den motorisierten Individualverkehr
- Technologien zur Reduktion der »ökologischen Rucksäcke« des Abbaus natürlicher Ressourcen
- Entwicklung langlebiger, wiederverwertbarer Konsumgüter
- Transporttechnologien

QUELLEN

1 So bspw. das VDI-Oktogon in der VDI-Richtlinie 3780, Ropohls Verantwortungsmatrix (Ropohl 1993), Hastedts Verträglichkeitsdimensionen (Hastedt 1991) sowie die von mir vorgeschlagene Bewertungsmatrix (Ott 1996, 1997).

2 Hastedts Legitimitäts- und Erwünschtheitsprinzipien in engem Anschluß an John Rawls, Hubigs Options- und Vermächtniswerte, Lenks Prioritätsregeln im Anschluß an Werhane »Kornwachs« Prinzip der Bedingungserhaltung, Ropohls Grundnormen im Anschluß an Gert, mein eigener Versuch der inhaltlichen Bestimmung der Matrix (Ott 1997) sowie neuerdings Mehl (2001) im Anschluß an Baier und Tugendhat. Die praktische Konvergenz dieser Ansätze ist sehr groß.

3 Die heideggerianischen Ansätze, die Technik und Ökologie zu vermitteln suchten (Schönherr 1994), blieben derart abtrakt, dass sie kaum noch Kontakt zu den Realitäten umwelttechnischer Innovationen und zu konkreten Untersuchungen haben.

4 Mit der Verabschiedung der Agenda 21 auf der UN-Konferenz für Umwelt und Entwicklung im Jahre 1992 begann auch in Deutschland eine Debatte über die konkrete Umsetzung der damit eingegangenen Verbindlichkeiten. Hervorzuheben ist der Sachverständigenrat für Umweltfragen, der 1994 in seinem Umweltgutachten ausführlich das Thema einer nachhaltigen Entwicklung aufgegriffen hat (SRU 1994) und mit dem Begriff einer »dauerhaft umweltgerechten Entwicklung« versuchte, den ökologisch ausgerichteten Kern der Nachhaltigkeitsidee deutlich zu machen. Auch der SRU ist in seinen Ausführungen nur kurz auf die konzeptionellen Unterschiede zwischen den verschiedenen Vorstellungen einer nachhaltigen Entwicklung eingegangen, die man heute als »schwache« und »starke« Nachhaltigkeit bezeichnet (SRU 1994, Tz. 128).

5 Als Begründung für die Wahl dieses »Säulen«-Modells wird angeführt, dass die im Brundtland-Bericht enthaltenen Ziele einer intergenerationell gesicherten Bedürfnisbefriedigung (WCED 1986) durch dieses Modell am

besten erfasst würden. Dies ist nur teilweise zutreffend, da die Definition der WCED sich primär auf die Grundbedürfnisse (»basic needs«) bezog.

[6] Etwas Ähnliches geschieht in der deutschen Nachhaltigkeitsstrategie, in der Indikatoren gleichsam unter der Hand zu Zielen werden.

[7] Unnerstall (1999) hat gezeigt, dass von den Rechten zukünftiger Generationen Vorwirkungen ausgehen, die uns zu Handlungen und Unterlassungen verpflichten können.

[8] Julian Simon zufolge ist Wissen die »Ultimate Resource«. Vgl. Simon (1996).

[9] Der von den Medien hochgespielte Streit um Lomborg (2000) ist im Grunde auch ein Streit um das Konzept schwacher Nachhaltigkeit, das Lomborg seinen Statistiken implizit zugrunde legt. Zur Kritik an Lomborg s. Ott et al. (2003).

[10] »Environmentalists (…) accept moral responsibility for inculcating certain values, and for ensuring that those values are perpetuated in future generations.« (Norton 2002, S. 43).

[11] Ich setze voraus, dass das ethische Problem der »Doppelwirkung« deontologisch zu interpretieren ist. Diese Voraussetzung lässt sich kohärentistisch rechtfertigen. Bei einer strikt utilitaristischen Deutung dieses Problems müssten wir nämlich andere moralische Überzeugungen stark revidieren, die die meisten nur ungern aufgeben würden.

[12] Etwa »biodiversity hot spots«, Zentren des Endemismus oder die Vavilovschen Zentren. Faktisch ist es wohl leider so, dass der Aufbau von Plantagenwäldern nicht zum Schutz der Primärwalder führt. Die Holzplantagen auf Java schützen offenbar den Urwald auf Sumatra nicht.

[13] Das Gedankenexperiment einer kontrafaktischen Diskurssituation mit Repräsentanten zukünftiger Generationen dient hierbei eher der reflexiven Vergewisserung der Argumentation als dass es ein eigenständiges Argument auf der konzeptionellen Ebene darstellt.

[14] Im Konzept ökologischer Modernisierung wird davon ausgegangen, dass der Systemzwang zu fortwährender Innovation in den Dienst der Umweltverbesserung gestellt werden kann, und dass die Produktivitätssteigerungen im Bereich des Natur- und Ressourcenverbrauches denen der menschlichen Arbeit entsprechen sollen (was noch längst nicht der Fall ist) und dass sich hieraus (unter bestimmten Bedingungen) langfristig auch wirtschaftlich vorteilhafte Entwicklungen ergeben (können) (Porter-Hypothese; vgl hierzu ausführlich SRU 2002, Kap. 2.2).

[15] Auch etliche Gedankens des »linken« Heideggerianers Herbert Marcuse, der ja die Technik konsequent in den Dienst der Beförderung eines »befriedeten Daseins« stellen wollte, können in dieser Verbindung aufbewahrt werden.

LITERATUR

Acker-Widmaier, G.: Intertemporale Gerechtigkeit und nachhaltiges Wirtschaften. Marburg, 1999.

Atkinson, Giles et al.: Measuring Sustainable Development. Cheltenham, 1997.

Bartmann, H.: Substituierbarkeit von Naturkapital. In: Held, M.; Nutzinger, H. G. (Hrsg.): Nachhaltiges Naturkapital. Frankfurt/M., S. 50–68, 2001.

Bleischwitz, R.: »Dauerhafte Entwicklung. Umweltraum und Ökoproduktivität als zwei Orientierungspunkte an der Schwelle zwischen Theorie und Praxis«. In: Bechmann, G. (Hrsg.): Praxisfelder der Technikfolgenforschung. Frankfurt/M., S. 153–186, 1996.

Brand, K.-W.; Jochum, G.: Der deutsche Diskurs zu nachhaltiger Entwicklung. München, 2000.

Daly, H.: Wirtschaft jenseits von Wachstum. Salzburg, München, 1999.

Dessauer, F.: Philosophie der Technik. Bonn, 1927.

Dobson, A.: Environmental Sustainabilities: An Analysis and a Typology. In: Environmental Politics, Vol. 5, No. 3, S. 401–428, 1996.

Dobson, A.: Drei Konzepte ökologischer Nachhaltigkeit. In: Natur und Kultur, Jg. 1, Heft 2, S. 62–85, 2000.

Döring, R.; Ott, K.: Nachhaltigkeitskonzepte. Zeitschrift für Wirtschafts- und Unternehmensethik Vol. 2/3, 315–339, 2001.

Goodland, R.; Daly, H.: Universal Environmental Sustainability and the Principle of Integrity. In: Westra, L.; Lemons, J. (Hrsg.): Perspectives on Ecological Integrity. Dordrecht, Boston, London, 1995.

Gosepath, S.: The Global Scope of Justice. In: Pogge, T. (Hrsg.): Global Justice. Oxford, S. 145–168, 2001.

Grunwald, A.: Technik für die Gesellschaft von morgen. Campus, Frankfurt/M., New York, 2000.

ITAS: Jahrbuch des Instituts für Technikfolgenabschätzung und Systemanalyse (ITAS) 1999/2000. Karlsruhe, 2000.

Jonas, H.: Warum die Technik ein Gegenstand für die Ethik ist: Fünf Gründe. In: Lenk, S. 81–91. H., Ropohl, G. (Hrsg.): Technik und Ethik. Stuttgart, 1987.

Hastedt, H.: Aufklärung und Technik. Suhrkamp, Frankfurt/M., 1991.

Hinsch, W.: Global Distributive Justice. In: Pogge, T. (Hrsg.): Global Justice. Oxford, S. 55–75, 2001.

Holland, A.: Natural Capital. In: Attfield, R.; Belsey, A. (Hrsg.): Philosophy and the Natural Environment. Cambridge, S. 169–182, 1994.

Hubig, C.: Technik- und Wissenschaftsethik. Springer, Berlin, Heidberg, New York, 1993.

Karafyllis, N.: Natur als Gegentechnik. In: Karafyllis, N., Haar, T. (Hrsg.): Technikphilosophie im Aufbruch. FS Ropohl. Berlin, S. 73 – 91, 2004.

Kopfmüller, J.: Die Idee einer zukunftsfähigen Entwicklung (Sustainable Development) – Hindergründe, Probleme, Forschungsbedarf. In: Bechmann, G. (Hrsg.): Praxisfelder der Technikfolgenforschung. Frankfurt/M., S. 119 – 152, 1996.

Kopfmüller, J. et al.: Nachhaltige Entwicklung integrativ betrachtet. Berlin, 2001.

Krebs, A.: Die neue Egalitarismuskritik im Überblick. In: Krebs, A. (Hrsg.): Gleichheit oder Gerechtigkeit. Frankfurt/M., S. 7 – 37, 2000.

Lerch, A.; Nutzinger, H. G.: Nachhaltigkeit. Methodische Probleme der Wirtschaftsethik. Zeitschrift für Evangelische Ethik, 42. Jg., S. 208 – 223, 1988.

Lomborg, B.: The Skeptical Environmentalist. Cambridge, 2001.

Weizsäcker, E. U.; Lovins, B.; Lovins, L. H.: Faktor vier. München, 1997.

Mehl, F.: Komplexe Bewertungen: Zur ethischen Grundlegung der Technikbewertung. Münster, 2001.

Moscovici, S.: Versuch über die menschliche Geschichte der Natur. Frankfurt/M., 1982.

Neumeyer, E.: Weak versus Strong Sustainability. Cheltenham, 1999.

Norton, B.: The Ignorance Argument: What must we Know to be Fair to the Future. In: Bromley, D. W.; Paavola, J. (Hrsg.): Economics, Ethics, and Environmental Policy. Oxford, S. 35 – 52, 2002.

Nussbaum, M.: Menschliches Tun und soziale Gerechtigkeit. In: Brumlik, M. und Brunkhorst, H. (Hrsg.): Gemeinschaft und Gerechtigkeit. Frankfurt/M.: Fischer, S. 323 – 361, 1993.

Ott, K.: Technik und Ethik. In: Nida-Rümelin, J. (Hrsg.): Angewandte Ethik. Stuttgart, S. 650 – 717, 1996.

Ott, K.: Ipso Facto. Zur ethischen Begründung normativer Implikate wissenschaftlicher Praxis. Frankfurt/M., 1997.

Ott, K.: Eine Theorie »starker« Nachhaltigkeit. In: Natur und Kultur, Jg. 2, Heft 1, S. 55 – 75, 2001.

Ott, K.: Zu einer Konzeption »starker« Nachhaltigkeit. In: Bobbert, M, Düwell, M., Jax, K. (Hrsg.): Umwelt – Ethik – Recht. Tübingen, Basel, S. 202 – 229, 2003.

Ott, K.; Döring, R.: Theorie und Praxis starker Nachhaltigkeit. Marburg, 2004.

Ott, K.; Döring, R.; Gorke, M.; Schäfer, A.; Wiesenthal, T.: Über einige Maschen der neuen Vermessung der Welt – eine Kritik an Lomborgs »Apokalypse No!«. In: GAIA, Vol. 12, S. 45 – 51, 2003.

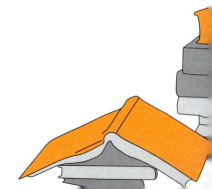

Paschen, H.; Petermann, T.: Technikfolgen-Abschätzung – Ein strategisches Rahmenkonzept für die Analyse und Bewertung von Technikern. In: Petermann, T. (Hrsg.): Technikfolgen-Abschätzung als Technikforschung und Politikberatung. S. 19–42, Frankfurt/M., 1991.

Pauer-Studer, H.: Autonom leben. Frankfurt/M., 2000.

Perelman, C.: Juristische Logik als Argumentationslehre. Freiburg, München, 1979.

Ropohl, G.: Neue Wege, die Technik zu verantworten. In: Lenk, H.; 1993.

Ropohl, G. (Hrsg.): Technik und Ethik. Reclam, S. 149–176, Stuttgart, 1993.

Ropohl, G.: Ethik und Technikbewertung. Suhrkamp, Frankfurt/M., 1996.

SAPHIR: Technikfolgenbeurteilung der bemannten Raumfahrt. DLR/Köln-Porz., 1993.

Schönherr, H.-M.: Die Technik und die Schwäche. Wien, 1989.

Shrader, K.; Frechette, S.: Risk and Rationality. Philosophical Foundations for Populist Reforms. Berkeley, 1991.

Simon, J. L.: The Ultimative Resource 2. Princeton, 1996.

Skorupinski, B.; Ott, K.: Technikfolgenabschätzung und Ethik. Zürich, 2000.

SRU (Der Rat von Sachverständigen für Umweltfragen): Für eine dauerhaft-umweltgerechte Entwicklung – Umweltgutachten 1994. Stuttgart, 1994.

SRU: Für eine neue Vorreiterrolle – Umweltgutachten 2002. Stuttgart, 2002.

Unnerstall, H.: Rechte zukünftiger Generationen. Würzburg, 1999.

VDI (Verein Deutscher Ingenieure: Ausschuß Grundlagen der Technikbewertung): Richtlinie VDI 3 780. Technikbewertung: Begriffe und Grundlagen. In: Lenk, H.; Ropohl, G. (Hrsg.): Technik und Ethik. Reclam, Stuttgart, S. 334–364, Stuttgart, 1993.

VDI: Ethische Ingenieurverantwortung. Düsseldorf, 2000.

WBGU: Welt im Wandel: Umwelt und Ethik. Sondergutachten. Marburg, 1999.

WCED: Our Common Future, 1987.

Weikard, H. P.: Wahlfreiheit für zukünftige Generationen. Marburg, 1999.

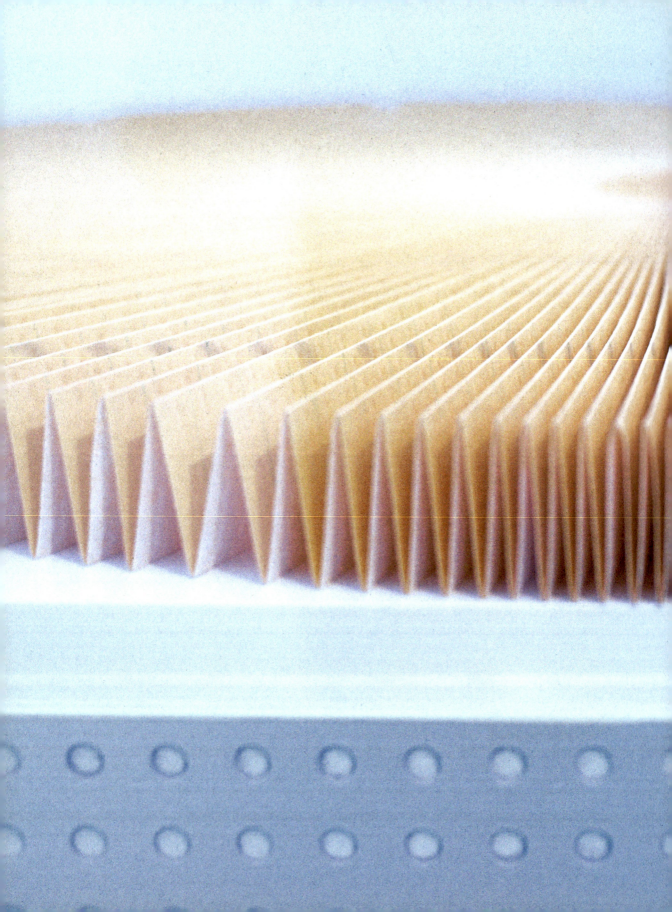

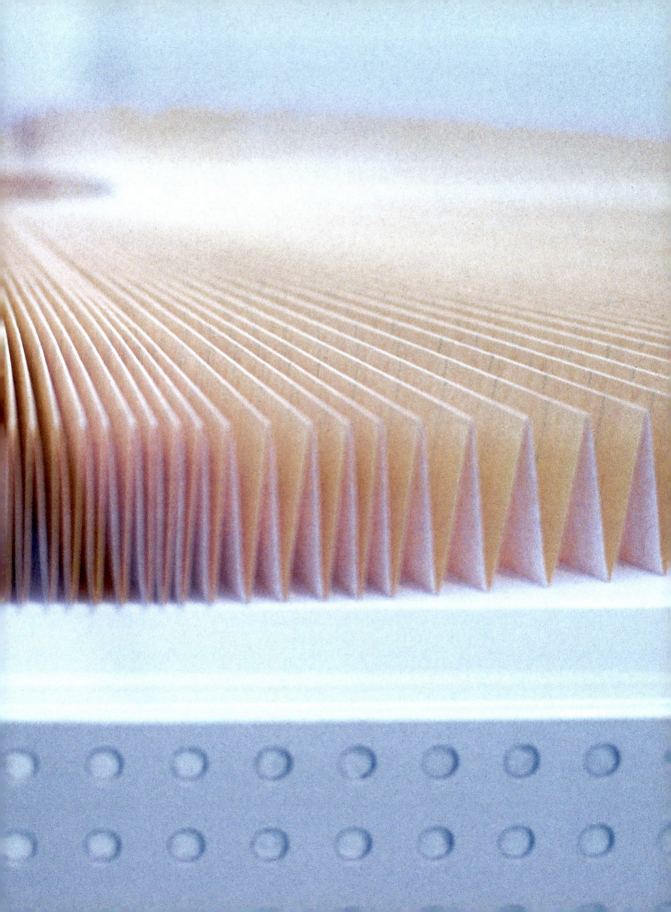

n der Nachhaltigkeit

eit – eine ethische Perspektive

OVATION VORANBRINGEN

en Randbedingungen
erspektive

ntwicklung

mischer Perspektive

en Umweltpolitik

DIE ÖKO–
INNOVATION
VORANBRINGEN

Claude Fussler

Die Herausforderung beim Begriff »nachhaltige Entwicklung« besteht darin, ihn so zu definieren, dass er praktisch denkende Menschen dazu bringt, am Arbeitsplatz, im Haushalt und in ihrem Umfeld nach neuen, nachhaltigeren Möglichkeiten zu suchen und sie umzusetzen. Dies hat sich bisher als langwierig und schwierig erwiesen.

Der Begriff der nachhaltigen Entwicklung ist aus einem politischen Kompromiss heraus entstanden: Die eine Seite zeigte sich besorgt darüber, welchen Einfluss die Technologien und Praktiken, die den Lebensstandard in den reichen Ländern aufrecht erhalten, auf die Umwelt haben; und die andere Seite versuchte herauszufinden, wie der Lebensstandard der Bevölkerung in den armen Ländern möglichst schnell verbessert werden kann. Eine Entwicklung, von der alle profitieren, die nicht der Umwelt schadet und die es den künftigen Generationen ermöglicht, einen hohen Lebensstandard in einer gesunden Umwelt beizubehalten, kann als »nachhaltig« bezeichnet werden und ist somit ein äußerst erstrebenswertes gemeinsames Ziel. Die nachhaltige Entwicklung wurde als einer der Grundsätze im Bericht der Brundtland-Kommission genannt (Bericht der Weltkommission für Umwelt und Entwicklung aus dem Jahr 1987 mit dem Titel *Unsere gemeinsame Zukunft*) und prägte die politischen Ergebnisse des Weltgipfels von Rio de Janeiro 1992. Sie stellt das etwas unscharf gefasste gemeinsame Ziel des 900 Seiten starken Umsetzungsplans – der Agenda 21 – dar. Für die Erreichung dieses Ziels stehen geringe staatliche Mittel zur Verfügung, und es werden keine klaren Prioritäten gesetzt.

Etwa zur gleichen Zeit bildete eine Reihe von Geschäftsleuten ein Netzwerk, das ökologische Fragen aus einem anderen Blickwinkel betrachtete. Das Thema Umweltschutz wurde zu dieser Zeit von verschiedenen Kampagnen beherrscht, in denen die Wirtschaft für Umweltkatastrophen wie die Havarie der Exxon Valdez und die Chemieunfälle in Bhopal, Seveso und Schweizerhalle sowie für die deutliche Zunahme von toxischen Emissionen und Abfällen als Begleiterscheinung des Wirtschaftswachstums verantwortlich gemacht wurde. Diese Kampagnen und der wissenschaftliche Nachweis bestimmter umweltbezogener Zusammenhänge veranlassten manche Regierungen, die Verwendung bestimmter Produkte zu verbieten oder einzuschränken und End-of-pipe-Verfahren zwingend vorzuschreiben. Das neue Unternehmer-Netzwerk hatte es sich zum Ziel gesetzt, für nachhaltige Entwicklung einzutreten, und gab sich daher den Namen »Business Council for Sustainable Development«. Stephan Schmidheiny, ein junger, einflussreicher Geschäftsmann und Vorsitzender dieses Rates, formulierte den neuen Blickwinkel so: Die Unternehmen müssen als wichtigste Beteiligte an der wirtschaftlichen

Vermögensschaffung zwei Ziele gleichzeitig verfolgen, nämlich ökonomische Effizienz und ökologische Effizienz.

Die gleichzeitige Verfolgung dieser beiden Ziele bezeichnen wir als Öko-Effizienz. Dabei soll nicht ein Ziel zu Gunsten des anderen aufgegeben, sondern gleichzeitig besserer Umweltschutz *und* Gewinnmaximierung angestrebt werden. Somit verbindet dieser Begriff das politische Prinzip der nachhaltigen Entwicklung mit der Unternehmensstrategie. Während sich das Konzept der Öko-Effizienz seit 1992 in der Denkweise von Unternehmern und Politikern durchgesetzt hat, ist eine andere Mahnung des Business Council for Sustainable Development in den Führungsebenen von Politik und Wirtschaft größtenteils auf taube Ohren gestoßen: »Öko-Effizienz lässt sich allerdings nicht allein durch technologische Veränderungen erzielen. (…) Nachhaltige Entwicklung umfasst auch eine Neudefinition der Spielregeln der Wirtschaft. Es gilt, von Raubbau, Verschwendung, hohem Verbrauch und Umweltverschmutzung zur Bewahrung der Umwelt zu gelangen. Zudem müssen Privilegien und der um sich greifende Protektionismus überwunden und eine Weltwirtschaft geschaffen werden mit fairen und gerechten Chancen, die allen offen stehen.« (Stephan Schmidheiny; *Kurswechsel*; Artemis und Winkler, München; 1992, S. 38 und 41; Originalausgabe: *Changing Course*; The MIT Press, Cambridge, Massachusetts; 1992). Öko-Effizienz muss durch Marktsignale gefördert werden, die die wahren Kosten der Umweltverschmutzung und den wahren Wert der menschlichen Gesundheit sowie das ökologische Kapital widerspiegeln, das die Voraussetzung für unseren Wohlstand darstellt. Diese zweite Aufgabe – die Märkte zu veranlassen, selbst für Nachhaltigkeit zu sorgen – bleibt schwierig, wenig populär und wird daher häufig vernachlässigt.

Das Konzept der Öko-Effizienz – das gleichzeitige Streben nach ökonomischer und ökologischer Effizienz – wurde in zahlreichen Veröffentlichungen an realen Fällen erläutert und veranschaulicht, insbesondere durch die Öffentlichkeitsarbeit des World Business Council for Sustainable Development (www.wbcsd.org). In einer Reihe von Experten-Workshops und Mitgliederdialogen wurde eine Definition des Begriffs Öko-Effizienz formuliert:

Öko-Effizienz wird erreicht:
- durch die Entwicklung von Produkten und Dienstleistungen zu wettbewerbsfähigen Preisen,
- die die Bedürfnisse der Menschen befriedigen und die Lebensqualität erhöhen
- sowie gleichzeitig die ökologischen Auswirkungen und die Ressourcenintensität nach und nach verringern,

– und dies über den gesamten Produktlebenszyklus,
– und mindestens bis zu einem Niveau, das mit der voraussichtlichen Belastbarkeit der Erde verträglich ist.

Da die Definition relativ lang ist, haben wir sie hier in ihre wesentlichen Elemente aufgeschlüsselt. Häufig wird einfachen Beschreibungen der Vorzug gegeben, und daher heißt es in vielen Texten über Öko-Effizienz, es gehe darum »mehr zu produzieren und dies mit weniger Aufwand«. Diese Definition erscheint zwar sehr praktisch, aber sie ist zu stark vereinfacht. Es wird nicht berücksichtigt, dass die Dimension und Bedeutung der Öko-Effizienz viel weiter reichen und viel komplexer sind. Öko-effiziente Güter und Dienstleistungen müssen auf dem Markt wettbewerbsfähig sein; nur wenn sie für den Konsumenten erschwinglich sind, können sie Veränderungen bewirken und Gewinne bringen. Sie müssen die tatsächlichen Bedürfnisse befriedigen und zur Lebensqualität beitragen, aber sie dürfen nicht übermäßigen Konsum salonfähig machen. Bei der Produktion müssen neben den ökologischen Auswirkungen durch die Verarbeitung von Einzelteilen und Rohstoffen auch Vertrieb und Verbrauch sowie die Entsorgung durch die Konsumenten berücksichtigt werden. Nur so können Systeme umfassend beurteilt und verbessert werden. Öko-Effizienz ist auch ein Vorsorgeprinzip – letztendlich müssen wir die Bedürfnisse der Menschen mit den Kapazitäten unseres Planeten befriedigen. Wir dürfen die Anzeichen nicht ignorieren, die darauf hinweisen, dass wir die Regenerationsfähigkeit vieler Naturkreisläufe bereits jetzt überfordern. Nachhaltige Entwicklung zu erreichen, ist eine komplexe Herausforderung, die nicht mit einer simplifizierenden Definition beschrieben werden kann. In vielerlei Hinsicht stellt Öko-Effizienz keine Qualität oder ein Endstadium dar; vielmehr handelt es sich um eine Strategie und einen stetigen Verbesserungsprozess.
Daher ist Öko-Effizienz auch nicht der einzige Weg zu nachhaltiger Entwicklung. Viele andere Ansätze zeigen ebenfalls Möglichkeiten zur Erzielung von Fortschritten auf:

Cleaner Production: Dieses Prinzip wird vom Umweltprogramm der Vereinten Nationen (UNEP) vertreten und zielt auf effizientere Produktionsverfahren und die Vermeidung von Emissionen ab. (www.uneptie.org/cp/declaration)
Materialinput pro Serviceeinheit (MIPS): Dieses Konzept wurde von Professor Friedrich Schmidt-Bleek vom Wuppertal Institut entwickelt, um Ineffizienzen unseres Wirtschaftssystems bei der Nutzung von Ressourcen zu analysieren und zu quantifizieren. Mit Hilfe dieses Konzepts können der Nutzen

(service) und die Funktionen eines Produktes bestimmt werden, um das Produkt anschließend unter Beibehaltung seines Nutzwerts und Verringerung des Materialinputs völlig neu zu konstruieren. Das Konzept der Entkopplung von Nutzwert und Materialeinsatz hat die Entwicklung der Faktor Vier- und Faktor Zehn-Strategien ermöglicht. Diese Strategien beschreiben, wie die Wirtschaft mit einem vier- bis zehnmal geringeren Materialdurchsatz die Bedürfnisse der Weltbevölkerung im Jahr 2025 befriedigen kann. (www.wupperinst.org; www.rmi.org; Friedrich Schmidt-Bleek, Das *MIPS-Konzept, weniger Naturverbrauch – mehr Lebensqualität durch Faktor 10*; 1998, Droemer, München; Ernst Ulrich von Weizsäcker, Amory Lovins, Hunter Lovins; *Faktor Vier, doppelter Wohlstand – halbierter Naturverbrauch*; 1996, Droemer Knaur, München).

Suffizienz (Angemessenheit): Der Begriff der Dienstleistung wird erweitert. Der Verbraucher soll von der Leistung des Produktes profitieren, sich aber nicht mit den Belastungen, dem Abfall und den ökologischen Auswirkungen plagen müssen, die das Produkt mit sich bringt. Die Suffizienzstrategie entwirft in höchstem Maße dematerialisierte Produkt-Dienstleistungen, die deren Anbieter in geschlossenen Kreisläufen erbringen. (Unabhängige Sachverständigen-Arbeitsgruppe für das Forschungsdirektorat der Europäischen Kommission; *Sustainable Production*; 2001, veröffentlicht von der Europäischen Kommission)

The Natural Step: Diese Initiative geht davon aus, dass wir Nachhaltigkeit nur erreichen können, wenn wir 1) die Bedürfnisse der Menschen weltweit befriedigen, 2) natürliche Substanzen nicht schneller verbrauchen als die Natur sie neu bilden kann, 3) neue Substanzen nicht schneller verbreiten als die Natur sie abbauen kann und 4) die Quellen natürlicher Rohstoffe nicht schneller ausschöpfen als die Natur sie wieder füllen kann. (www.natural step.org)

Öko-Effektivität: Dieses Konzept orientiert sich ebenfalls an den Naturkreisläufen. Aus den Materialien, die wir produzieren, müssen wir alle Substanzen entfernen, die nicht in einem anderen Material-Kreislauf verwendet werden können oder die einen schädlichen Einfluss auf Nahrungsketten oder die menschliche Gesundheit haben. Unseren Energiebedarf müssen wir durch Solarenergie decken. (William McDonough und Michael Braungart; *Cradle to Cradle, remaking the way we make things*; 2002, Northpoint Press. Auf Deutsch erschienen im Berliner Taschenbuch Verlag; *Einfach intelligent produzieren*; Berlin 2003)

Auch wenn die Vertreter dieser verschiedenen Theorien ihren jeweiligen Ansatz für überlegen halten, sind ihre Ansätze doch eng mit der Öko-Effizienz

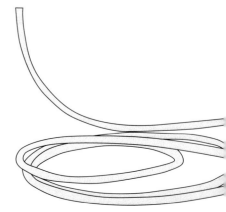

verknüpft und befassen sich lediglich genauer mit einzelnen Teilaspekten der Öko-Effizienz oder erweitern diese. Die Autoren aller Ansätze skizzieren den Übergang zu einer Weltwirtschaft, von der alle Menschen auf der Erde jetzt und in Zukunft profitieren und die eine erstrebenswerte Lebensqualität mit Hilfe der auf unserem Planeten verfügbaren Ressourcen ermöglicht. Wirtschaftswachstum ist notwendig, um die Bedürfnisse einer wachsenden Bevölkerung zu erfüllen, die länger lebt und die mehr als nur die Erfüllung der grundlegenden Bedürfnisse anstrebt. Dabei muss dieses Wachstum jedoch von entsprechenden ökologischen Auswirkungen entkoppelt werden.

Ob diese Entkopplung allein durch Effizienzsteigerungen erreicht werden kann oder durch die systematische Vermeidung von Abfällen, die in keinem anderen Materialzyklus mehr verwertet werden können, wird sowohl von der praktischen Umsetzbarkeit als auch von der Wahl der Mittel abhängen. Angesichts der großen Herausforderungen ist eine Kombination der verschiedenen Ansätze besser, als nicht zu handeln. In seinem »Living Planet Report« 2002 stellt der WWF – World Wide Fund for Nature (http://www.panda.org/news_facts/publications/general/livingplanet/index.cfm) fest, dass wir die Regenerationsfähigkeit der Erde bereits um 20 % überschritten haben. Laut dem Entwicklungsprogramm der Vereinten Nationen (UNDP) genießt nur ein Fünftel der Weltbevölkerung eine angemessene Lebensqualität – und die Weltbevölkerung wird innerhalb einer Generation um 50 % anwachsen. Eine einfache Rechnung zeigt, dass die Effizienz insgesamt etwa um den Faktor 10 gesteigert werden müsste, um die gegenwärtige Überbelastung der Umwelt zu mindern und gleichzeitig die gesamte Weltbevölkerung einschließlich der Menschen, die in den nächsten 25 Jahren geboren werden, gerecht am Wohlstand teilhaben zu lassen.

1991/92 definierten mehrere große, multinationale Unternehmen zusammen mit Wissenschaftlern und Fachleuten aus Regierungen und Nichtregierungsorganisationen das Konzept der Öko-Effizienz und begannen mit dessen Umsetzung. Lässt sich daraus schließen, dass dieses Konzept nur für große Unternehmen sinnvoll ist, so dass kleine und mittlere Unternehmen (KMU) im Nachteil sind? Diese Frage wird häufig gestellt. Leider machen es sich viele zu leicht, wenn sie sich mit der üblichen Antwort zufrieden geben, die da lautet, dass kleine und mittlere Unternehmen nicht über genug Zeit, Geld und Personal verfügen, um derartige Konzepte umzusetzen. Wo bleiben da Intelligenz, Ehrgeiz und Ethik?

Wir können die Probe machen: Lässt sich Öko-Effizienz in einem einfachen Einfamilienhaushalt umsetzen? Sehen wir uns die Familie Nachhaltig an: die Eltern, Alain und Sophie, sowie ihre Tochter Amélie und ihr Sohn Jules. Der französische Journalist Alain Chauveau hat die Familie Nachhaltig erfunden

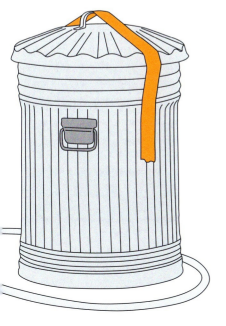

und sie in den Jahren 2003 und 2004 in Frankreich bekannt gemacht. Die Kampagne wurde vom französischen Ministerium für Umwelt und Nachhaltige Entwicklung sowie zahlreichen privaten Institutionen unterstützt und zeigt, wie die Familie ein glückliches Leben führen und dabei systematisch ihren ökologischen »Fußabdruck« verringern kann (http://www.familledurable.com/index.htm).

So führt die Familie vor, mit welchen praktischen Maßnahmen sich der Verbrauch von Trinkwasser, Strom und Benzin für Heizung und Fortbewegung verringern lässt. Die Familienmitglieder überlegen, was sie für Haushalt und Schule kaufen sollten und wie sich Abfall und Lärm reduzieren lassen. Durch viele dieser Entscheidungen können sie sogar Geld sparen. Sie beginnen, sich für bestimmte Marken zu interessieren und Lebensmittel aus biologischem Anbau und Fair-Trade-Produkte zu probieren. Um ihr Leben öko-effizienter zu gestalten, müssen sie keine Annehmlichkeiten oder Vergnügungen aufgeben, im Gegenteil, sie lernen dazu, werden kreativ und genießen das Leben.

Im Rahmen dieser Kampagne wurde auf ein Programm zur Berechnung des ökologischen Fußabdrucks verwiesen. Mit diesem Programm kann jeder für sich selbst abschätzen, wie seine Gewohnheiten, Produktauswahl und Entscheidungen für Freizeitaktivitäten sich zu einem Fußabdruck summieren, der in der Regel ein für die Erde tragfähiges Maß übersteigt. Unter der Adresse http://www.footprint.ch/ lässt sich der individuelle ökologische Fußabdruck auch mit einem deutschsprachigen Programm berechnen. Außerdem werden Vorschläge für »Geschenke an die Erde« gemacht, die in der Einübung öko-effizienter Verhaltensweisen bestehen.

Wenn man nun davon ausgeht, dass die Familie Nachhaltig auch eine kleine Autowerkstatt oder einen Bauernhof oder eine Druckerei besitzt: Würden Sophie und Alain ihre guten, öko-effizienten Gewohnheiten und Denkweisen jedes Mal vergessen, wenn sie die Wohnung verlassen und in ihrem kleinen Familienunternehmen arbeiten? Das wäre ein seltsamer Fall von Schizophrenie.

Das Beispiel zeigt: Öko-Effizienz ist zuallererst eine persönliche Entscheidung innerhalb eines bestimmten sozialen Umfelds. Persönliche Werte und Bedürfnisse, Informationen, Wissen und finanzielle Mittel, die Infrastruktur, der Gruppenzwang, öffentliche Anreize und Regeln bestimmen unsere individuellen Strategien, die wir einsetzen, um uns alle betreffende Themen wie die nachhaltige Entwicklung zu ignorieren oder uns mit ihnen auseinander zu setzen.

Alle Unternehmen, unabhängig von ihrer Größe, bestehen aus Einzelpersonen. Je kleiner ein Unternehmen ist, desto stärker spiegelt es die Haltung seines Eigners und seiner Angestellten wieder. Bei vielen der heutigen Großunternehmen standen am Anfang ein Visionär oder eine kleine Gruppe, die zwar nicht über finanzielle Mittel verfügten, dafür jedoch außergewöhnliche Tatkraft und einen leidenschaftlichen Glauben an eine bessere Welt besaßen. Firmen wie »The Body Shop« und »Ben and Jerry« (heute eine der zu Unilever gehörenden Eiskrem-Marken) haben sogar ihre gesamte Wachstumsstrategie auf den Kampf gegen die Umweltzerstörung und eine Verbesserung der sozialen Verhältnisse ausgerichtet.

Im Folgenden möchten wir Ihnen einige Beispiele vorstellen, die in neueren Fallstudien veröffentlicht wurden:

ENVI-PUR www.envi-pu.cz

»Wir haben in einer kleinen Werkstatt angefangen, und heute beschäftigt Envi-pur 85 Mitarbeiter«, berichtet der Unternehmensleiter Pavel Hnoja. Zu Beginn der Neunzigerjahre entwickelte Envi-pur eine kleine Anlage zur Aufbereitung von Haushaltsabwässern, die aus den Küchen, Waschmaschinen und sanitären Anlagen von Wohngebieten stammen, welche zuvor an Klärgruben und nicht an die städtische Kanalisation angeschlossen waren. Envi-Pur ist ein gutes Beispiel für ein Unternehmen, das allein deshalb gegründet wurde, weil der Umweltschutz eine Geschäftschance bot. Die Firma erarbeitete sich in dem wachsenden Markt für hochwertige, dezentralisierte Abwasserreinigungssysteme, die direkt am Ort der Verunreinigung eingerichtet werden, eine ausgezeichnete Wettbewerbsposition. Sie arbeitet bereits mit einem Netzwerk von 12 internationalen Partnerfirmen zusammen.

Quelle: Price WaterhouseCoopers; Best practices in Eco efficiency (Utrecht, Mai 2004)

MORITZ FIEGE http://www.moritz-fiege.de/

Die kleine deutsche Privatbrauerei Moritz Fiege konnte ihren Umsatz von 16 Millionen Euro um 20 % steigern. Dieser Erfolg beruht auf der Tatsache, dass sich das Unternehmen am Geschmack seiner Kunden orientiert und auf Qualität Wert legt. Qualität ist hier im weitesten Sinn gemeint und beinhaltet auch hervorragende Umweltschutzmaßnahmen. Die Mitarbeiter der Brauerei arbeiteten eng mit der Initiative SAFE – Sustainability Assessment For Enterprises des Wuppertal Instituts (SAFE www.wupperinst.org/safe) zusammen. Aus dieser Initiative sind eine Reihe von öko-effizienten Projekten hervorgegangen, mit denen über 40 000 € pro Jahr eingespart werden können.

Quelle: Fussler et al. (eds.), Raising the Bar; (Greenleaf Publishing, UK, 2004)

SWITCHER http://www.switcher.com/

Anfang der Achtzigerjahre entwarf Robin Cornelius eine Linie farbenfroher Sweat- und T-Shirts und gründete eine 53-Millionen-Euro-Marke, die sich stark für ökologische und soziale Belange engagiert. Heute verbindet das Unternehmen über 400 Geschäfte und 400 Großhändler mit Zulieferern in China, Indien und Portugal, die eindeutige ökologische und soziale Standards erfüllen. Sein Engagement für Transparenz, ständige Leistungsverbesserungen und regelmäßige Überprüfungen haben Switcher zu einem Pionier im Textilbereich gemacht und ihm großen Erfolg bei seinen Kunden beschert. Quelle: Fussler et al. (eds.), Raising the Bar; (Greenleaf Publishing, UK, 2004)

Energie, Kreativität und das Gefühl der Zugehörigkeit zu einem kleinen Unternehmen sind in größeren Firmen trotz weniger flexibler Strukturen und Management-Philosophien nicht verloren gegangen. Charles Handy, der sich lange mit dem Verhaltenswandel der Manager von Großunternehmern befasst hat, merkt an: »Wenn die heutigen Unternehmen effektiv arbeiten wollen, müssen sie Geschäftseinheiten innerhalb des Unternehmens schaffen, die so klein sind, dass sich die Mitarbeiter untereinander mit Namen ansprechen können.« (Charles Handy, *The Elephant and the Flea, Looking Backwards Into the Future*; 2001; (London: the Random House Group Limited) p. 67). Diese Entwicklung ist aus verschiedenen Gründen bereits jetzt zu beobachten.

So kann z. B. ein großes Unternehmen mit über 100 Niederlassungen weltweit vielleicht ein Dutzend Produktions- und Verwaltungsstandorte mit internationaler Reichweite haben, aber die Niederlassung in Quito (Ecuador) oder das Veredelungs- und Verpackungswerk im türkischen Izmir unterscheiden sich, genauso wie viele der anderen Standorte, nicht allzu sehr von einem kleinen Unternehmen. Selbst Standorte mit mehreren Tausend Mitarbeitern sind in kleinere Organisationseinheiten und Teams unterteilt, die innerhalb einer großen, netzwerkartig verbundenen Organisation ähnlich unabhängig arbeiten wie ein kleines Unternehmen. Der Grund für diese Gliederung in kleine Teams ist in der Steigerung der Leistungs- und Wettbewerbsfähigkeit zu suchen. Kleine Teams, deren Mitglieder wissen, dass sie eigenverantwortlich handeln, sind flexibler, innovativer und produktiver. Sie haben mehr Interesse an den Kunden und dem Umfeld, in dem sie arbeiten und sie haben den Schwung eines kleinen Unternehmens.

Ein anderer Grund für diese Organisationsweise ist die Komplexität der Leistungskontrolle und der Verwaltung. Egal, wie leistungsfähig die Computer sind, die Daten aus dem weltweiten System des Unternehmens übertragen und verarbeiten: Irgendjemand muss sich um die Wasserleitungen und den reibungslosen Transport von Kraftstoffen und Produkten kümmern, muss dafür sorgen, dass nicht unnötig das Licht brennt oder Geräte in Betrieb sind,

die gerade nicht gebraucht werden. Jemand muss sich um die Sorgen der Nachbarn kümmern können, ohne auf eine Reaktion der Unternehmensleitung warten zu müssen. Es besteht ein unmittelbarer Zusammenhang zwischen der Qualität und der Öko-Effizienz des jeweiligen Standorts einerseits und dem Verantwortungsbewusstsein und dem Stolz anderseits, den die Teams vor Ort für ihre Arbeit empfinden.

Daher können wir die Diskussion »kleine gegen große Unternehmen« umkehren und sagen, dass das Streben nach Öko-Effizienz nicht nur Großunternehmen betrifft. Ganz im Gegenteil: Wenn die Strategie der Öko-Effizienz in einer Firma verfolgt wird, die aus kleinen, wie eigenständige Unternehmen handelnden Teams besteht, lassen sich schneller Fortschritte verzeichnen. Mit Hilfe der Informationstechnologien und einer vollständiger Qualitätskontrolle wählen große Unternehmen verstärkt eine Organisationsform, die Handy »Zusammenschluss kleiner Unternehmen« nennt und die sich bewährt hat. Sie sind gleichzeitig weltweit und vor Ort vertreten und fördern eine eindeutige Markenidentität zur Stärkung des Gesamtunternehmens.

Dennoch besteht ein großer Unterschied zwischen kleinen Teams oder Einheiten, die unter dem Dach eines »großen Markenzusammenschlusses« arbeiten, und vielen kleinen Unternehmen, die einzeln operieren. Ein derartiger Markenzusammenschluss aus kleineren Einheiten stattet die Mitarbeiter jedes noch so kleinen Teams mit einer Reihe von Strategien, Richtlinien, Zielen und Budgets aus und gibt ihnen Rückendeckung. Darüber hinaus erhält das Team Zielvorgaben und wird gelenkt, unterstützt, belohnt und motiviert. Bis auf einige bedauerliche Ausnahmen unterhalten fast alle großen Unternehmen, die über bekannte Markennamen verfügen, nahezu perfekte interne Kontrollsysteme. Wenn eine internationale Firma ernsthaft eine Strategie wie die Öko-Effizienz verfolgt, geschieht dies nicht auf freiwilliger Basis nach dem Motto »alle, die Lust haben, können mitmachen«, sondern es wird dafür gesorgt, dass alle Mitarbeiter an allen Standorten und auf allen Ebenen diese Strategie in ihrer jeweiligen Umgebung umsetzen. Viele bemühen sich dann, die Einhaltung dieser Standards auch bei ihren Zulieferern und Auftragnehmern durchzusetzen.

Öko-Effizienz eignet sich für jedes Unternehmen unabhängig von der Größe. Obwohl Großunternehmen unmittelbar und über ihre Zulieferer großen Einfluss ausüben können, gehören die meisten Firmen zur Gruppe der kleinen und mittelständischen Unternehmen (s. Tabelle 1). Daher müssen gerade diese Unternehmen zur Entwicklung von Öko-Effizienz-Strategien bewegt werden. Sie sind zwar uneingeschränkt in der Lage, derartige Strategien einzuführen, müssen jedoch für deren konkrete Umsetzung Tatkraft und Kreativität aufbringen. Dem Kontakt zu verschiedenen Unternehmens-Netzwer-

ken, Regierungsbehörden und Clearingstellen kommt dabei besondere Bedeutung zu: Hier finden Unternehmen die notwendige Unterstützung in Form von Konferenzen, Messen, staatlichen Anreizen und Mechanismen zur Kontrolle des Zielerreichungsgrads. So stellt z.B. CSR Europe, eine Organisation zur Förderung der Corporate Social Responsibility mit Sitz in Brüssel, ein Tool zur Leistungsbewertung zur Verfügung, das auch Umweltbelange berücksichtigt. Dieses Tool steht in verschiedenen europäischen Sprachen zur Verfügung (www.smekey.org). Das Wuppertal Institut gibt jedes Jahr in Zusammenarbeit mit dem Umweltprogramm der Vereinten Nationen den »Effizient Wirtschaften«-Kalender für kleine Unternehmen heraus. Dieser Kalender wird derzeit zu einem elektronischen Terminkalender weiterentwickelt – dem SMART Entrepreneur –, der kleinen Teams bei allen Aspekten ihrer Umweltschutzprojekte zur Seite steht (www.efficient-entrepreneur.net).

Tabelle 1

MAIN INDICATORS OF NON-PRIMARY PRIVATE ENTERPRISE, EUROPE-19, 2000

	SME				LSE	
	Micro	Small	Medium-sized	Total		Total
Number of enterprises (1000)	19040	1200	170	20415	40	20455
Employment (1000)	41750	23080	15960	80790	40960	121750
Occupied persons per enterprise	2	20	95	4	1020	6
Turnover per enterprise Million €	0,2	3,0	24,0	0,6	255,0	1,1
Share of exports in turnover %	7	14	17	13	21	17
Value added per occupied person 1000 €	40	75	105	65	115	80
Share of labour costs in value added %	66	66	58	63	49	56

Quelle: EIM Business & Policy Research; estimates based on Eurostat's SME Databased. Also based on European Economy, Supplement A, June 2001 and OECD: Economic Outlook, No. 65, June 2001.

Unternehmen entscheiden sich vor allem aus zwei Gründen für die Strategie der Öko-Effizienz: Entweder weil sie es müssen oder weil sie es wollen.

Im ersten Fall kann es sich um eine schwierige Situation handeln, die z.B. dadurch entstanden ist, dass bestimmte, die Ozonschicht schädigende Substanzen verboten wurden. Innerhalb einer recht kurzen, gesetzlich festgelegten Zeitspanne mussten Unternehmen, die solche Substanzen verwendeten, ihre Betriebsausstattung anpassen und neue Zusammensetzungen für ihre Produkte entwickeln. Häufiger werden die bestehenden Verfahren jedoch erst nach starkem Druck seitens der Regierung geändert, wie etwa durch die Richtlinien der Europäischen Union zu Luftqualität und Abwasserbehandlung. Zurzeit widersetzen sich die meisten Autohersteller der Festlegung strengerer Begrenzungen für Kohlendioxidemissionen (im Durchschnitt 120 mg CO_2/km für die gesamte Flotte), wie sie die Europäische Union im Rahmen ihrer Politik zum Klimawandel anstrebt.

Andererseits vermarktet Toyota gezielt den Prius, ein Hybrid-Fahrzeug, das im Stadtverkehr auf Elektroantrieb umgestellt werden kann, und damit kein CO_2 ausstößt, und einen Wert von 104 mg CO_2/km erreicht, wenn es von dem Benzinmotor angetrieben wird. Dieses Fahrzeug ist das Ergebnis gezielter Innovationen, denn die Konzernleitung sah bereits vor Jahren voraus, dass der Bedarf an Fahrzeugen mit geringen Emissionen steigen würde. Ein anderes Beispiel für einen sinnvollen Ansatz zu öko-effizienter Beförderung bietet das schweizerische Unternehmen Mobility (http://www.mobility.ch/). Die kleine Firma hat seit 1997 den Komfort und die Wirtschaftlichkeit des Car-Sharing-Systems perfektioniert. 58 000 Fahrer teilen sich 1 700 Autos, die überall in der Schweiz in der Nähe von Fernbahnhöfen abgestellt sind. Dieses Modell zeigt ganz deutlich, wie Mobilität von der Last des Materials, des begrenzten Raums und des Energieverbrauchs entkoppelt werden kann, und den Kunden gleichzeitig Auswahl und Leistung geboten wird.

Bei einer großen Zahl von Unternehmen lässt sich jedoch eine rückläufige Entwicklung der Öko-Effizienz beobachten. Sie akzeptieren Veränderungen, wenn sie dadurch ihre Betriebserlaubnis zurück- oder aufrechterhalten können. Normalerweise ziehen sie keinen konkreten finanziellen Nutzen aus den Verbesserungen, obwohl sie Zeit, Kraft und Geld investiert haben. Lediglich Firmen, die das Thema öffentlich diskutiert und für Veränderungen geworben haben, können sich über öffentliche Anerkennung freuen.

Aber es gibt auch Unternehmen, die weiter in die Zukunft schauen: Diese haben erkannt, dass eine Reihe von Umweltproblemen und sozialen Bedürfnissen unausweichlich angegangen werden müssen. Sie wollen Lösungen entwickeln und sich nicht der Gefahr auszusetzen, dass die Probleme noch größer werden. Seit 1996 hat der deutsche Chemiegigant BASF Öko-Effizienz

zu einem seiner strategischen Entscheidungsmodelle erklärt. (http://www.
sustainability.basf.com/en/sustainability/oekoeffizienz). Der Vorstandsvor-
sitzende von BASF, Dr. Jürgen Strube, erklärt: »Ein Unternehmen darf nicht
von der Substanz leben. Es darf nicht seine eigenen Ressourcen oder die natürlichen oder gesellschaftlichen Ressourcen aufbrauchen.« Somit sei Öko-
Effizienz »... ein gutes Beispiel dafür, wie Maßnahmen, die *nicht* vom Staat
vorgeschrieben, sondern *freiwillig* ergriffen werden, dazu beitragen können,
ein Gleichgewicht zwischen nachhaltiger Entwicklung und gewinnbringen-
dem Wachstum zu schaffen.« (Vortrag auf der Keidaren kaiken, Tokio,
28. 10. 2002).

Neben den beiden gegensätzlichen Motiven für Öko-Effizienz – Druck/Kri-
sen oder Voraussicht/Visionen – bestehen zwei grundverschiedene Ausprä-
gungen der Öko-Effizienz, die als schrittweise zunehmende und als radikal
einschneidende Strategie bezeichnet werden können. Schrittweise zunehmende Öko-Effizienz kann an verschiedenen regionalen Indikatoren abgelesen
werden, die von der Europäischen Umweltagentur (www.eea.eu.int) und
dem Umweltprogramm der Vereinten Nationen (www.unep.org/geo3) veröffentlicht werden. So ist das Bruttoinlandsprodukt (BIP) der Europäischen
Union von 1995 bis 2001 um 16 % gestiegen, aber der gesamte Energieverbrauch und Verpackungsmüll hat nur um 7 % zugenommen, der direkte
Materialverbrauch ist nahezu konstant geblieben und die Wasserentnahme
ist sogar zurückgegangen. Dies alles sind positive Anzeichen dafür, dass das
Wirtschaftswachstum von seinen ökologischen Auswirkungen entkoppelt
werden kann. Wie aus den entsprechenden Umweltschutzberichten hervor-
geht, können zahlreiche Unternehmen und Industriezweige ähnliche Tenden-
zen aufweisen: Produktionsleistung und Vertrieb wachsen stärker als Ressourcenverbrauch und Abfälle. Dies ist dem Fortschritt bei der Entwicklung
von öko-effizienten Verfahren und Technologien zu verdanken. Dennoch ist
in vielen Fällen nur eine relative Entkopplung möglich. Dies bedeutet, dass
die negativen ökologischen Auswirkungen immer noch zunehmen – wenn
auch langsamer als früher. Beispielsweise wächst das Personenverkehrsauf-
kommen ungefähr in gleichem Maße wie das BIP, so dass alle Erfolge der
Autohersteller bei der Senkung der Kohlendioxid-Emissionen durch die
Zunahme des Verkehrs verpuffen. Bei den Partikelemissionen, den Ozon-
Vorläufern und den versauernden Schadstoffen sieht es besser aus: Strenge
Emissionsbegrenzungen haben hier eine vollständige Entkopplung vom
Wirtschaftswachstum erreicht. Allerdings dürfen die Kreativität und das
Engagement für Innovationen, die auch für eine relative Entkopplung nötig
sind, nicht unterschätzt werden. Insgesamt lässt sich jedoch feststellen, dass
das Tempo der Veränderungen noch nicht ausreicht. Obwohl Europa welt-

weit bei der Drosselung der ökologischen Auswirkungen die größten Erfolge erzielt, ist es noch nicht möglich, allen Menschen die Lebensqualität zu bieten, welche die Nachhaltigkeit unserer natürlichen Lebensgrundlagen nicht gefährdet (Abb. 1).

Abbildung 1
THE CURRENT PACE OF IMPROVEMENT IS TOO SLOW

Wenn man von der Hypothese ausgeht, dass die Ressourceneffizienz unserer Wirtschaft um das 10fache gesteigert werden muss, um nachhaltige Bedingungen zu schaffen, so kann dies nur durch eine Reihe tief greifender Innovationen gelingen. Ein Beispiel dafür ist die Entwicklung weißer Lichtquellen. Bei der herkömmlichen Technologie wird ein Wolfram-Glühfaden durch Erhitzen zum Glühen gebracht. Dabei gehen ca. 95 % der Energie in Form von Wärme verloren, während der Wolfram-Faden sich langsam auflöst und nach etwa 1 000 Stunden bricht. Seit den Achtzigerjahren sind Kompakt-Leuchtstofflampen erhältlich, die Licht abgeben, indem in einem fast vollständigen Vakuum Metalldampf erhitzt wird. Sie sind wesentlich haltbarer und bieten eine fünffache Steigerung in der Energieausnutzung, allerdings mit dem Problem, dass sie Quecksilber enthalten und somit ein Entsorgungsproblem darstellen. Die neueste Technologie stützt sich auf bestimmte Halbleiterstrukturen und deren Eigenschaft, Licht abzugeben. Auf Grund des technologischen Fortschritts machen Leuchtdioden (LED) bereits der Lichtleistung von kleinen Halogenlampen Konkurrenz, da sie mit einem Zehntel des Energieverbrauchs auskommen und eine längere Lebensdauer haben. Auf Grund ihrer geringen Größe und ihrer Einsetzbarkeit in mobilen Geräten setzen sie sich verstärkt bei Verkehrszeichenanlagen, Medizinleuchten und kleinen Taschenlampen durch. Da sie einen bedeutenden Fortschritt in der Öko-Effizienz darstellen, werden sie ihre Marktposition behaupten können:

Leuchtdioden wandeln Energie hervorragend in Licht um, sind extrem haltbar, kompakt in Form und Verpackung und enthalten keine umweltschädlichen Substanzen.

Ähnlich überzeugende Beispiele für Vorteile im Bereich der Öko-Effizienz sind leider selten. In der Medizin könnte man an die Materialeffizienz und Verlässlichkeit der Sonographie und der endoskopischen Chirurgie denken, bei Kommunikations- und mobilen Anwendungen an die mobile Telekommunikation und Telearbeit, im Bereich der Entwicklung und Produktion von Polymeren und Spezialchemikalien an die Katalyse sowie an neue Energieträger wie Wasserstoff und Biokraftstoffe.

1989 führte die niederländische Regierung ein Programm zur Entwicklung nachhaltiger Technologien ein, um die Durchsetzung der Öko-Effizienz zu beschleunigen. Im Rahmen dieses Programms sollte untersucht werden, wie die menschlichen Grundbedürfnisse Ernährung, Mobilität, Wohnen, Arbeiten, die Bereitstellung städtischer Räume, die Wasserversorgung sowie die Versorgung mit Materialien und Chemikalien innerhalb von zwei Generationen bezüglich ihrer Öko-Effizienz um mehr als das 10 fache gesteigert werden können. Dieses Programm ist in vielerlei Hinsicht wegweisend und stieß eine gesellschaftliche Diskussion an, bei der es darum ging, künftigen Generationen die Möglichkeit zu geben, nach dem Prinzip der Nachhaltigkeit zu leben. Durch »Backcasting« (aus der Zukunft zurückblicken) wurden die technologischen Möglichkeiten und Innovationswege zur Umsetzung dieser Visionen zurückverfolgt, um so zu bahnbrechenden Ansätze zu kommen. Die Betrachtungsweise sollte sich im Bereich von Systemen und Produktlebenszyklen bewegen und gleichzeitig die interdisziplinäre Zusammenarbeit fördern. Teil des Programms waren gezielte Fallstudien an Unternehmen sowie Netzwerkprojekte zur Förderung der Zusammenarbeit zwischen Wissenschaftlern, Bürgern und Regierung. Dabei wurden die Behörden in die Bewertung der Strategien einbezogen, die den wirtschaftlichen Erfolg der in den Fallstudien betrachteten Lösungen gewährleisten sollen. (Weaver, P. L. Jansen et al. *Sustainable Technology Development;* Greenleaf Publishing, Sheffield, UK; 2000 – Schramm E./P. Wehling (1998): *Forschungspolitik für eine nachhaltige Entwicklung: Das niederländische DTO-Programm und seine Bedeutung für die Bundesrepublik Deutschland.* ISOE-Studientext 5: http://www.isoe.de/english/projects/dto.htm).

Das Programm zur Entwicklung nachhaltiger Technologien brachte mehrere Innovationsprojekte und -initiativen in der Industrie und in Forschungsinstituten hervor, die bis heute laufen. Zu seinen wichtigsten Erfolgen zählte die Feststellung, dass die meisten Nachhaltigkeitsprobleme durch eine Kombination von möglichen Technologien und gesellschaftlichem Verhalten gelöst werden können. In vielen Fällen orientieren sich diese Ansätze an der Natur und ihren Mechanismen oder machen sich direkt Mikroorganismen und Enzyme zu Nutze, um den gewünschten Grad an Öko-Effizienz zu erlangen. Denn die Natur ist ein Paradebeispiel für Effizienz. So gab der Leuchtkäfer bereits kaltes Licht ab, lange bevor die Menschen das Feuer beherrschten. Die Seidenraupe stellt immer noch die längsten (2 km) und im Verhältnis zur Länge stärksten Polymerketten her und produziert sie bei normaler Umgebungstemperatur aus Blättern und Luft mit einer Geschwindigkeit, die in den vergangenen 3 500 Jahren ausreichte, um den Bedarf an Stoff und Gewebe zu decken. Durch das Programm zur Entwicklung nachhaltiger Technologien wurde ebenfalls nachgewiesen, dass es möglich ist, Innovationsprozesse durch eine intelligente Kombination vorhandener Methoden zielgerichtet zu beschleunigen, um deutliche Verbesserungen in der Öko-Effizienz zu erreichen. Wichtige Voraussetzung hierfür ist jedoch, dass der Wille und entsprechende Führungskompetenz vorhanden sind, um grundlegende Veränderungen zu erzielen. Umwälzende Innovationen, die zu Öko-Effizienz führen, kommen nur selten über Nacht. Daher ist es nicht überraschend, dass es so schwierig ist, überzeugende Beispiele für derartige Innovationen zu nennen. Selbst Beispiele für große Fortschritte in der Öko-Effizienz müssen nicht immer außerordentliche Gewinne bringen. In diesem Zusammenhang kommen wir noch einmal auf das Beispiel der Energiesparlampen zurück. Die Kompakt-Leuchtstofflampe (CFL), auch Energiesparlampe, ist heute weit verbreitet und ermöglicht eine Steigerung der Öko-Effizienz um den Faktor 5. In den vergangenen 10 Jahren hat sich die Energiesparlampe zu einem Massenprodukt entwickelt. Obwohl die Energiesparlampe Strom spart und eine lange Lebensdauer aufweist, hat sie nur einen Marktanteil von 6 %. Unternehmen, die ihre Stromrechnung und die Kosten für den Austausch von Glühbirnen, in den Begriff bekommen wollen, setzen auf Energiesparlampen. Der Verbraucher scheut jedoch den hohen Preis der Energiesparlampen, obwohl der Zeitraum, in dem sich die Energieeinsparungen bezahlt machen, kürzer ist als die Lebensdauer der konventionellen Glühlampe, die viel Energie verbraucht und weniger in der Anschaffung kostet (Tabelle 2). Wenn jedoch eine Glühbirne nach einigen Jahren ausgetauscht werden muss, erscheinen die Strompreise gegenüber dem Preis der Lampe gering. Dadurch, dass die Verbraucher in diesem Punkt nicht wirtschaftlich handeln, setzen sich Energiesparlampen erst nach und nach durch.

Tabelle 2

	Energiesparlampe	Glühlampe
Leistung in Watt	20	100
Lebensdauer in Stunden	121 000	1 000
Kaufpreis pro Stück in €	12,70	0,50
Stromverbrauch €/kwh	0,154	0,154
Stromkosten bei 12 000 Stunden	36,96	184,80
Kosten für Ersetzen der Lampe		5,50
Kosten bei 12 000 Stunden in €	49,66	190,30
Ersparnis bei 12 000 Stunden in €	140,64	
h bis zum Ausgleich der Kosten		990
Marktanteil in Europa in %	6	60

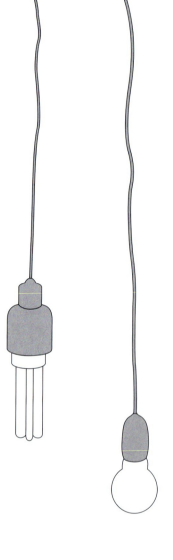

Die European Lamp Companies Federation (www.elcfed.org) hat sich mit den Zukunftschancen der Energiesparlampe beschäftigt. In einem vor kurzem veröffentlichten Arbeitspapier heißt es, wenn 36 % der derzeit verwendeten 1,6 Milliarden konventioneller Glühlampen durch Energiesparlampen ersetzt würden, ließe sich eine Energieersparnis von 26,6 Terawattstunden pro Jahr erzielen. Das ist mehr als der gesamte jährliche Stromverbrauch Irlands oder etwa ein Prozent des gesamten Stromverbrauchs in Europa. Wenn ein einfacher Austausch eine so positive Wirkung hat, muss man sich doch fragen, welche Institution in der Lage wäre, den Austausch der herkömmlichen Glühlampen durchzusetzen? Lassen sich die Stromversorger davon überzeugen, dass es sich hier nicht um eine Verringerung der verkauften Kilowattstunden geht, sondern um die Erzielung von Einsparungen bei der Stromerzeugung durch die Erzeugung »grünen Stroms«? Denn nicht verbrauchter Strom ist grüner als jede andere Art von Strom. Ist unsere Gesellschaft bereit, die Kosten für 600 Millionen Niedrigenergielampen aufzubringen, um so den Ausstoß von Kohlendioxid um 11 Millionen Tonnen zu verringern? Offensichtlich hat das freie Spiel der Kräfte auf dem Markt die Energiesparlampen nicht begünstigt. Sollten Regierungen und die Industrie zusammenarbeiten, um dies zu ändern? Und falls ja, wie sollte diese Änderung herbeigeführt werden?

Die Vorstellung, durch Voraussicht und Bahn brechende Innovationen, Quantensprünge in der Öko-Effizienz zu erzielen, hat ihren Reiz. Zahlreiche Workshops und Berichte haben ergeben, dass Unternehmen durchaus Interesse daran haben sollten; sie zeigen auf, wie Unternehmen proaktiv handeln können, um nachhaltiges Wirtschaften in Win-Win-Lösungen und Wettbewerbsvorteile umzumünzen. Denn wer möchte schon mit Änderungen warten, bis es vielleicht zu spät ist? Wer will schon auf langwierige Innovationsprozesse setzen, die nur geringe Fortschritte bringen? Führungskräfte bekannter Großunternehmen sicherlich nicht. Und dennoch: Trotz aller Bekenntnisse in den Führungsetagen und der Verantwortung gegenüber unserem Planeten und der Gesellschaft – in allen OECD-Staaten scheint man offensichtlich das Katastrophenszenario vorzuziehen: Bedeutende Fortschritte bei der Lösung dringender Umweltprobleme und die Entkopplung des Wirtschaftswachstums von negativen ökologischen Auswirkungen wurden bisher nur durch die Gesetzgebung, klare politische Vorgaben und wirtschaftliche Lenkungsinstrumente erzielt. Man denke nur an die Zerstörung der Ozonschicht in der Stratosphäre, Blei im Benzin, Schwefeldioxid, die Freisetzung von toxischen Substanzen durch die Industrie oder an die Qualität des Grundwassers und der Luft in den Ballungsräumen. Wie zahlreiche andere umweltpolitische Erfolge wurden diese Umweltschutzmaßnahmen von Umweltschützern und Wissenschaftlern angestoßen, von der öffentlichen Meinung unterstützt und von entschlossenen Regierungen vorangetrieben.

Es war bereits ein wichtiger Beitrag, dass der Chemiehersteller DuPont sich vorausschauend für das Montreal-Protokoll entschied und produktionsfertige Ersatzstoffe für die Substanzen einsetzte, die verboten werden sollten, oder dass sich eine Reihe von führenden Chemieunternehmen zu der Initiative »Responsible Care« zusammenschloss und mehr Verantwortung für Produkte und Produktionsverfahren übernahm. Heute sind es Toyota oder Volkswagen, die besonders die Vermarktung von Fahrzeugen mit geringem CO_2-Ausstoß vorantreiben oder verschiedene große Stromproduzenten und -verbraucher, die in Erwartung stärkerer Marktregulierungen mit dem Handel von CO_2-Emissionsrechten begannen, um die Ziele des Kyoto-Protokolls zu erreichen. Wir müssen ebenfalls anerkennen, dass immer mehr multinationale Unternehmen einheitliche Standards einführen: Sie fordern, dass ihre Tochter- und Partnergesellschaften im Ausland in Bezug auf Sicherheit, soziale Grundsätze und Umweltschutz mindestens den Standards entsprechen, die im Land der Muttergesellschaft gelten. Durch freiwillige Maßnahmen zur Verbreitung von bewährten Praktiken und Technologien tragen sie sogar dort zu Fortschritt und Öko-Effizienz bei, wo es keine funktionierenden Institutionen gibt.

Das Paradoxe daran ist, dass freiwillige Maßnahmen allein keine grundlegenden Veränderungen bringen können, wenn sie nicht durch politische Maßnahmen untermauert werden, die alle Unternehmen zu Innovationen zwingen. Außerdem kann die Politik allein Lösungen für die komplexen Probleme der Nachhaltigkeit erst dann vorschreiben, nachdem diese Lösungen von technologischen Vorreitern tatsächlich entwickelt wurden. Innovation lässt sich nicht gesetzlich verordnen. Die Politik kann die Innovationskraft jedoch in eine bestimmte Richtung lenken, gezielt vor Herausforderungen stellen und sie durch staatliche Subventionen und Forschungsarbeit unterstützen. Innovationsfreudige Unternehmungen können durch die Vergabe öffentlicher Aufträge nach umweltschutzbezogenen Kriterien bevorzugt und auf dem Markt unterstützt werden, während Nutzer veralteter Technologien zur Modernisierung angehalten oder bestraft werden können. Der Staat verfügt über ein breites Instrumentarium, um öko-effiziente Innovationen anzustoßen und die Marktbedingungen zu ihren Gunsten zu ändern, wenn sie sich bewährt haben. Nur durch ein kreatives Zusammenspiel von unternehmerischer Vision und Initiative einerseits und staatliche Maßnahmen zur Förderung der Wettbewerbsfähigkeit öko-effizienter Innovationen andererseits können Fortschritte in der Öko-Effizienz erzielt werden. So lassen sich die Rahmenbedingungen für Verbesserungen im Umweltschutz und im sozialen Bereich schaffen, was wiederum durch neue Kompetenzen und Beschäftigungsmöglichkeiten die Wirtschaft insgesamt stärkt (Abb. 2).

Abbildung 2

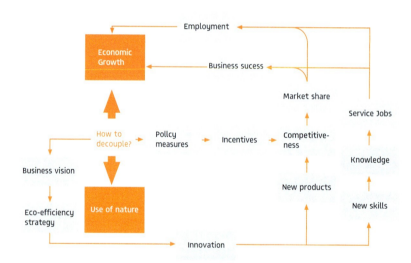

Quelle: WBCSD, Eco efficiency; S. 24 the policy agenda Geneva 2000

Um dies zu erreichen, müssen Führungskräfte und Sprecher von Unternehmen vielleicht noch einmal überdenken, was sie mit ihren Versprechen von freiwilligen Maßnahmen und Initiativen wirklich meinen. Wenn »freiwillig« bedeutet, dass sie die freie Wahl haben, ob sie handeln oder nicht handeln, werden wir auf lange Sicht keine Öko-Effizienz oder Nachhaltigkeit erreichen können – oder nur infolge einer Katastrophe. Denn wenn freiwillige Maßnahmen lediglich darauf beruhen, dass einige wenige verantwortungsbewusste Unternehmer Risiken und Chancen richtig einschätzen, was wird dann die Mehrzahl der Unternehmen, Kunden und Verbraucher dazu bewegen, ebenfalls mitzumachen und sich zu engagieren? Solange dies nicht geschieht, werden die wenigen Unternehmer eine Weile lang Lob und Wertschätzung erfahren, aber sie werden keine greifbaren Veränderungen erzielen und am Ende möglicherweise sogar ihre Glaubwürdigkeit einbüßen. Dies gilt vor allem dann, wenn ihr Versprechen, freiwillige Maßnahmen zu ergreifen, nur dazu dient, anstehende Gesetzesvorhaben der Regierung zu verwässern. Nur wenn ein gesamter Industriezweig handelt, wenn die breite Masse und alle Betroffenen sich engagieren, wie bei der »Cement Sustainability Initiative« oder dem »Sustainable Mobility«-Projekt, die vom World Business Council for Sustainable Development (www.wbcsd.org) koordiniert werden, lassen sich glaubwürdige Modelle für freiwillige Initiativen schaffen.

Die Technologie ist dabei das geringste der Probleme. Am schwierigsten ist dagegen die Durchsetzung der sozialen und politischen Innovationen. Hierfür ist es notwendig, dass unternehmerische Initiativen von Anfang an mit einem politischen Dialog, in dem die gemeinsamen Prioritäten und Ziele erklärt werden, verknüpft sind und diesem politischen Dialog Zeit eingeräumt wird. Ferner müssen wir gemeinsam daran arbeiten, ein politisches Instrumentarium zur Förderung öko-effizienter Entwicklungen aufzubauen und die Erfinder und die frühen Anwender solcher Entwicklungen zu belohnen. Das ist besonders schwierig, weil es den Status quo in Frage stellt. Wir haben uns mit unvollkommenen Marktsignalen abgefunden und uns mit unserer Gewohnheit gut eingerichtet, die ökologischen und sozialen Kosten für Güter zu übersehen oder auf andere abzuwälzen. Wer wird verlieren und wer gewinnen, wenn der Status quo in Frage gestellt wird? Diese Unsicherheit erschwert jegliches Handeln und bestraft die Innovatoren. Wenn wir von den gegenwärtigen öko-effizienten Lösungen profitieren und eine neue Welle der Innovation auslösen wollen, müssen wir die chronischen Fehlleistungen der Märkte unterbinden, welche die Verschwendung der natürlichen Ressourcen durch unsere Wirtschaft fördern.

TIGKEIT UND INNOVATION
DEN RANDBEDINGUNGEN
EINE MAKROPERSPEKTIVE 〉 》

NACHHALTIGKEIT UND INNOVATION UNTER DEN RANDBEDINGUNGEN DES GLOBALEN WANDELS — EINE MAKROPERSPEKTIVE

Franz J. Radermacher

Die Welt sieht sich spätestens seit der Weltkonferenz von Rio vor zehn Jahren vor der Herausforderung, eine nachhaltige Entwicklung bewusst zu gestalten. Das bedeutet insbesondere eine große Designaufgabe bezüglich der Wirtschaft, nämlich die Gestaltung eines nachhaltigkeitskonformen Wachstums bei gleichzeitiger Herbeiführung eines (welt-)sozialen Ausgleichs und den Erhalt der ökologischen Systeme, nicht zuletzt angesichts der immer deutlicher werdenden Klimaproblematik. Das ist ein komplexes Thema, und die Dramatik der Konstellation hat nach dem 11. 9. 2001 und jetzt nach dem weitgehenden Scheitern der Weltkonferenz Rio+10 in Johannesburg und jetzt nach den Ereignissen im Irak weiter zugenommen. Eine faire Wechselwirkung zwischen den Kulturen dieser Welt wird dabei zu einer Schlüsselfrage, wenn die Überwindung der Armut bei gleichzeitiger Beachtung vom Umweltschutzanliegen und einem vorsichtigen Umgang mit knappen Ressourcen gelingen soll. Technische und gesellschaftliche Innovationen sind dabei unverzichtbarer Teil jeder Lösung, reichen aber allein nicht aus.

1. DIE HERAUSFORDERUNG
EINES ADÄQUATEN WELTWEITEN ORDNUNGSRAHMENS

Nachhaltigkeit ist die große weltpolitische Herausforderung zu Beginn des neuen Jahrtausends. Es ist ein internationaler Konsens, dass Nachhaltigkeit zwei Dimensionen zusammenbringen muss: einerseits den Schutz der Umwelt, vor allem in einer globalen Perspektive, dann aber auch die Entwicklung der ärmeren Länder, insbesondere mit dem Ziel der Überwindung der Armut und der Herbeiführung weiterer Gerechtigkeitsanliegen.

Die Kernfrage, vor der die Welt seit dem Fall der Berliner Mauer steht, ist dabei, ob man dieses Ziel am besten dadurch erreicht, dass man Märkte immer weiter dereguliert und dann ausschließlich auf die Kraft dieser Märkte setzt, oder ob dieses Thema auch einen geeigneten gesellschaftlich-politischen Rahmen der Weltwirtschaft erfordert, so wie er typisch ist für die europäischen Marktwirtschaften, nämlich einen ökosozialen, ökonomischen Rahmen im Sinne eines ordoliberalen Modells, das Modell des so genannten rheinischen Kapitalismus. Jedenfalls erscheint es offensichtlich, dass heute die Entwicklungserfolge, die in Globalisierungsprozessen stattfinden, zu teuer erkauft werden, nämlich zum einen mit einer massiven Zerstörung der Umwelt weltweit, vor allem auch im Bereich der Klimaproblematik, und zum anderen mit einer zunehmenden sozialen Spaltung sowohl im Norden als auch im Süden dieses Globus. Das ist nicht friedensfähig. Das ist keine zukunftsfähige Entwicklung. Hier steht die Welt vor einer schwierigen Situa-

tion, und diese materialisiert sich beispielsweise in einem Ereignis wie dem
11.9.2001 und auch in der Frage, wie man damit umgehen soll.

2. PLÜNDERUNG STATT ZUKUNFTSORIENTIERUNG

Studiert man die Herausforderung einer nachhaltigen Entwicklung, dann ist
man insbesondere mit dem Problem konfrontiert, dass heute in einer globalisierten Ökonomie mit inadäquaten weltweiten Ordnungsbedingungen das
»Nachhaltigkeits«-Kapital, also die sozialen, kulturellen und ökologischen
Bestände, von denen unsere Zukunft abhängt, massiv angegriffen werden.
Wir organisieren heute einen internationalen Transport um den Globus fast
zum Nulltarif mit enormen negativen Konsequenzen für das Weltklima, und
wir haben in Form der Green Card Plünderungsmechanismen des Sozial-
kapitals ärmerer Länder durch reichere Länder etabliert. In der Summe führt
das zu Instabilitäten, die die zukünftigen Lebenschancen bedrohen.

Große Teile der Menschheit, im Moment etwa drei Milliarden Menschen,
sind extrem arm, müssen mit weniger als zwei Euro pro Tag auskommen,
und wir merken, dass wir trotz der enormen wissenschaftlich-ökonomisch-
organisatorischen Potenz der Menschheit offenbar nicht in der Lage sind, so
elementare Anforderungen wie eine adäquate Wasserversorgung aller Menschen sicherzustellen. Eine tiefere Ursache scheint dabei die Freihandelslogik
der Welthandelsorganisation (WTO) in Verbindung mit den Wirkungsmechanismen der Weltfinanzsysteme zu sein. Dies ist ein Ordnungsrahmen, der
soziale, kulturelle und ökologische Fragen eher nachrangig thematisiert
beziehungsweise zurückverweist auf die Ebene der Nationalstaaten. In der
heutigen Globalisierung kämpfen dann aber die Nationalstaaten gegeneinander, z.B. um investives Kapital und befinden sich damit in einem gewissen
Sinne in einer Gefangenen-Dilemma-Situation, die alle eher zwingt, Standards abzubauen als Standards international abgestimmt durchzusetzen.

Insbesondere ergibt sich dadurch ein vergleichsweise unkoordinierter, teilweise chaotischer Wachstumsprozess mit erheblichen sozialen Verwer-
fungen, der u.a. dadurch gekennzeichnet ist, dass er einen enormen Druck
auf ökonomisch schwächere Kulturen ausübt. Diese Kulturen werden über
das dauernde Angebot neuer Möglichkeiten, vor allem in Form von Werbung
über die Medien, und angesichts der aus ihrer ökonomischen Schwäche resultierenden Fähigkeit, diese Angebote für die eigene Bevölkerung in Breite
nutzbar zu machen, unter einen erheblichen Druck gesetzt, der in der konkreten Umsetzung dann mit sehr vielen materiellen Durchgriffen des reichen
Nordens zu Lasten dieser Kulturen verbunden ist. Dies ist ein Zustand, aus
dem eine hohe Frustration und letztlich ein enormer Hass resultieren, ein

nachvollziehbarer Hass, der für das Miteinander auf diesem Globus eine enorme Belastung darstellt.

Die *Religionen* sind dabei in der Regel nicht, wie manchmal unterstellt wird, der eigentliche Treiber von Konflikten im Sinne eines »Kampfes der Kulturen«. Eher ist es so, dass tiefliegende Gerechtigkeitsfragen, die nirgendwo geeignet adressiert werden, dann gelegentlich in Religionen ihre kulturelle Separierungslinie finden, über die die eine Seite von der anderen Seite abgegrenzt werden kann, eine Funktion, die manchmal auch die Hautfarbe und manchmal die Sprache übernehmen. Nordirland zeigt uns, dass solche Konflikte im Kern offenbar nicht religiöser Art sind. Katholiken und Protestanten leben in Deutschland sehr harmonisch zusammen. In Nordirland offenbar nicht. Warum? Weil tieferliegende historische Gerechtigkeitsfragen das eigentliche Thema sind. Gerechtigkeitsfragen betreffen auf diesem Globus vor allem auch den sozialen Bereich und die Umweltsituation, die durch die Wirkungsmechanismen des globalen ökonomischen Systems massiv belastet wird. Die großen Themen der Zukunft sind hier: Wasser, Böden, Meere, Wälder, Klima und der Erhalt der genetischen Vielfalt.

3. DIE ÖKOSOZIALE MARKTWIRTSCHAFT UND DAS BEISPIEL EUROPA

Die Frage ist: Muss der Globalisierungsprozess so zerstörerisch ablaufen, wie das heute der Fall ist? Oder gäbe es einen besseren Weg? Ja, es gibt ihn! Es gibt eine Alternative: das europäische Marktmodell, die ökosoziale Marktwirtschaft, der »balanced way«. Nach diesen Modellen wurden die Erweiterungen der Europäischen Union gestaltet. Das entscheidende Prinzip, auf das die EU setzt, ist ein fairer Vertrag zwischen den entwickelten und weniger entwickelten Ländern, in dessen Rahmen die weniger entwickelten Länder die hohen Standards der EU (den so genannten aquis communitaire) übernehmen und damit auch einen Teil ihrer Wettbewerbsvorteile aufgeben oder anders ausgedrückt: uns vor dem bewahren, was wir gerne Dumping nennen, was aber aus Sicht dieser Länder ihr komparativer Vorteil ist. Ein solches abgestimmtes Vorgehen ist aber nur deshalb möglich, weil der reichere Teil der EU bereit ist, in Form einer Kofinanzierung die Entwicklung dieser ökonomisch schwächeren Länder zu fördern. Das entspricht etwa der Idee eines Marshall-Plans, wie ihn die USA nach dem Zweiten Weltkrieg in Europa ebenfalls betrieben hat. Man muss vergleichsweise geringe Mittel einsetzen, größenordnungsmäßig ein bis zwei Prozent des Bruttosozialprodukts, dann scheint es möglich zu sein, Aufholprozesse ganz wesentlich zu beschleunigen und insbesondere sozial und fair auszugestalten. An dieser Stelle ist insbesondere auf den deutlichen Unterschied zwischen der EU und den Staaten der nordamerikanischen Freihandelszone NAFTA hinzuweisen. Dort muss die Grenze zwischen den Mitgliedsstaaten mit Militär bewacht werden. Innerhalb der EU können die Grenzen irgendwann ganz abgeschafft werden.

4. EIN GLOBAL MARSHALL PLAN ALS POLITISCHE STRATEGIE

Es wäre heute nötig, diese Idee der ökosozialen Marktwirtschaft auf den ganzen Globus zu erweitern. Das würde bedeuten, dass internationale Abkommen die Angleichung von Standards, z.B. bei Ausbildung, Rechte der Frauen, Wasserversorgung oder Umweltschutz koppeln mit der Kofinanzierung der Entwicklung der ärmeren Länder durch die reichen Länder. Entsprechende Vorschläge eines Global Marshall Plans liegen auf dem Tisch, vor allem von europäischer Seite. Zentral ist dabei die Frage der Kofinanzierung. Hier wäre an eine faire Besteuerung von internationaler Mobilität, eine Welt-Kerosin-Steuer, möglicherweise eine so genannte Tobin Tax auf Finanztransaktionen zu denken, um die entsprechenden Mittel aufzubringen.

Aber das Problem ist heute, dass in allen weltweiten Prozessen dieses Typs die USA beziehungsweise die jetzige US-Administration blockieren, und das, obwohl der frühere Vize-Präsident Al Gore einer der Väter dieser Idee ist und dazu auch ein bemerkenswertes Buch geschrieben hat. Die USA sind jedenfalls nicht bereit, sich an Kofinanzierung substanziell zu beteiligen. Das reichste Land der Welt stellt lediglich 0,12 % seines Bruttosozialprodukts an Entwicklungshilfe zur Verfügung. Allein die Erhöhung des US-Militäretats nach dem 11.9.2001 hat den vierfachen Umfang, der Militäretat umfasste 2003 das 32 fache Volumen der Entwicklungshilfe der USA, also etwa 3,8 % des US-Bruttosozialprodukts. Aber die zurzeit amtierende US-Administration argumentiert, dass mehr Entwicklungshilfe oder Kofinanzierung der falsche Weg wären. Die Verantwortlichen sind überzeugt davon beziehungsweise versuchen – gegebenenfalls militärisch flankiert oder immer mit einer militärischen Drohung im Hintergrund – durchzusetzen, dass deregulierte, freie Märkte das beste Entwicklungsprogramm darstellen, obwohl ganz offensichtlich ist, dass die Armut auf diesem Globus so nicht zügig überwunden und die Umwelt so nicht ausreichend geschützt werden kann. Gerade auch die enormen Probleme der New Economy und der Weltkapitalmärkte in jüngster Zeit und die dort erfolgten betrügerischen Umverteilungsprozesse hin zu Insidern im Zentrum des ökonomisch-finanziellen Systemkerns haben gezeigt, dass eine immer weitergehende Deregulierung nicht einmal zur Organisation klassischer ökonomischer Prozesse das geeignete Instrument ist, um vom Erreichen einer nachhaltigen Entwicklung erst gar nicht zu reden.

5. DIE ROLLE DES TECHNISCHEN FORTSCHRITTS: FAKTOR-4- UND FAKTOR-10-KONZEPTE

Viel geeigneter ist ein ökosozialer Rahmen, der die Möglichkeiten des technischen Fortschritts geeignet koppelt mit der Beachtung von Standards im Umweltbereich und im sozialen Bereich. Von der technischen Seite her ist dabei der entscheidende Ansatzpunkt der so genannte Faktor-4 beziehungsweise Faktor-10-Ansatz, der auf Wissenschaftler wie von Weizsäcker und Schmidt-Bleek vom Wuppertal Institut zurückgeht und letztlich darauf abzielt, dass man versucht, über die nächsten fünfzig bis hundert Jahre das Weltbruttosozialprodukt zu vervielfachen, z. B. zu verzehnfachen, aber nur bei einer simultanen Erhöhung der Ökoeffizienz in einer Weise, dass man diesen vermehrten Umfang an Gütern und Services produzieren kann, ohne die Umwelt mehr zu belasten und ohne kritische Ressourcen in größerem Umfang zu verbrauchen als bisher.

Es geht also darum, mit demselben Volumen an Ressourceneinsatz, mit derselben Umweltbelastung wie heute, d. h. ohne weitere Erhöhung, dank besserer Technik substantiell mehr zu produzieren, also mehr Güter und Services eines geeigneten Typs verfügbar zu machen. Hier ist das entscheidende Instrument der technische Fortschritt, um für immer mehr Menschen auf diesem Globus menschenwürdige Verhältnisse herbeizuführen.

Die Bedeutung des technischen Fortschritts kann an dieser Stelle gar nicht zu sehr betont werden. Technische Innovation und soziale Innovation bilden ein absolutes Schlüsselthema, aber diese Innovationen kommen nicht von alleine und ob ihre Wirkung positiv ist, hängt ab von den gesellschaftlichen Bedingungen, unter denen sie stattfinden. Wie im nächsten Abschnitt unter dem Begriff des Bumerang-Effekts beschrieben wird, können z. B. Innovationen, die (pro verbrauchter Einheit) dematerialisierend wirken, dennoch den Verbrauch von Ressourcen insgesamt steigern. Das passiert insbesondere dann, wenn die wahren Kosten für das Soziale und die Umwelt nicht in die Weltmärkte inkorporiert sind. Es kann auch sein, dass unter bestimmten gesellschaftlichen Bedingungen über Subventionspolitik und gesetzliche Vorgaben Technologien gegen die Marktkräfte stabilisiert werden, die schädlich sind oder neue Technologien eingeführt werden, die ebenfalls schädlich sind. Insbesondere kommt es sehr oft vor, dass an der Spitze der Eigentumspyramide ausschließlich solche Lösungen favorisiert werden, die der Spitze große Zugriffsmöglichkeiten erlauben, z. B. über massiv ausgeweitete und durchgesetzte Eigentumsrechte. Das gilt auch für die Steuerung von Subventionen.

Unter vernünftigen Bedingungen sind im gesellschaftlichen Bereich die Rahmenbedingungen so zu setzen, dass eine zu starke Konzentrierung von Marktmacht nicht stattfindet, dass bei intellektuellen Eigentumsrechten ein

ausgewogenes Verhältnis zwischen Refinanzierungsanliegen und privatem Wissen einerseits und öffentlichem Reichtum und öffentlich verfügbarem Wissen andererseits hergestellt wird mit dem Ziel, dass insgesamt eine hohe Kreativität der Gesamtgesellschaft gefordert wird. Preissysteme sind international so zu fixieren, dass sie ökologisch die Wahrheit sagen. Dazu gehört insbesondere eine massive Besteuerung von Kerosin und der mit internationaler Mobilität verbundenen übrigen ökologischen sowie sozialen und kulturellen Belastungen. Bei den Energiesystemen ist eine Umschichtung der Subventionen in Richtung auf erneuerbare Energien nötig, aber so, dass insbesondere auch neue innovative Lösungen gefördert werden und nicht z. B. jetzt im Bereich von Windkraft oder Solarzellen neue exklusive Förderungstatbestände geschaffen werden. Das Lenken des technischen Fortschritts in eine Richtung, die mit Nachhaltigkeit kompatibel ist, ist eine enorme ordnungspolitische Herausforderung und eine der zentralen Zielsetzungen einer (weltweiten) ökosozialen Marktwirtschaft.

6. DIE BEGRENZUNG KOLLEKTIVEN TUNS ALS GRÖSSTE HERAUSFORDERUNG: BEWÄLTIGUNG DES BUMERANG-EFFEKTS

Wie soeben beschrieben, ist es besonders wichtig zu beachten, dass eine Erhöhung der Ökoeffizienz und eine Dematerialisierung nicht etwas prinzipiell Neues darstellen, sondern etwas, was der technische Fortschritt schon immer leistet. Ob damit letzten Endes eine nachhaltige Entwicklung erreicht wird, ist eine andere Frage, denn hierzu ist neben Technik noch etwas anderes notwendig: Hier sind vor dem Hintergrund ethischer Positionen gesellschaftliche Innovationen, noch genauer Weltverträge notwendig, die dem kollektiven Tun Grenzen setzen, nämlich dieses innerhalb bestimmter ökologischsozialer sowie kulturell akzeptabler Grenzen halten. Dabei ist das Durchsetzen solcher Limitationen und die Implementation solcher Grenzen in dem heutigen weltökonomischen System die eigentliche politische Herausforderung für eine nachhaltige Entwicklung.

Betrachtet man etwa die Klimafrage und die Herausforderung einer weltweiten Begrenzung der Kohlendioxid-Emissionen, dann geht es darum, dass man die kollektiven Emissionsumfänge limitiert, also zu insgesamt weniger Emissionen als heute kommt, das aber in einer Situation, in der China, Indien, Brasilien massiv aufholen und dadurch sukzessive immer mehr Emissionen erzeugen, weil man dort unserem Lebensstil – völlig nachvollziehbar – nacheifert.

Wie soll man in dieser Situation mit der Knappheit umgehen, mit der notwendigen Limitation? Es gibt hier sehr delikate Diskussionen zwischen Nord und Süd um die Frage, ob das Verteilungsschema »großvaterartig« sein soll, also jeder in etwa auf seinem bisherigen Niveau bleibt, was bedeuten würde, dass die Menschen in den bisher reichen Ländern auf Dauer sehr viel mehr CO_2-Emissionsrechte zugewiesen erhalten als die Menschen in den ärmeren Ländern. Oder ob die Menschen in den ärmeren Ländern dasselbe Recht haben wie die Menschen in den reichen Ländern, also im Prinzip aufholen dürfen und wir zu einer pro-Kopf-gleichen Ausgangsverteilung der Emissionsrechte kommen sollten. Letzteres würde bedeuten, dass jeder Mensch als Ausgangspunkt die gleichen Verschmutzungsrechte erhält – das wäre heute dann etwa ein sechs Milliardstel des als zulässig erachteten Gesamtumfangs – und dann diese Rechte versteigert werden können. Dies würde bedeuten, dass der, der überproportional verschmutzt beziehungsweise verschmutzen will, wie heute die US-Amerikaner, aber auch die Europäer, sich bei den ärmeren Ländern dann zunächst einmal die dazu erforderlichen Verschmutzungsrechte kaufen müssten, was solche Emissionen erheblich verteuern und die Wirkung einer globalen Ökosteuer haben würde.

Das heißt, es geht im Kern darum, Folgewirkungen des technischen Fortschritts zu beherrschen. Oder anders ausgedrückt: zu verhindern, dass wir trotz technischem Fortschritt und trotz immer höherer Effizienz dennoch gleichzeitig immer mehr »Natur« verbrauchen, immer mehr Ressourcen verbrauchen und immer mehr Umweltbelastungen erzeugen, so wie das historisch bisher immer der Fall war. Man kann rückblickend sagen: »Die Geister, die ich rief, die werde ich nicht mehr los.« Die Technik hat stets Chancen für die Entlastung der Natur eröffnet, aber in der Summe haben immer mehr Menschen auf einem immer höheren Konsumniveau die Natur eher immer mehr belastet. Das nennt man den Bumerang-Effekt oder den Rebound-Effekt (vgl. hierzu das Buch »Der göttliche Ingenieur« von J. Neirynck).

Die Bewältigung dieses Bumerang-Effekts ist das zentrale weltweite Thema zur Erreichung einer nachhaltigen Entwicklung. Und dieser Bumerang Effekt begegnet uns überall. Die Computer werden immer kleiner, aber die Menge an Elektronikschrott nimmt zu. Das papierlose Büro ist der Ort des größten Papierverbrauchs in der Geschichte der Menschheit. Trotz Telekommunikation reisen wir mehr und nicht weniger. Und während wir reisen, nutzen wir die Möglichkeiten der Telekommunikation und organisieren schon die nächste Reise.

Noch einmal: Das heißt, dass Technik immer nur eine Chance ist. Diese Chance in eine tatsächliche Lösung umzusetzen erfordert, dass wir gleichzeitig über Weltverträge die notwendigen Limitationen in das weltökonomische System inkorporieren. Die WTO mit ihrer heutigen Freihandelslogik ist dazu nicht in der Lage. Wir müssen den Ordnungsrahmen der WTO inhaltlich fortentwickeln, beziehungsweise wir müssen diesen geeignet verknüpfen mit den internationalen Abkommen zum Schutz der Umwelt, mit den internationalen Abkommen zum Schutz der Arbeitnehmer und z. B. den internationalen Vereinbarungen zum Schutz der Kinder im Umfeld Kinderarbeit.

Und noch einmal: Dieses scheitert heute daran, dass gerade die ärmsten Länder Wert darauf legen, solche Standards gegebenenfalls nicht einhalten zu müssen, damit sie nämlich auf dem Weltmarkt eine Chance haben, obwohl sie diese Standards eigentlich zweckdienlich finden. Und nur wenn die reichen Länder ihnen vernünftige Perspektiven und Kofinanzierung im Sinne der Logik der EU-Erweiterungsprozesse bieten, besteht eine Chance, mit ihnen zusammen die notwendigen Verträge auf dem Konsensweg abschließen zu können.

7. DIE SOZIALE FRAGE ALS SCHLÜSSELTHEMA: ÜBERWINDUNG DER GLOBALEN APARTHEID

Die Frage der nachhaltigen Entwicklung ist heute vor allem eine Frage der Einigungserfordernisse zwischen Nord und Süd beziehungsweise zwischen Reich und Arm. Dabei geht es um Umweltstandards und Umweltschutzvorschriften, die man weltweit durchsetzen müsste, verbunden mit der Kofinanzierung von Entwicklung, die es dann den ärmeren Ländern erlauben würde, in diesem Prozess dennoch wirtschaftlich aufzuholen. Oder anders ausgedrückt: Es geht um eine Perspektive für einen weltweiten sozialen Ausgleich unter gleichzeitiger Beachtung von Umweltschutzanliegen. Nach Aussagen von Klaus Töpfer, dem deutschen Direktor des UN-Umweltprogramms (UNEP), ist die weltweite soziale Frage heute die zentrale Frage überhaupt für das Erreichen einer nachhaltigen Entwicklung.

Wenn man sich dieser sozialen Frage nähert, dann ist zunächst einmal zu begründen, wie man den Umfang an sozialem Ausgleich in Ländern messen will. Die EU-Logik nimmt hier den Vergleich der niedrigsten Einkommen im Verhältnis zum Durchschnitt zum Maßstab. Nach EU-Logik sollte niemand weniger Einnahmen haben als etwa die Hälfte des Durchschnitts (Bruttosozialprodukt pro Kopf) in dem jeweiligen Land, das entspricht einer Equity von 50 %.

Dies wäre zu kontrastieren mit einem extremen Kommunismus, bei dem die Equity bei 100 % liegt. Wir wissen historisch, dass ein zu hoher sozialer Ausgleich nicht gut funktioniert, er ist zu demotivierend, er fördert keine ökonomische Leistungsfähigkeit. Stattdessen braucht man Differenzierungen, man braucht Leistungsträger, die möglicherweise das Zwanzigfache des Durchschnittsgehalts verdienen. Und dazu korrespondiert unvermeidbar, dass die meisten Menschen sich einkommensmäßig unterhalb des Durchschnitts befinden. Aber wie viele und wie weit? Schaut man sich die erfolgreichen Staaten auf dieser Welt an, dann haben sie alle eine Equity, die oberhalb von 45 % liegt. Die Deutschen liegen bei etwa 57 %, die Nordeuropäer und die Japaner oberhalb von 60 %. Das einzige erfolgreiche Land mit einer Equity unterhalb von 50 % sind die USA mit etwa 47 %. Und nicht viel darunter befinden sich Indien und China.

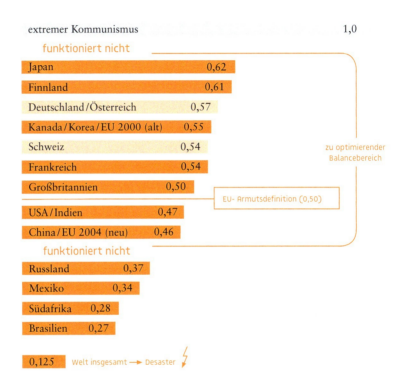

Alle reichen, d. h. alle Länder mit hohem Pro-Kopf-Einkommen, haben in Bezug auf den sozialen Ausgleich einen Equityfaktor zwischen 45 und 65 %. Man kann auch inhaltlich begründen, warum Länder unterhalb einer Equity von 45 % nicht erfolgreich sein können, warum bei zu geringem sozialen Ausgleich ein Land in Bezug auf das Bruttosozialprodukt pro Kopf arm sein muss. Der tiefere Grund ist, dass in solchen Ländern nicht genügend in die Ausbildung und Gesundheit aller Bürger investiert werden kann. Man bekommt dann koloniale oder Apartheid-Strukturen mit sehr viel Dienstpersonal auf niedrigstem Ausbildungs- und sehr niedrigem Einkommensniveau – und das muss ein Land in einer Pro-Kopf-Perspektive arm machen. An dieser

Stelle bricht das neoliberale Argument zusammen. Es ist zwar wahr, dass ausgehend von sozialistischen oder kommunistischen Gesellschaften die Erhöhung der Ungleichheit ein Land reicher macht und letztlich für (fast) alle Menschen Vorteile bringt, aber etwa ab einer Equity von 65 % ist diese Aussage nicht mehr generell richtig, und spätestens unterhalb einer Equity von 45 % ist sie falsch. Die Unmöglichkeit, unter so niedrigen Equity-Bedingungen genügend qualifizierte Lehrer, Ärzte usw. hervorzubringen, um die gesamte Bevölkerung gut auszubilden und gesund zu halten bedeutet, dass zu viele Menschen nicht mehr ausreichend wertschöpfungsfähig sind, zumindest nicht auf internationalem Niveau. Und die anderen, die dies sind, können für ihre Dienstboten in einer Pro-Kopf-Betrachtung das Geld nicht gleich noch mitverdienen. Insofern finden wir die niedrigsten Equity-Faktoren unter den großen Staaten auf diesem Globus heute in Ländern, die ein vergleichsweise niedriges Bruttosozialprodukt pro Kopf haben und in denen heute noch Zustände bestehen, die an frühere Kolonial- und Apartheidregime erinnern wie in Lateinamerika (u. a. Brasilien) oder Afrika (inklusive Südafrika) mit Equity-Faktoren von nur etwa 27 bis 30 %. Natürlich ist diese Ungleichheit auch auf Dauer eine Wachstumsbremse. Ein hohes Bruttosozialprodukt pro Kopf ist auf Dauer nur zu erreichen, wenn die Equity parallel zur Erweiterung der wirtschaftlichen Aktivitäten hin zu einem Niveau von mindestens 45 % entwickelt wird. Indien und China haben deshalb bessere Chancen als Lateinamerika und Afrika, einmal ein reiches Land zu werden. Das größte Problem auf dieser Erde sind aber heute nicht die ungünstigen Verhältnisse in den meisten Ländern. Noch schlimmer ist heute vielmehr der Ungleichszustand des ganzen Globus, wenn man diesen als eine ökonomische Einheit sieht, was in Zeiten der Globalisierung zunehmend die richtige Betrachtungsweise ist. Der gesamte Globus befindet sich heute auf einem Equityniveau von unter 12,5 %. Das ist globale Apartheid, aber in einer deutlichen Verschärfung gegenüber den früheren Verhältnissen in Südafrika. Das ist ein absolut unerträglicher Zustand. Die Ungleichheiten auf diesem Globus liegen primär zwischen Ländern und nicht innerhalb der Länder. Das Weltbruttosozialprodukt pro Kopf liegt heute bei etwa 5 000 Euro. Nach europäischer Armutsdefinition, angewandt auf den Globus, sollte kein Mensch unter einer Finanzausstattung von 2 500 Euro pro Jahr liegen, also sicher nicht unterhalb von sechs Euro pro Tag. De facto liegen heute drei Milliarden Menschen unterhalb von zwei und eine Milliarde dieser drei Milliarden sogar unterhalb von einem Euro pro Tag. Das ist ein Zustand, der absolut nicht friedensfähig ist, der auch mit Hass und Gegnerschaft verbunden ist. Die Ereignisse am 11.9.2001 sind sehr gut in diesem Kontext interpretierbar.

Das entspricht dem Muster bei allen vorherigen Revolutionen der Weltgeschichte.

Damit soll nicht gesagt werden, dass die Ärmsten selber Revolutionen anzetteln oder effektiven Widerstand leisten. Aber Armut und Ungerechtigkeit führen zu Konstellationen, in denen andere Personen im Zentrum des Systems sich berechtigt sehen, als – selbsternannte – Vertreter der Armen beziehungsweise ihrer Interessen entsprechend zu agieren. In diesem Kontext sei daran erinnert, dass am 11. 9. 4 000 Menschen gestorben sind. Aus Sicht der USA rechtfertigt das heute Angriffskriege gegen vergleichsweise schwache Staaten, die als Gefahr empfunden beziehungsweise dargestellt werden, und sei es nur, weil sie über Waffen verfügen und diese in den Händen von Terroristen ein Problem werden könnten. Aber es sei daran erinnert, dass auf diesem Globus jeden Tag 24 000 Menschen verhungern.

Die Ursachen dafür liegen zum großen Teil in den reichen Ländern der nördlichen Halbkugel, auch wenn viele Menschen und Verantwortliche dies dort nicht wahrhaben wollen. In den armen Ländern hingegen sehen die Menschen die Ursachen deutlich, haben aber keine Möglichkeit, sich zu wehren. Diese Länder müssen hinnehmen, was die reichen Länder ihnen ökonomisch und militärisch aufoktroyieren. Dabei entsteht eine doppelte Entwürdigung, wenn mit verlogenen Argumenten wie »gleiche Chancen für alle« (und das bei vollkommen ungleicher Ausgangssituation) als gerecht verkauft wird, was unerträglich und ungerecht ist – ein Nährboden für Terror und Selbstmordanschläge.

Hier liegt für eine nachhaltige Entwicklung sicher die größte Herausforderung. Die immer weitergehende Deregulierung der Märkte bringt alleine nicht die Antwort. Wer in einer globalisierten Ökonomie Sicherheit will, kann die sozialen Folgen der Globalisierung nicht den armen Nationalstaaten im Süden dieses Globus zuschieben. Was wir stattdessen brauchen, ist der Übergang zu einer Weltinnenpolitik, orientiert an der Art, wie wir in der EU Erweiterungsprozesse organisieren. Dabei würden wir alle miteinander für soziale Entwicklung und Armutsüberwindung verantwortlich sein und gemeinsam daran arbeiten, dass weltweit leistungsfähige Infrastrukturen aufgebaut werden, dass die Rolle der Frauen gestärkt wird und dass Ausbildungssysteme und Rentensysteme etabliert werden. Ziel muss sein, das Bevölkerungswachstum zu stoppen, so dass die Prognosen, die für 2050 mit circa neun bis zehn Milliarden Menschen rechnen, nicht eintreffen werden.

8. WAS JETZT NOT TUT: WACHSTUM FÜR ALLE LÄNDER, MEHR WOHLSTAND FÜR ÄRMERE LÄNDER

Entscheidend für die Bewältigung der beschriebenen Probleme und Herausforderungen ist, was auf Weltordnungsebene passiert. Entscheidend ist, was wir tun, um die Interessen der WTO mit denen einzelner Länder und anderer globaler Ordnungssysteme zu verknüpfen. Anzustreben wäre ein ökosozialer Konsens. Wenn man das Ganze richtig angeht, dann haben wir durchaus für die Welt eine vernünftige Perspektive, eine ökosoziale Perspektive. Es wäre denkbar, einen Faktor 10 an Wachstum über die nächsten 50 bis 100 Jahre in eine Vervierfachung des Reichtums im Norden dieses Globus und eine dazu korrespondierende mögliche Vervierunddreißigfachung des Wohlstands im Süden dieses Globus zu überführen.

Es gibt enorme Chancen für eine bessere Welt. Die Welt könnte sehr viel reicher sein. Ein Faktor 10 und ein weltweiter sozialer Ausgleich ist möglich, aber dafür müssen Innovationen geeignet gelenkt werden. Innovationstreibende und -hemmende Einflussgrößen als Rahmenbedingungen des globalen Wandels sind zu implementieren. Sie müssen den Schutz der Umwelt beinhalten, d. h. kollektive Grenzen der Nutzung festlegen und über Ge- und Verbote oder Bepreisung dann auch durchsetzen. Sie verlangen dazu eine doppelte Zurückhaltung des reichen Nordens: (1) zunächst die mit dem Zurückgehen auf ein akzeptables Gesamtniveau verbundenen Einschränkungen bei sich durchzusetzen und zu akzeptieren, (2) dann noch einmal weitergehende Einschränkungen durchzusetzen und zu akzeptieren, um der zurückliegenden Welt ein Aufholen und damit einen pro Kopf höheren Ressourcenverbrauch als heute zu ermöglichen in einer Konstellation, in der wir uns auf der ganzen Welt dennoch innerhalb der gesetzten Grenzen bewegen. Das ist in Analogie zu sehen zu der Bereitschaft Deutschlands, sich am Kyoto-Vertrag zu beteiligen (erste Zurückhaltung) und innerhalb der EU für Deutschland deutlich höhere Reduktionsraten zu akzeptieren, als der Kyoto-Vertrag für Deutschland fordert, damit ökonomisch schwächere EU-Länder wie Griechenland, während sie das EU-Reduktionsziel als Ganzes mittragen, dennoch Emissionen über das heutige Niveau vor Ort hinaus vornehmen können und deshalb zustimmen (zweite Zurückhaltung). Das verlangt politische Weisheit, wird dann aber auch entsprechend in Form von Gesamtlösungen honoriert und macht die Welt insgesamt reicher. Was heißt das im Einzelnen?

Der Norden würde sich von heute 80 % des »Kuchens« in Richtung auf 32 % des verzehnfachten Volumens der Weltökonomie bewegen. Der Süden könnte sich als Folge dieser Entwicklung von heute nur 20 % des »Kuchens« hin zu 68 % des dann zehnmal größeren Weltbruttosozialprodukts bewegen. Das wäre eine Vervierunddreißigfachung des dortigen Bruttosozialproduktes.

In Wachstumsraten entspricht das im Norden in etwa einer mittleren Wachstumsrate von 2,8 %, im Süden einer mittleren Wachstumsrate von etwa acht Prozent über 50 Jahre. Dies ist besser als die heutige Rate in Indien, schlechter als die Rate in China und insgesamt nicht unrealistisch. Länder, die aufholen, müssen primär nur kopieren, können deshalb hohe Wachstumsraten erzielen. Länder an der Spitze, reiche Länder, müssen Innovationen erfinden. Tatsächlich lässt sich auf Grund prinzipieller Überlegungen zeigen, dass in entwickelten reichen Ländern Wachstumsraten über ein bis zwei Prozent kaum möglich sind. Die immer wieder überraschenderweise höheren Werte der USA sind – neben indirekten Effekten von rein spekulativen Finanzmarktblasen – vor allem Folge einer anderen Buchführungsmethode, bei der der technische Fortschritt weit über die Marktpreise hinaus als Wachstum gewertet wird (so genanntes Hedonic Accounting). Das mag aus systematischen Gründen durchaus berechtigt sein, so lange aber andere Länder das nicht tun, sind Vergleiche irreführend. Die hier besprochene Limitation auf ein bis zwei Prozent Wachstum reicher Länder bezieht sich darauf, dass man kein Hedonic Accounting betreibt, also das Wachstum zu Marktpreisen wertet.

Wenn wir allerdings weltweit beides vernünftig miteinander kombinieren, also die hohen Wachstumsraten aufholender und die niedrigeren (aber im absoluten Zuwachs ähnlich hohen) Wachstumsraten reicher Länder, könnten wir uns im Jahr 2050 in einer Situation befinden, in der die Menschen im Norden pro Kopf durchschnittlich nicht mehr sechzehn mal so reich sind wie die Menschen im Süden, so, wie das heute als Ausdruck einer »globalen Apartheid« der Fall ist, sondern nur noch etwa doppelt so reich, wobei sie zugleich im Schnitt viermal so reich wären wie heute. Das wäre dann ein Ausgleichsniveau à la Europäische Union und würde durchaus auch eine Perspektive für eine Weltdemokratie eröffnen. Hier könnte die Arbeit des Europäischen Konvents Vorbildcharakter haben.

Das ökosoziale Modell eröffnet eine hoffnungsvolle Zukunftsperspektive. Es nimmt die Menschenwürde und den Schutz der Umwelt gleich ernst und nimmt von einfachen Lösungsphilosophien Abschied. In dieser Sicht wird eine immer weitergehende Deregulierung und immer mehr soziale Ungleichheit die vor uns liegenden Probleme nicht lösen, hoffentlich aber die Aktivierung der Kräfte der Märkte unter vernünftigen Rahmenbedingungen sozialkulturell-ökologischer Art. Der Autor gibt diesem hoffnungsvollen nachhaltigen Programm allerdings nur 35 % Wahrscheinlichkeit. Was wären dann die Alternativen? Diese Frage wird weiter unten nach Vorüberlegungen zu Wohlstand, Wachstum und sozialem Ausgleich behandelt.

9. WOHLSTAND, WACHSTUM, SOZIALER AUSGLEICH:
EINIGE NEUERE ERGEBNISSE

Der Autor hat sich in den vergangenen Jahren vor allem im Kontext des EU-Projekts TERRA (www.terra2000.org) vertieft mit dem Zusammenhang von Wohlstand, Wachstum und sozialem Ausgleich beschäftigt. Einiges hierzu wurde bereits an anderer Stelle in diesem Text erwähnt. Versteht man unter Wohlstand ein hohes Bruttosozialprodukt pro Kopf, so ist zunächst zwischen reichen und armen Ländern zu unterscheiden. Alle reichen Länder auf dieser Welt haben einen hohen sozialen Ausgleich, genauer eine Equity zwischen 45 und 65 % und sind Demokratien. Es gibt dabei systemimmanente Begründungen, warum bei Staaten mit hohem Wohlstand die Equity einerseits nicht oberhalb von 65 %, aber andererseits auch nicht unter 45 % liegen kann. Es geht dabei zum einen um eine ausreichende Honorierung von Spitzenleistungen und Risikoübernahme und damit um eine ausreichende Differenzierung (deshalb keine Equity über 65 %), zum anderen aber um die Möglichkeit, eine exzellente Ausbildung und medizinische Versorgung für die gesamte Bevölkerung sicherzustellen. Letzteres verlangt entsprechend viele gut bezahlte Spezialisten. Daraus resultiert ein soziales Ausgleichsniveau von mindesten 45 %.

Wachstum in reichen Ländern geschieht im Wesentlichen nur noch durch Innovation. Hier muss Forschung gefördert werden, hier müssen Innovationen erfolgen und in Märkten umgesetzt werden. Demokratien mit einer massiven Förderung von Forschung und Technologie bieten hierfür die besten Voraussetzungen. Die Wachstumsraten selber sind dabei, wenn man kein Hedonic Accounting zulässt, auf gut ein bis zwei Prozent beschränkt. Das ist angesichts des Reichtums dieser Länder dann auch schon eine ganze Menge.

Ganz anders ist die Situation in Ländern, die aufholen. Diese Länder sind vergleichsweise arm, sie haben teilweise keinen hohen sozialen Ausgleich, und sie können in jedem Fall, weil sie so weit zurückliegen, hohe Wachstumsraten erzielen, einfach schon dadurch, dass sie Lösungen kopieren und zugleich immer mehr Menschen in eine formalisierte Ökonomie einbeziehen. Wachstumsraten bis zu zehn Prozent sind denkbar (Leapfrogging), wenn auch nicht selbstverständlich. Eine Demokratie ist für die Organisation solcher Aufholprozesse nicht unbedingt die vorteilhafteste Struktur. Autoritäre Systeme wie in Singapur oder heute in China können von Vorteil sein, obwohl andererseits Japan gezeigt hat, dass zumindest unter den japan-spezifischen Demokratiebedingungen ebenfalls ein hohes Wachstum möglich war. Auf Dauer reich werden können die Menschen allerdings nur, wenn eine hohe Equity besteht, wie das in Japan und Korea und auch in Singapur der

Fall war und ist, und sich in China und Indien andeutet. Zumindest am Ende des Aufholprozesses scheinen demokratische Strukturen notwendig zu sein. Länder wie Brasilien und Südafrika haben aus dieser Sicht im Gegensatz zu China und selbst Indien wenig Chance, auf Dauer wirklich reich zu werden, es sei denn, dass irgendwann das Problem des sozialen Ausgleichs gelöst wird. In Brasilien ist dazu eine andere Verteilung des Bodens (Bodenreform) durchzusetzen. Bis heute wirken in diesen Ländern frühere koloniale Muster des »Oben« und »Unten« weiter wie z. B. in Südafrika, wo im ökonomischen Bereich und im Bereich der Ausbildung die alten Apartheidstrukturen bis heute nicht wirklich überwunden werden konnten, obwohl Fortschritte erkennbar sind.

Ein gewisses moralisches Dilemma liegt darin, dass die Reichen in den ärmeren Ländern nicht unbedingt ein Interesse daran haben, den Wohlstand pro Kopf zu erhöhen. Aufgrund der sehr viel niedrigeren Equity-Rate gibt es in einem Land mit einer Equity von etwa 30 % mehr Menschen eines bestimmten absoluten Reichtumsniveaus als in einem pro Kopf doppelt so reichen Land mit einer Equity-Rate von 60 %. D.h., es gibt dort mehr Reiche mit mehr als dem Zehnfachen des Durchschnittseinkommens als in den reichen Ländern Reiche mit dem fünffachen Durchschnittseinkommen. Es gibt also mehr Reiche in einem absoluten Sinne, in einem relativen ohnehin, zudem profitieren diese ein weiteres Mal von den sehr preiswerten personennahen Dienstleistungen, die in reichen Ländern mit hohem Equity-Faktor praktisch gar nicht finanziert werden können.

Bei einer entsprechenden Ungleichheit haben die Eliten zudem viele Möglichkeiten, ihre eigene Position politisch und intellektuell durch Einsatz von Geldmitteln zu stabilisieren, während die sozial schwache Seite, also die große Mehrheit der Bevölkerung, gar nicht in der Lage ist, einen entsprechenden intellektuellen Gegenprozess auch unter formal demokratischen Bedingungen zu organisieren. Man sieht dies in Teilen heute auch bereits in den USA, wo es mittlerweile der »Spitze der Pyramide« gelingt, den intellektuell-politischen Betrieb auf die Abschaffung der Erbschaftssteuer hin zu formieren. Die hier von der »Spitze« eingesetzten substanziellen Geldmittel zur politischen Beeinflussung über Think Tanks und Universitäten wären extrem »wertschöpfend« investiert und würden mit extrem hohen Renditen an die reichen Geldgeber zurückfließen, wenn es auf diese Weise gelänge, in den USA die Abschaffung oder substantielle Absenkung der Erbschaftssteuer durchzusetzen.

10. WEGE INS DESASTER: PLÜNDERUNG BIS ZUM ZUSAMMENBRUCH ODER ÖKODIKTATORISCHE SICHERHEITSREGIME

Oben wurde einem ökosozialen, zukunftsfähigen Weltordnungsrahmen im Sinne einer ökosozialen Marktwirtschaft nur 35 % Erfolgswahrscheinlichkeit eingeräumt, und es wurde die Frage nach den Alternativen gestellt. In Zukunft drohen zwei Alternativen: Die eine ist, dass wir weiter so wie bisher tun, als könnten wir die ökologischen und sozialen Systeme weltweit weiter überstrapazieren, so viel wir wollen. Wir werden dann irgendwann die Basis unterminieren, von der unsere Zukunft und die Zukunft unserer Kinder abhängt. Wir werden unter extremen Knappheiten leiden, z. B. in den Bereichen Wasser, Ernährung und Energie oder in Form zu hoher CO_2-Emissionen, und wir werden Mord und Totschlag erleben bei dem Versuch, sich im Kampf gegeneinander knappe und zu knappe Ressourcen beziehungsweise Verschmutzungsrechte zu sichern in einem Rennen, das langfristig für niemanden mehr eine Perspektive eröffnet. Dieser Fall bedeutet, dass wir »ökologisch gegen die Wand fahren« und in nicht mehr versicherbare Zustände hinsichtlich der Umweltproblematik kommen. Dies ist das Angstszenario aller Grünen und umweltbewegten Menschen auf diesem Globus. Der Autor hält dieses Szenario allerdings für sehr unwahrscheinlich.

Aus seiner Sicht wird die Menschheit, vor allem die reiche Welt, nicht so dumm sein, dass sie letztlich diesen desaströsen heutigen Weg auf Dauer weiter verfolgen wird, denn sie würde ihre eigene Basis zerstören. Die Wahrscheinlichkeit für diesen Desaster-Weg liegt aus Sicht des Autors bei vielleicht zehn bis 15 %. Um es noch deutlicher zu sagen, die Spitze der Pyramide in Eigentumsfragen ist normalerweise eigentums-obzessiv und geht hart und brutal gegen jede Entwicklung vor, die ihre als legitim empfundenen Eigentumsinteressen bedroht. Von Rechtsanwälten und Polizei bis hin zum Militär sind in der Historie immer wieder alle Mittel zum Schutz des Eigentums eingesetzt worden. Der Autor geht deshalb davon aus, dass dies auf diesem Globus nicht anders sein würde, wenn es je zu ernsten Ressourcenkonflikten käme oder auch zu Konflikten, die aus Umweltverschmutzungsproblemen resultieren (z. B. bezüglich der CO_2-Problematik). Ökologisch werden wir wahrscheinlich nicht gegen die Wand fahren, was aber noch nicht notwendigerweise bedeutet, dass wir eine vernünftige zukunftsfähige Lösung bekommen. Zunächst bedeutet es aber, dass wir aus Sicht des Autors mit etwa 85 % Wahrscheinlichkeit auf Dauer in der Weltökonomie mit dem Problem der physikalischen Grenzen vernünftiger umgehen werden. Wir werden die physikalischen Notwendigkeiten in das weltökonomische System integrieren müssen. Die Problematik der Vermeidung einer ökologischen Katastrophe verschiebt sich dann aber auf die Frage, wie dieses Ziel erreicht werden wird.

Es bleiben dann zwei Möglichkeiten. Die eine ist der ökosoziale Weg, ein fairer Vertrag. Das ist das, was oben ausführlich beschrieben und mit der Wahrscheinlichkeit 35 % eingeschätzt wurde. Aber es gibt eine Alternative, eine zunächst undenkbare, aber bei längerem Nachdenken doch naheliegende, verführerische Perspektive, nämlich eine Öko- beziehungsweise Ressourcendiktatur, verbunden mit einem Sicherheitsregime. Dieser dritte Fall ist aus Sicht des Autors der wahrscheinlichste (50 %). Hier würde irgendwann der reiche Norden dem armen Süden die Entwicklung verwehren, so wie die Reichen den Armen gerne die Entwicklung verwehren, einfach deshalb, weil es in einem »Business as usual«-Ansatz ökologisch nicht auszuhalten wäre, wenn die Armen täten, was die Reichen schon immer tun. Hier müssten dann insbesondere die Reichen die Entwicklung der ärmeren Länder (z. B. schon relativ bald Chinas) behindern oder diese Länder sogar destabilisieren. Und da die reichen Länder allesamt Demokratien sind, stehen wir vor der Frage, ob so etwas denkbar ist.

Sieht man sich die Politik der letzten Jahre an, insbesondere die Politik der USA seit dem 11. 9. 2001 und die Politik in Israel seit der Regierungsübernahme von Premierminister Scharon, dann sieht man bereits ganz offensichtlich Elemente einer solchen öko- oder ressourcendiktatorischen, sicherheitsorientierten Strategie. In Israel ist dies in besonderer Weise zu verfolgen in der dauernden Zerstörung der Infrastruktur der Palästinenser durch das israelische Militär und beispielsweise in der Vorenthaltung medizinischer Hilfe für schwer kranke Palästinenser. Konkret durchgesetzt wird dies beispielsweise durch die Verhängung von Ausgangssperren und durch die Verweigerung des Durchlasses von Krankenwagen in Richtung Krankenhäuser an Kontrollpunkten. Dies wird von medizinischen Hilfsorganisationen, die in den Palästinensergebieten tätig sind, als skandalös beklagt. Die Nichtregierungsorganisationen halten es für ungeheuerlich, was da täglich vor den Augen der Welt ohne vernehmbare Proteste der demokratischen Staaten stattfindet.

Auf US-Seite ist die Verweigerung, sich fair in den Kyoto-Vertrag einzubringen, entlarvend. Nimmt man den Cheney Report über den zukünftigen Energiebedarf der USA und die Pentagonstudie zu den Folgen einer möglichen Klimakatastrophe hinzu, wird die ganze Problematik für jeden offensichtlich. Noch deutlicher gilt dies für den fast obsessiven Kampf der USA gegen einen Internationalen Strafgerichtshof. Symptomatisch ist die regelmäßige Weigerung der USA, sich im Rahmen fairer globaler Verträge zu bewegen, und ebenso symptomatisch ist eine dauernde Einforderung spezieller, stark individuell-orientierter Menschenrechte in armen Ländern, die dies alles nicht bezahlen können. In eine ähnliche Richtung zielen Bemühungen der

Staaten der Organisation für wirtschaftliche Zusammenarbeit und Entwicklung (OECD), Kredite für Investitionen in ärmeren Ländern nur noch dann staatlicherseits über Bürgschaften abzusichern, wenn Produkte höchsten technischen Standards gekauft werden. Dies nimmt, wenn keine Kofinanzierung erfolgt, armen Ländern große Teile ihrer Wettbewerbsfähigkeit. Besonders gravierend ist des weiteren die Bekämpfung bevölkerungspolitischer Maßnahmen der Vereinten Nationen durch die USA. All das erschwert natürlich Entwicklung. Am wenigsten akzeptabel ist aber das dauernde Beharren der USA auf dem Recht, alleine entscheiden zu dürfen, ob eine Aggression vorliegt, gegen die sie präventiv operieren dürfen, so wie dies der neuen militär-strategischen Doktrin der USA entspricht. Dies führt zu Willkürentscheidungen aus Sicht der Betroffenen. Der durch nichts zu rechtfertigende Angriffskrieg gegen den Irak zeigt dieses Muster, vor allem wenn man den Vergleich mit Israel hinsichtlich der Nichtbeachtung von UN-Sicherheitsratsbeschlüssen und daraus abgeleiteten Konsequenzen betrachtet.

Mit dem Irak-Krieg haben die USA hier klar Stellung bezogen. Der Irak-Krieg war weder durch die UN-Charta oder durch die UN legitimiert. Es ist vielmehr ein klassischer Angriffskrieg einer Nation zur Durchsetzung und Wahrung ihrer Interessen. Es wurde versucht, dies als einen Befreiungsakt darstellend bzw. moralisch-ethisch zu legitimieren, wofür angesichts eines menschenverachtenden Despoten wie Saddam Hussein ja auch gute Ansatzpunkte bestanden. Wäre es aber das Anliegen der USA gewesen, Menschenrechten weltweit zum Durchbruch zu helfen, dann hätte ein Global Marshall Plan vielfache Chancen geboten, dieses auf friedlichem Wege zu tun. Aber das hätte bedeutet, dass man vom eigenen Geld etwas hätte einsetzen müssen für andere, etwa in Form von ein bis zwei Prozent Kofinanzierung von Entwicklung. Stattdessen wird das Geld in das eigene Militär investiert.

Der Irak-Krieg war ressourcendiktatorisch und massiv asymmetrisch. Er diente der Absicherung eigener Eigentumsinteressen. Man muss sich nicht wundern, dass die arme Seite dieses nicht als gerecht empfindet und sich zur Wehr setzt. Der so entstehende Terror kann auf Dauer in seinen Folgen nicht mehr beherrscht werden. Die Antwort ist staatlicher Gegenterror, auf den neuer Terror folgt. Dies ist eine Form der Gegenwehr, die sehr schwer zu bekämpfen ist, und uns nebenbei die bürgerlichen Freiheitsrechte im Abwehrkampf gegen den Terror kosten kann. Ein Prozess, der in den USA schon ein gutes Stück vorangeschritten ist. Selbstmordattentate setzen voraus, dass Menschen – sich selbst als Freiheitskämpfer empfindend – ihr Leben für eine Überzeugung hinzugeben bereit sind. Wie falsch muss eine Welt organisiert sein, zu wie viel Hass muss eine Weltordnung Anlass bieten, wenn sie solche Reaktionen hervorruft? Und gibt es daraus nicht etwas zu lernen, z. B. über

Verletzungen, die man anderen – vielleicht unbewusst und unbeabsichtigt – zugefügt hat?

Der reiche Norden muss sich jedenfalls überlegen, ob er den momentanen Weg der Entfesselung weitergehen will, oder ob nicht das europäische Modell des Ausgleichs in Form einer weltweiten ökosozialen Marktwirtschaft die bessere Alternative ist. Diese kostet ein bis zwei Prozent des Weltbruttosozialprodukts als Kofinanzierung von Entwicklung in Form eines Welt-Marshall-Plans, wie ihn der frühere US-Vizepräsident Al Gore vorgeschlagen hatte. Im Grunde genommen ist es erstaunlich, wie preiswert bei intelligenter statt rechthaberischer Vorgehensweise eine Chance auf Frieden und nachhaltige Entwicklung eröffnet werden kann. Noch erstaunlicher ist allerdings, welcher intellektuelle Aufwand die größten Gewinner der heutigen deregulierten Strukturen der Weltökonomie betreiben, diesen Preis nicht zu zahlen, und welche Bereitschaft da ist, die entsprechenden Mittel lieber in immer noch mehr Aufrüstung zu stecken statt in humane Entwicklung rund um den Globus.

11. ÖKOSOZIALE MARKTWIRTSCHAFT ALS WOHL EINZIGE REALISTISCHE CHANCE

Offensichtlich ist, dass heute die Hoffnung für eine bessere Zukunft und eine nachhaltige Entwicklung primär in Europa und den entwickelten asiatischen Volkswirtschaften liegt. Wir müssen miteinander die USA für eine andere Sicht der Dinge gewinnen. Deshalb müssen wir insbesondere bereit sein, darüber zu reden, dass bestimmte Dinge richtig und bestimmte Dinge falsch sind, damit wir nicht durch dauerndes Schweigen den Eindruck erwecken, als würden wir implizit zustimmen an Stellen, an denen wir gar nicht zustimmen können. In diesem Sinne war die prinzipielle Ablehnung des Irak-Krieges durch den größten Teil der Welt die einzig richtige Position und heute steht die Herausforderung an, dass Europa sich offen gegen Marktfundamentalismus, Washington Consensus und ähnliche fehlgeleitete »Glaubenssysteme« im ökonomischen Bereich stellt und die Idee eines Global Marshall Plans für eine weltweite ökosoziale Zukunft als tragfähige Alternative in die internationale politische Diskussion einbringt.

In diesem Kontext hat auch die Weltzivilgesellschaft, z. B. Nichtregierungsorganisationen wie Amnesty International, Ärzte ohne Grenzen, BUND, Greenpeace, Stiftung Weltbevölkerung oder Terre des Hommes, oder auch die Rotarier, Lions und andere Servicebewegungen einen großen Einfluss auf die Entwicklung der Weltmeinung und für das Schaffen von Verständnis und Aufklärung im besten Sinne dieser philosophischen Position. Eine große Hoffnung bilden in diesem Kontext auch die neuen informationstechnischen

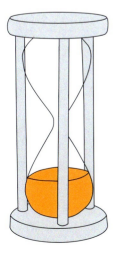

Vernetzungsmöglichkeiten der Weltzivilgesellschaft, die immer effizienter genutzt werden. Wenn es hierbei in dem Ringen um eine bessere Weltordnung gelingt, in einem Schneeballsystem pro Jahr immer wieder eine weitere Person zu gewinnen, die für eine neue, bessere Weltordnung eintritt und zugleich pro Jahr immer wieder eine weitere Person mit derselben Art zu denken dazu zu gewinnen, hat man in 33 Jahren in einem Schneeballsystem jeden Menschen erreicht, da 2^{33} gleich acht Milliarden ist. Die Überzeugung einer Person pro Kopf und Jahr, das sollte bei einem so wichtigen Thema zu schaffen sein.

Politisch lastet in dieser Lage heute auf Europa eine besondere Verantwortung. Deshalb war die Einführung des Euro so wichtig. Deshalb war der weitere Ausbau der EU wichtig. Das müsste in dieser schwierigen Welt auch den Ausbau der militärischen Stärke der EU beinhalten, um in zentralen Fragen der Weltordnung eigenständig agieren und auf gleicher Augenhöhe mit den USA sprechen zu können.

Ist die ökosoziale Marktwirtschaft eine Chance oder eine Utopie? Für eine friedliche nachhaltige Zukunft ist sie wahrscheinlich die einzige Chance, die wir haben und die vielleicht beste je gemachte Innovation im politischen Bereich, nämlich die Kopplung vernünftiger Ausgleichsmechanismen und strikter Umweltschutzmaßnahmen mit der Kraft der Märkte und dem Potenzial von Innovationen. Die ökosoziale Marktwirtschaft lenkt diese Potenziale in eine Richtung, bei der innovationstreibende Einflussgrößen und schädliche, hemmende Einflussgrößen geeignet überwunden werden.

Man kann nur hoffen, dass Europa, ein Kontinent mit einer schwierigen Historie und noch nicht abgeschlossener Selbstfindung, in dieser schwierigen Phase der Weltpolitik in der Lage ist, trotz der Spaltung in der Irak-Frage die Verantwortung zu übernehmen, die in diesem Moment auf diesem Teil der Welt lastet.

LITERATUR

Affemann, N.; Pelz, B. F.; und Radermacher, F. J.: Globale Herausforderungen und Bevölkerungsentwicklung: Die Menschheit ist bedroht. Beitrag für den Beirat der Deutschen Stiftung Weltbevölkerung e. V., Landesstelle Baden-Württemberg, 1997.

Brown, G.: Tackling Poverty: A Global New Deal. A Modern Marshall Plan for The Developing World. Pamphlet based on the speeches to the New York Federal Reserve, 16 November 2001, and the Press Club, Washington D. C., 17 December 2001. HM Treasury, February 2002.

Club of Rome (Hrsg.): No Limits to Knowledge, but Limits to Poverty:

Towards a Sustainable Knowledge Society. Statement of the Club of Rome to the World Summit on Sustainable Development (WSSD), 2002.

Gore, A.: Wege zum Gleichgewicht – Ein Marshallplan für die Erde. S. Fischer Verlag GmbH, Frankfurt, 1992.

Information Society Forum (Hrsg.): The European Way for the Information Society. European Commission, Brussels, 2000.

Kämpke, T.; Radermacher, F. J.; Pestel, R.: A computational concept for normative equity. European J. of Law and Economics 15, 129–163, 2002.

Küng, H.: Projekt Weltethos, 2. Aufl., Piper, 1993.

Küng, H. (Hrsg.): Globale Unternehmen – globales Ethos. Frankfurter Allgemeine Buch, Frankfurt, 2001.

Möller, U.; Radermacher, F. J.; Riegler, J.; Soekadar, S. R.; Spiegel, P.: You can change the world – Global Marshall Plan Initiative: Überwindung der globalen Armut und Umweltzerstörung durch eine globale Ökosoziale Marktwirtschaft. Mehr Informationen unter www.globalmarshallplan.org; 2004.

Mesarovic, M. D.; Pestel, R.; Radermacher, F. J.: Which Future? Manuscript to the EU Project TERRA 2000, FAW, Ulm, 2003.

Nachhaltigkeitsbeirat Baden-Württemberg (NBBW): Nachhaltiger Klimaschutz durch Initiativen und Innovationen aus Baden-Württemberg. Sondergutachten, Stuttgart, 2003.

Neirynck, J.: Der göttliche Ingenieur. expert-Verlag, Renningen, 1994.

Pestel, R.; Radermacher, F. J.: Equity, Wealth and Growth: Why Market Fundmentalism Makes Countries Poor. Manuscript to the EU Project TERRA 2000, FAW, Ulm, 2003.

Pestel, R.; Radermacher, F. J.: ICT and Sustainability: Is there a Chance? Manuscript to the EU Project TERRA 2000, FAW, Ulm, 2003.

Radermacher, F. J.: Globalisierung und Informationstechnologie. In: Weltinnenpolitik. Internationale Tagung anläßlich des 85. Geburtstages von Carl-Friedrich von Weizsäcker, Evangelische Akademie Tutzing, 1997. In (U. Bartosch, und J. Wagner, Hrsg.) S. 105–117, LIT Verlag, Münster, 1998.

Radermacher, F. J.: Die neue Zukunftsformel. Bild der wissenschaft 4, S. 78 ff., 2002.

Radermacher, F. J.: Balance oder Zerstörung: Ökosoziale Marktwirtschaft als Schlüssel zu einer weltweiten nachhaltigen Entwicklung. Ökosoziales Forum Europa (Hrsg.), Wien, August 2002, ISBN: 3-7040-1950-X.

Radermacher, F. J.: Global Marshall Plan/planetary contract – ein ökosoziales Programm für eine bessere Welt. Ökosoziales Forum Europa, 2004.

Report of the National Energy Policy Development Group: Reliable, Affordable, and Environmentally Sound – Energy for America's Future,

Washington, May 16th, 2001, U.S Government Printing Office, http://www.bookstore.gpo.gov, ISBN 0-16-050814-2.

Schauer, T.; Radermacher, F. J. (Hrsg.): The Challenge of the Digital Divide: Promoting a Global Society Dialogue. Universitäts-Verlag, Ulm, 2001

Schmidt, H. (Hrsg.): Allgemeine Erklärung der Menschenpflichten – Ein Vorschlag. Piper Verlag GmbH, München, 1997.

Schmidt, H.: Die Selbstbehauptung Europas. Perspektiven für das 21. Jahrhundert. Deutsche Verlags-Anstalt, Stuttgart, 2000.

Schmidt-Bleek, F.: Wieviel Umwelt braucht der Mensch? MIPS – Das Maß für ökologisches Wirtschaften, Birkhäuser Verlag, 1993.

Schwarz, P.; Randall, D.: An Abrupt Climate Change Scenario and its Implications for United States National Security, October 2003, http://www.ems.org/climate/pentagon climate change.pdf. and www.stopesso.com/campaign/00000143.php.

Töpfer, K.: Kapitalismus und ökologisch vertretbares Wachstum – Chancen und Risiken. In: Kapitalismus im 21. Jahrhundert, S. 175–185, 1999.

Töpfer, K.: Ökologische Krisen und politische Konflikte. In: Krisen, Kriege, Konflikte (A. Volle und W. Weidenfeld, Hrsg.), Bonn, 1999.

Töpfer, K.: Environmental Security, Stable Social Order, and Culture. In: Environmental Change and Security Project Report, Woodrow Wilson Centre, No. 6, 2000.

Töpfer, K.: Globale Umweltpolitik im 21. Jahrhundert, eine Herausforderung für die Vereinten Nationen. In: Erfurter Dialog (Thüringer Staatskanzlei, Hrsg.), 2001.

von Weizsäcker, C.F.: Bedingungen des Friedens. Vandenhoeck und Ruprecht, Göttingen, 1964.

von Weizsäcker, E.U.; Lovins, A.B.; Lovins, L.H.: Faktor Vier: doppelter Wohlstand, halbierter Naturverbrauch. Droemer-Knaur, 1995.

Wicke, L.; Knebel, J.: Nachhaltige Klimaschutzpolitik durch weltweite ökonomische Anreize zum Klimaschutz, Studie im Auftrag des Ministeriums für Umwelt und Verkehr des Landes Baden-Württemberg, Berlin/Stuttgart, September 2003.

Wicke, L.; Knebel; J.: GCCS: Nachhaltige Klimaschutzpolitik durch ein markt- und anreizorientiertes Globales Klima-Zertifikats-System, Studie im Auftrag des Ministeriums für Umwelt und Verkehr des Landes Baden-Württemberg, Berlin/Stuttgart, Dezember 2003.

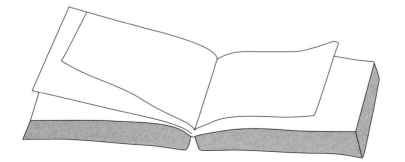

DIE STOFFLICHEN GRUNDLAGEN NACHHALTIGEN WIRTSCHAFTENS – ANFORDE- RUNGEN UND MÖGLICHKEITEN

Arnim von Gleich

Was muss geschehen, damit Werkstoffe und Hilfsstoffe nachhaltig zur Verfügung stehen und genutzt werden können? Zwei zentrale Antworten lauten: Wir müssen zu regenerierbaren (nachwachsenden) Stoffen übergehen, und wir müssen den Schritt von einer linearen Durchflusswirtschaft zur Kreislaufwirtschaft schaffen. Wenn wir – stark vereinfacht – die Welt so betrachten, als gäbe es Gesellschaft und Natur, eine Technosphäre und eine Ökosphäre, dann geht es darum, einerseits die Verfügbarkeit von Ressourcen aus der Ökosphäre zu sichern und andererseits die Aufnahmekapazität der Ökosphäre für unsere Abfälle und Emissionen nicht zu überfordern.[1] Das Augenmerk liegt damit auf den Übergängen zwischen Ökosphäre und Technosphäre. Interessant an den beiden Antworten ist auch, dass die eine Antwort (Übergang zu regenerierbaren Quellen) eher eine Öffnung zwischen den beiden Sphären vorschlägt, auf der Basis einer qualitativen Veränderung (Ersatz von nicht-regenerativen Stoffen durch regenerative). Die andere Antwort hat eher eine Abschließung der Technosphäre gegenüber der Ökosphäre zum Ziel, also eine qualitative Verbesserung des Umgangs mit den Stoffen innerhalb der Technosphäre, verbunden mit einer Verringerung der Stoffströme zwischen den beiden Sphären.

UMSTIEG AUF REGENERATIVE QUELLEN

Solares Wirtschaften heißt die Perspektive. Die Sonne ist die grundlegende Ressourcenspenderin. Sie bringt Licht und Wärme, treibt den globalen Wasserkreislauf an, die Luftzirkulation und über die Photosynthese die gesamte Bioproduktion. Das Angebot an nutzbarer Energie (Exergie), das die Sonne der Erde zur Verfügung stellt, übersteigt von der Quantität her den gesellschaftlich-technischen Bedarf der Gesellschaften dieser Erde um das Mehrtausendfache. Das gilt leider nicht in gleichem Maße für die Qualität des solaren Energieangebots. Für die Stromproduktion und hohe Temperaturen muss Sonnenenergie umgewandelt (gewissermaßen »konzentriert«) werden. Und mit der Realisierung dieser Anforderung sind wir schon nicht mehr bei der Energie, sondern beim zentralen limitierenden Faktor auch der Energiewirtschaft: bei den Stoffen. Es sind die Stoffe, die den Kern der Energieproblematik auf der Input- und auf der Outputseite ausmachen. Es sind schließlich stoffliche Emissionen und nicht die Abwärme,[2] die uns die globalen Probleme bereiten als Folge der Nutzung fossiler Energieträger (Treibhauseffekt). Der stoffliche Aufwand für die Energieumwandlung gerade auch mit Blick auf die Nutzung regenerativer Energiequellen ist enorm. Auf dem derzeitigen Stand der Technik ist er insbesondere mit Blick auf die Photovoltaik sehr hoch, wobei zum Teil hochproblematische Stoffe umgesetzt werden.[3] Auch bei den Windkraftanlagen gibt es noch viel zu tun, insbesondere hinsichtlich der langfristigen Verfügbarkeit und Recyclierbarkeit der eingesetzten Materialien.[4] Die Energieproblematik ist so gesehen im Wesentlichen eine Stoffproblematik.

Für den Übergang zu regenerierbaren stofflichen Ressourcen stellt sich die Situation noch wesentlich komplizierter dar. Können wir uns ein Wirtschaften vorwiegend auf Basis der regenerierbaren Stoffgruppen Wasser, Luftsauerstoff und »nachwachsende Rohstoffe« wirklich vorstellen, sowohl qualitativ als auch quantitativ? Ohne Zweifel ist die Vielfalt der Stoffe und der damit verbundenen Funktionen, welche die belebte Natur uns bietet, immens. Sie dürften zudem zum weit überwiegenden Teil noch unbekannt sein. Die Nutzungsmöglichkeiten biogener Stoffe sind alles andere als ausgeschöpft.[5] Immerhin wird derzeit intensiv an Solarzellen auf der Basis biologischer Moleküle experimentiert und schon seit längerem auch an Biochips. Aber was für die Nutzung der Solarenergie gilt, gilt auch für die »nachwachsenden Rohstoffe«. Sie sind stofflich und energetisch nicht »umsonst« zu haben. Und sie konkurrieren zum Teil um dieselben (potenziell) bioproduktiven Flächen. Damit gibt es für den Übergang auf regenerierbare Stoffquellen neben der qualitativen, funktionsbezogenen auch eine quantitative Begrenzung. Sie wird im deutschsprachigen Raum schon lange mit dem Begriff der Nachhaltigkeit verbunden. Es kann dauerhaft nicht mehr genutzt werden, als in der gleichen Zeit nachwächst.

DIE ORIENTIERUNG AN TRAGEKAPAZITÄTEN

Nachhaltiges Wirtschaften ist aber nicht nur auf die Tragekapazität der Quellen angewiesen (Regenerationsrate), sondern auch auf die Tragekapazität der Senken, auf die Fähigkeit der ökologischen Systeme zur Assimilation der Emissionen und Abfälle. Auch hinsichtlich dieser Fähigkeit zur Assimilation sind wiederum qualitative und quantitative Aspekte zu unterscheiden. Besonders große qualitative Probleme bestehen bei Emissionen bzw. beim umweltoffenen Umgang mit Stoffen, welche die natürlichen Systeme nicht »verarbeiten« können, Stoffen also, die nicht abgebaut werden können, persistent und bioakkumulativ sind und/oder die besonders tief in die Stoffwechselprozesse eingreifen.[6] Die Orientierung an Tragekapazitäten gehört ohne Zweifeln zu den wichtigsten Fortschritten, die mit dem Übergang von der Umwelt- zur Nachhaltigkeitsdebatte verbunden waren. Damit wird es zumindest im Prinzip möglich, eine Zielperspektive, ein Maß zu formulieren, das erreicht bzw. unterschritten werden muss, wenn auf dem Weg in die Zukunft zumindest größere Systemzusammenbrüche vermieden werden sollen. Erfolgsmeldungen wie: »Wir haben wieder zehn Prozent Energie oder Material eingespart«, bleiben auch dann noch wichtig. Aber sie werden zusätzlich gemessen am Ziel. Die Orientierung an Tragekapazitäten, als Basis einer wissenschaftlich begründeten, eng an den »Sachnotwendigkeiten« orientierten Politik, erweckt allerdings auch Hoffnungen, die nur schwer einzulösen sind. Es gibt sehr wenige Beispiele für ein derartiges Wissen. Auf der Outputseite wissen wir einiges über Tragekapazitäten bzw. *critical loads* im Hinblick auf den Eintrag versauernder und eutrophierender Substanzen in Ökosysteme.[7] Auch können wir mit Hilfe von Klimamodellen Aussagen darüber machen, wie weitgehend die CO_2-Emissionen der Industrienationen gesenkt werden müssen, wenn die globale Erwärmungsrate innerhalb eines für verkraftbar angesehenen Korridors von zwei bis drei Grad Celsius in 100 Jahren bleiben soll. Für Deutschland ergab sich bei früheren Schätzungen[8] dabei die Notwendigkeit einer Senkung der Pro-Kopf-CO_2-Emissionen um circa den Faktor 7.

Bezüglich der Abschätzung der Input-Tragekapazitäten gibt es noch weniger Wissen. Es gibt zwar Schätzungen zur globalen Biomasseproduktion, aber noch keine Vorstellungen darüber, wie viel davon wo und in welcher Form nachhaltig genutzt werden kann. Es gab ein Gedankenexperiment zum »ökologischen Fußabdruck« von Rees und Wackernagel, bei dem abgeschätzt wurde, wie viel Fläche die Bevölkerung eines Landes bzw. einer Region für die Befriedigung ihrer Bedürfnisse bräuchte, wenn diese allein auf nachwachsenden Rohstoffen basierte.[9] Diese Abschätzung ergab für eine Region in Kanada den Faktor 22, für die Niederlande den Faktor 14. D. h. dass die Menschen im Süden Kanadas 22-mal bzw. die Holländer 14-mal soviel Fläche bräuchten, als ihnen tatsächlich zur Verfügung steht.[10] Auch wenn alle derartigen Abschätzungen von Tragekapazitäten sowohl auf der Input- als auch auf der Outputseite mit enormen Unsicherheiten verbunden sind, so kann doch in erster grober Annäherung davon ausgegangen werden, dass die nötigen Reduktionen der Stoffübergänge zwischen Techno- und Ökosphäre für die Industrienationen sich in der Größenordnung um den Faktor 10 bewegen werden.[11] Wir werden also unsere aktuellen Stoff- und Energieflüsse zwischen Techno- und Ökosphäre auf rund ein Zehntel reduzieren müssen.

VON DER DURCHFLUSSWIRTSCHAFT ZUR KREISLAUFWIRTSCHAFT

Derart weit reichende Reduktionen werden sich nicht erreichen lassen mit dem Fokus auf die Übergänge zwischen Techno- und Ökosphäre, durch Abfallpolitik und Ressourcenpolitik. Sie erfordern vor allem einen anderen Umgang mit Stoffen und Energien innerhalb der Technosphäre. Produkt- und produktionsintegrierter Umweltschutz, saubere Technologien, Ökodesign, Stoffstrommanagement, Verbesserung der Ressourceneffizienz, neue Nutzungsstrategien, Integrierte Produktpolitik und Industrial Ecology sind die

Konzepte, die hier ins Spiel kommen müssen.[12] Wir werden lernen müssen, nachhaltiger mit regenerativen und mit nicht-regenerativen Stoffen umzugehen. Die Stoffe müssen möglichst hochwertig innerhalb der Technosphäre im Kreis geführt werden. Dabei kommt es darauf an, die Verluste zu minimieren und Qualitätsminderungen der umlaufenden Stoffe zu vermeiden. Thermodynamisch gesehen geht es also um die Minimierung der Entropieproduktion, um die Minimierung dissipativer Verluste und Entwertungen im Sinne des Verlusts an Nutzbarkeit, um die Minimierung dessen also, was wir umgangssprachlich als »Verbrauch« bezeichnen.[13] Minimierung der dissipativen Verluste und Minimierung der Entwertung von Werk- und Hilfsstoffen über den ganzen Produktlebenszyklus sowie hochwertiges Recycling tragen massiv bei zur Verminderung der Übergänge zwischen Öko- und Technosphäre auf der Outputseite.

Diese Anforderungen an den Umgang mit Stoffen (und Energien) in der Technosphäre gelten im Übrigen für regenerative und nicht-regenerative Stoffe gleichermaßen. Regenerative Stoffe haben zwar den Vorteil, dass sie nachwachsen und womöglich auch den Vorteil der vergleichsweise guten Assimilierbarkeit durch die natürlichen Systeme (biologische Abbaubarkeit). Trotzdem beanspruchen auch die Produktion und der Abbau dieser Stoffe natürliche und gesellschaftliche Ressourcen, und es ergibt sich von daher das Gebot der hochwertigen Nutzung bzw. der Sparsamkeit. Mit Blick auf nicht-regenerative Stoffe ist die Strategie der hochwertigen Kreislaufführung in der Technosphäre ohnehin der einzige Weg in Richtung auf eine nachhaltigere Nutzung. Hochwertiges Recycling, das ebenfalls mit Blick auf Stoff- und Energieströme nicht »umsonst« zu haben ist, eröffnet immerhin die Perspektive einer gewaltigen Streckung des Ressourcenverbrauchs, sodass – zumindest mit Blick auf Stoffe wie Metalle, die sich von ihren chemisch-physikalischen Eigenschaften her sehr gut auf gleichem Qualitätsniveau recyceln lassen – von einer zumindest tendenziell nachhaltigeren Nutzung nicht-regenerativer Stoffe gesprochen werden kann.[14] Darüber hinaus eröffnet sich als weitere Perspektive noch der Weg der Substitution. Wir müssen nicht unbedingt alle derzeit genutzten nicht-regenerativen Ressourcen für alle Zeit erhalten. Für die Gesellschaften der Steinzeit waren Flintknollen entscheidende Ressourcen. Heute interessiert sich niemand mehr dafür.[15] Und – um mit Blick auf das Anforderungsprofil für Innovationen in Richtung Nachhaltigkeit beim Umgang mit Stoffen und Stoffströmen noch einen Schritt weiterzugehen – die Bemühungen zur Minimierung der Entropieproduktion (Vermeidung dissipativer Verluste und qualitativer Entwertung der Nutzbarkeit) müssen kombiniert werden mit Anstrengungen zur Verbesserung der Ressourcenproduktivität in dem Sinne, dass der unvermeidlichen Entwertung bzw. dem unvermeidlichen Verlust natürlicher Ressourcen ein möglichst hoher gesellschaftlicher Nutzen gegenüber steht.

Diese sehr allgemeinen Überlegungen sollen im Folgenden illustriert und konfrontiert werden mit einigen Erkenntnisse und Erfahrungen aus zwei Forschungsprojekten, dem Projekt »Nachhaltige Metallwirtschaft Hamburg« und dem Projekt »Nachhaltigkeitseffekte durch Herstellung und Anwendung nanotechnologischer Produkte«.

NACHHALTIGE METALLWIRTSCHAFT?

Metalle bieten von ihren chemisch-technischen Eigenschaften her hervorragende Voraussetzungen für eine hochwertige Kreislaufführung in der Technosphäre. Es gibt mit Ausnahme von Glas wohl kaum noch eine zweite vergleichbare Werkstoffgruppe, die – zumindest im Prinzip – ohne Qualitätsverluste wiederverwertet werden kann. Die meisten Kunststoffe altern, sind empfindlich gegen Licht und Chemikalien in der Gebrauchsphase sowie gegen Verunreinigungen und Vermischungen beim Recycling. Ohnehin kommen nur thermoplastische Kunststoffe für ein werkstoffliches Recycling auf gleichem Ordnungsniveau in Frage, und für viele Thermoplaste stellt schon die Erhitzung beim Wiederaufschmelzen ein Problem dar. Pflanzenfasern haben – z. B. bei der Papierproduktion – mit Verkürzungen der Fasern zu kämpfen, mineralische und keramische Werkstoffe sowie Holz sind gar nicht umformbar.

Bedauerlicherweise ist aber unser derzeitiger Umgang mit Metallen noch weit von der prinzipiell möglichen hochwertigen Kreislaufführung entfernt.[16] Da ist zum einen das Problem der Verunreinigung der Metallströme durch Störstoffe. Die Metallurgie hat zwar eine ganze Reihe von Techniken entwickelt zur Reinigung der Schmelzen. Aber insbesondere bei den beiden größten Metallströmen, bei Stahl und Aluminium, ist derzeit keine wirtschaftlich und großtechnisch darstellbare Technik in Sicht, mit der z. B. Verunreinigungen durch Kupfer und Zinn aus den Schmelzen wieder entfernt werden könnten.[17] Kupfer wird derzeit über den Schrott in nicht unerheblichen Mengen in die Stahl- und Aluminiumschmelzen eingetragen. Zu hohe Kupfergehalte vermindern die Tiefziehfähigkeit der Stähle und die Umformbarkeit (Knetfähigkeit) des Aluminiums. Derzeit reagiert die Metallwirtschaft auf diese Problematik noch wie das zu den Vorzeiten des Umweltschutzes üblich war: durch Verdünnung. Hochwertige Tiefziehstähle und Aluminiumknetlegierungen werden entweder ausschließlich aus Primärmaterial hergestellt oder das Recyclingmaterial wird so lange mit Primärmaterial verdünnt, bis die geforderten Werte eingehalten werden können. Ein zweites völlig ungelöstes Problem sind die Legierungen. Das Legieren stellt

einerseits eine ausgesprochen wichtige Möglichkeit zur Variation und Verbesserung der gewünschten Eigenschaften metallischer Werkstoffe dar. Andererseits werden aber zumindest bisher die Legierungen beim Recycling nicht ausreichend getrennt gehalten.[18] D.h. die vielen verschiedenen Legierungsbestandteile landen am Ende ihres ersten Lebenszyklus in einem großen Topf. Das dabei entstehende Gemisch wird dadurch für die meisten Einsatzbereiche minderwertiger als das reine Ausgangsmaterial. Auf jeden Fall sind die Möglichkeiten zur Einstellung der gewünschten Legierungen bei diesem Material drastisch eingeschränkt. Dies ist aus mehreren Gründen problematisch. Zum einen ist der Aufwand für die Herstellung einiger wichtiger Legierungsbestandteile, wie z.B. Nickel, immens im Verhältnis zum Aufwand für die Stahlproduktion. Hier wird also ein Metall, das mit enormem Aufwand hergestellt wurde, nur für einen Produktzyklus auch hochwertig eingesetzt und dann in der großen Masse versenkt, wo es nicht nur nichts nützt, sondern in den meisten Fällen sogar eher schadet.[19] Dasselbe gilt für das aufwendig hergestellte Kupfer, das in der Stahl- und Aluminiumschmelze zum Schädling wird und zugleich für das Kupferrecycling als Ressource verloren ist.

DOPPELTE DIVIDENDE DES KREISLAUFMANAGEMENTS

Die verschiedenen Metalle und Legierungen müssen also konsequent getrennt geführt werden. Auch dies ist aufwendig, also weder ökonomisch noch ökologisch »umsonst« zu haben. Recycling ist kein Selbstzweck. Auch aus Nachhaltigkeitsgründen muss Recycling nicht um jeden Preis betrieben werden. Aber der Effekt eines solchen Getrenntführens wäre in diesem Fall ein doppelter Gewinn, eine doppelte Dividende. Wichtige Ressourcen wie Kupfer und Nickel werden geschont durch hochwertiges Recycling und eine Entwertung der großen Metallstoffströme wird vermieden. Letzteres wäre durchaus auch im nationalen Interesse. Immer wieder wird darauf hingewiesen, Deutschland sei ein rohstoffarmes Land. Dies ist mit Blick auf die Metalle tatsächlich immer weniger wahr. Was wir global seit geraumer Zeit beobachten können, ist die Verlagerung der Ressource Metalle von den Erzförderländern in die Industrienationen. Institutionen wie die Bundesanstalt für Geowissenschaften und Rohstoffe, die sich unter anderem auch um die Versorgung mit Rohstoffen kümmern, schauen noch immer hauptsächlich in die Erzförderländer.[20] Der riesige Vorrat an Metallen in der Technosphäre wird gar noch nicht richtig wahrgenommen. Es wird bisher nicht versucht die vorhandenen Größenordnungen abzuschätzen (wie viel ist denn bis jetzt hier angehäuft?). Und, was viel problematischer, weil langfristig folgenreicher ist, dieser Vorrat wird nicht beachtet und gepflegt mit Blick auf seine

Qualitäten, eben auch mit Blick auf die angesprochenen Verunreinigungen und Vermischungen.[21]

Bei den Metallen haben wir es also mit zweierlei Arten von dissipativen Verlusten zu tun, einmal ist da der bisher angesprochene Eintrag z. B. von Kupfer in den Stahl- und Aluminiumstrom mit dem doppelt negativen Ergebnis , nämlich Verlust für den Kupferstrom und Störstoff im Stahl- und Aluminiumstrom. Auch für die andere Form von dissipativen Verlusten, den Eintrag von metallischen Emissionen in die Ökosphäre, ist eine doppelt negative Wirkung zu beobachten. Da ist zum einen wiederum der Verlust an wertvollen Metallen und zum anderen die Kontamination der Ökosysteme durch Metalle.[22] Aber auch hier wäre (nicht zuletzt im Sinne des Vorsorgeprinzips) eine Minimierung der dissipativen Verluste durchaus als doppelte Nachhaltigkeitsdividende zu verbuchen. Dabei weiß derzeit niemand, wie hoch diese Verluste und wie hoch die tatsächlichen Recyclingquoten tatsächlich sind. Immer wieder wird stolz darauf verwiesen, dass in der Stahl- und Kupferproduktion in Deutschland die Recyclingquote bei über 40% liege. Doch solche Zahlen sagen nicht viel aus. Ein Land, das nur Sekundärmetalle produziert, hätte so gesehen eine 100-prozentige Recyclingquote und trotzdem könnten in diesem Land schon bei einem einzigen Umlauf dissipative Verluste in der Höhe von über 50% auftreten. Wirklich interessant ist derjenige Anteil einer produzierten Metallmenge, der nach der Nutzungsphase (die für verschiedene Nutzungsformen zwischen durchschnittlich einem Jahr und 50 Jahren liegen kann) wieder in die Schmelze eingebracht und zu neuem Material verarbeitet werden kann.[23]

Die praktisch zu ziehenden Konsequenzen aus dieser Problembeschreibung können hier nicht ausführlich dargelegt werden. Doch einige Maßnahmen und Strategien zur Verbesserung des Umgangs mit Stoffen und Energien innerhalb der Technosphäre sollen zumindest angesprochen werden. Von großer Bedeutung wäre zunächst einmal eine Bestandsaufnahme. Es müssen Modelle erarbeitet werden, die die Kreisläufe der verschiedenen Metalle in unterschiedlicher Auflösung nach Raum und Zeit darstellen.[24] Die wesentlichen Voraussetzungen für die getrennte Führung von Metallen und Legierungen werden in der Konstruktion von Produkten gelegt, also durch ein Design, das von Anfang an die Anforderungen an das hochwertige Recycling mit berücksichtigt. Die wesentlichen Voraussetzungen für die Vermeidung dissipativer Verluste als Emissionen und Abfälle werden ebenfalls in der Gestaltung aber auch in der Gebrauchsphase der Produkte gelegt, z. B. hinsichtlich Korrosionsschutz, Verschleiß sowie hinsichtlich der Gestaltung der Prozesse der Metallverarbeitung (Minimierung metallischer Emissionen bei der Metallherstellung, beim Recycling, beim Schweißen, Laserschneiden sowie hinsichtlich einer hochwertigen Verwertung von Schleifschlämmen, von Strahlmitteln und Spänen).[25]

NACHHALTIGKEIT DURCH NANOTECHNOLOGIE?[26]

Technische Innovationen werden eine wichtige Rolle spielen auf dem Weg zum nachhaltigen Wirtschaften. Technische Innovationen werden aber sicher alleine nicht ausreichen. Mindestens genauso wichtig sind institutionelle und organisatorische Innovationen, also insbesondere Veränderungen in der Struktur und beim Management von Entscheidungen auf den verschiedensten gesellschaftlichen Ebenen, angefangen vom betrieblichen Qualitätsmanagement bis hin zur Governance internationaler Handelsbeziehungen im Rahmen der Welthandelsorganisation (WTO). Auch ist die oben angesprochene gegebenfalls nötige Senkung der Pro-Kopf-Stoff- und Energieströme um den Faktor 10 in den Industrienationen ohne eine Veränderung der Lebensstile sowie des Konsumverhalten kaum vorstellbar. Trotzdem sollte der mögliche Beitrag technischer Innovationen auch nicht unterschätzt werden, hinsichtlich der Verbesserung der Ressourceneffizienz, aber auch mit Blick auf die Möglichkeiten zur Substitution nicht-regenerierbarer oder gefährlicher Stoffe und damit langfristig auf die qualitative und quantitative Einbettung des gesellschaftlichen Stoffwechsels in den natürlichen (Konsistenz, Industrial Ecology).[27]

CHANCEN UND RISIKEN

Eine viel versprechende Technologielinie ist in dieser Hinsicht ohne Zweifel die Nanotechnologie. Sie bewegt sich im Nanobereich, d.h. im Bereich einzelner Moleküle. Sie nutzt dabei eine ganze Reihe von Effekten, die entweder nur in dieser Dimension oder in dieser Dimension anders und teilweise immens verstärkt auftreten, also z.B. elektromagnetische Effekte, Quanteneffekte, veränderte katalytische Wirkungen, physikalisch-chemische Eigenschaften wie Löslichkeit, Phasenübergänge sowie veränderte Eigenschaften nanostrukturierter Materialien wie Härte, Verschleißfestigkeit, Oberflächeneffekte. Nicht zuletzt können auf dieser Ebene interessante neue Strukturen geschaffen werden wie z.B. Kohlenstoff-Nanoröhren oder Buckminster Fullerene.[28]

Mit der Nanotechnologie werden in ökonomischer und ökologischer Hinsicht große Hoffnungen verbunden. Es wird erwartet, dass die Basisinnovation Nanotechnologie in allen großen Branchen eine ganze Kaskade von Innovationen auslöst. Dadurch verbessert sich die Wettbewerbspositionen der Unternehmen und Nationen, die sie einzusetzen in der Lage sind. Es werden aber auch große Hoffnungen in Richtung auf mögliche Beiträge zum nachhaltigen Wirtschaften geäußert, im englischsprachigen Raum ist gar von einer »radikalen grünen Vision« die Rede.[29] Und es werden inzwischen auch erhebliche Befürchtungen geäußert.[30] Dieser Risikodiskurs dreht sich zum einen um die möglichen problematischen toxischen bzw. öko-toxischen Wirkungen von Nanopartikeln. In diesem Bereich gibt es inzwischen eine ganz Reihe von Besorgnis erregenden (zum Teil aber auch noch unklaren und widersprüchlichen) wissenschaftlichen Befunden. Hier muss ein vorsorge-orientiertes Risikomanagement frühzeitig einsetzen und vieles spricht dafür, dass dies mittlerweile auch geschieht bzw. vorbereitet wird.[31] Der andere Strang des Risikodiskurses ist auf sehr viel langfristigere Zeiträume angelegt. Hier geht es um die Gefahr einer Verselbständigung von Nanorobotern bzw. von nanostrukturierten biologischen Einheiten.[32] Es geht also um Gefahren, die von Entwicklungen ausgehen könnten, in denen Nanotechnologie, Bio- bzw. Gentechnologie, Informations- und Kommunikationstechnik und Robotik zusammen wachsen.[33] Derzeit ist dies alles mehr oder minder science fiction. Derzeit dreht sich denn auch die kritische Diskussion darüber fast nur um die Frage, ob derartige problematische Entwicklungen oder »Kreationen« überhaupt technisch möglich seien. Doch Verweise auf »technische Unmöglichkeiten« erscheinen angesichts der enormen technologischen Dynamik nicht nur in diesem Feld als vergleichsweise schwache Argumente. Es dürfte also durchaus vernünftig sein, auch diese Entwicklungen in Zukunft »im Auge zu behalten«.

EFFIZIENZGEWINNE

Mit Blick auf einen möglichen Beitrag der Nanotechnologie zum Nachhaltigen Wirtschaften interessiert selbstverständlich auch der Risikodiskurs, denn die Vermeidung von Großrisiken, also von Risiken mit raum-zeitlich extrem ausgedehnten irreversiblen Wirkungen, gehört ohne Zweifel zu den Grundforderungen auf dem Weg zu mehr Nachhaltigkeit. An dieser Stelle soll allerdings mehr der erhoffte und mögliche Beitrag der Nanotechnologie zu einer Verbesserung der Ressourceneffizienz im Vordergrund stehen. Wenn man sich die schon erwähnten Charakteristika und neuen Funktionalitäten der Nanotechnologie ansieht, so sind derartige Verbesserungen durchaus erwartbar. Dünnste Beschichtungen versprechen guten Korrosionsschutz, sehr harte und glatte Oberflächen versprechen geringeren Verschleiß sowie geringere Reibung, verbesserte Präzision beim Aufbau und bei der Bearbeitung kleinster Strukturen verspricht eine Verringerung von Abfällen, verbesserte katalytische Reaktionen versprechen einen niedrigeren Energieverbrauch und eine höhere Spezifität (weniger Nebenreaktionen und daher weniger Abfälle) bei der Stoffumwandlung, exakt einstellbare Membranen

versprechen gewaltige Fortschritte bei der Stofftrennung und mit Blick auf
die Brennstoffzelle, kohlestoffbasierte Nanostrukturen wie Nanoröhren
könnten den Leichtbau revolutionieren, oder sie könnten in der Elektronik
bisher sehr aufwendig zu produzierende und aus teilweise toxischen Materialien bestehende Funktionseinheiten wie Transistoren oder Displayeinhei-
ten ersetzen.

Nun ist eine vorausschauende Abschätzung von Effizienzgewinnen[34] mindestens ebenso schwierig zu bewerkstelligen, wie die oben schon angesprochene
prospektive Gefahrenbewertung. Für beide Aufgaben konnte aber im Rahmen des genannten Forschungsprojekts gangbare Lösungswege gefunden
werden.[35] Hier sollen in diesem Zusammenhang nur noch die Ergebnisse von
vier Fallstudien zusammengefasst werden.

NANOLACK

Beim Vergleich verschiedener Beschichtungssysteme für Aluminiumkarossen
im Automobilbau (zwei Klarlacksysteme »1 KCC« und »2 KCC«, ein Wasser
verdünnbarer »Wasser CC« und ein Pulverlack »Pulver CC«) schnitt die Nanovariante sehr gut ab. Dies ist im Wesentlichen darauf zurückzuführen, dass
die Nano- Beschichtung sehr dünn aufgetragen werden kann und zudem
kann auf einen ganzen Beschichtungsgang in der Vorbehandlung vollständig
verzichtet werden (vgl. Abbildung 1).

Abbildung 1:

LACK- UND CHROMATIERUNGSMENGEN (G / M² LACKIERTER ALUMINIUM-
AUTOMOBILFLÄCHE)

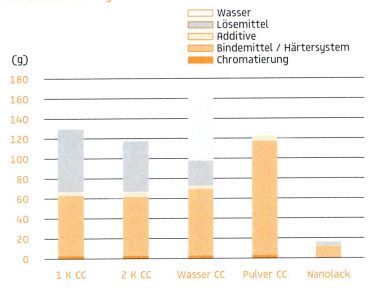

Quelle: Steinfeldt u. a. 2004, Datenbasis: z. T. Harsch und Schuckert 1996

Mit Blick auf den Primärenergieverbrauch über den Produktlebenszyklus stachen die Ergebnisse des Nanolackes dann allerdings nicht vergleichbar positiv hervor. Insgesamt ergab sich ein etwa 35% geringerer Verbrauch der Nanovariante.

STYROLSYNTHESE

Als zweites Beispiel wurde der Übergang von einem Katalysator auf Eisenoxidbasis zu einem Katalysator auf der Basis von Nanotubes untersucht. Bezogen auf den gesamten Energiebedarf zur Styrolherstellung ergibt sich eine Energieeffizienzsteigerung von circa acht bis neun Prozent. Ein wichtiger Vorteil der alternativen Styrolsynthese besteht allerdings in der Substitution von Schwermetallen, die bisher im Eisenoxid basierten Katalysator enthalten waren. Die Schwermetallemissionen in Wasser würden sich durch den neuen Katalysator um etwa 75% verringern.

DISPLAYS

Als drittes Fallbeispiel wurde der Einsatz von Nanoröhren im Displaybereich untersucht. Verglichen wurden die Kathodenstrahlröhre (Cathode ray tube –

CRT), Flüssigkristallbildschirme (Liquid crystal display – LCD), Organische
Licht-Emittierende Dioden (Organic Light Emitter Display – OLED), Plas-
mabildschirme (plasma display panel – PDP) und Feldemitterdisplays auf
Basis von Nanoröhren (carbon nanotube - field emitter display – CNT-FED).
Abbildung 2 zeigt die Werte für den Primärenergieverbrauch bezogen auf
den gesamten Produktlebenszyklus. Eine besondere Schwierigkeit des Ver-
gleichs lag hier darin, dass mit LEDs und CNT-FEDs gleich zwei erst in der
Entwicklung befindliche Technologien miteinander verglichen wurden, wobei zudem beide im unterschiedlichen Ausmaß auf Nanotechnologie basieren.

Abbildung 2:
ENERGIEVERBRAUCH DER BETRACHTETEN DISPLAY-TECHNOLOGIEN IN DEN
EINZELNEN LEBENSWEGSTUFEN

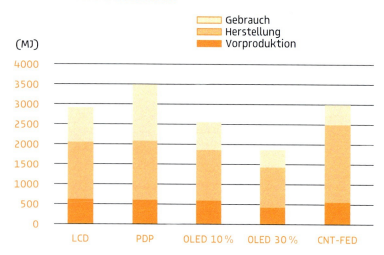

Quelle: Steinfeldt u. a. 2004 Datenbasis z. T. Socolof et al. 2001

WEISSE LEDS

Dies gilt noch in viel stärkerem Ausmaß für das vierte Fallbeispiel, die Be-
leuchtungsmittel. Verglichen wurde der den ganzen Lebenszyklus übergreifende Primärenergiebedarf bezogen auf eine festgelegte Bezugslichtmenge
(BLM). Hier schnitt die von den Erwartungen her viel versprechende LED-
Technik im Vergleich zur schon etablierten Energiesparlampentechnik auf
dem derzeit vergleichbaren Stand der Technik bedeutend schlechter ab.
Selbst wenn man durchaus berechtigte Erwartungen hinsichtlich bedeuten-

der Effizienzsteigerungen entlang der Lernkurve einbezieht (LED-Chip Zukunft), würden damit beide Technologien zunächst einmal nur gleich ziehen.

Abbildung 3:

PRIMÄRENERGIEBEDARF FÜR DIE HERSTELLUNG INKLUSIVE DER ROHSTOFFGEWINNUNG SOWIE DER GEBRAUCHSPHASE BEZOGEN AUF BLM

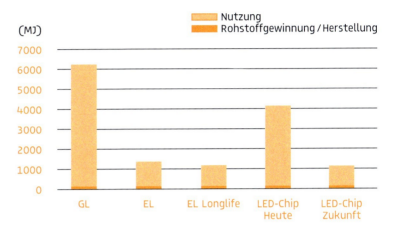

Quelle: Steinfeldt u. a. 2004, Mani 1994, Gabi 4 Datenbank 2001

ZUSAMMENFASSUNG

Der gegenwärtige Mix an Werkstoffen und Hilfsstoffen, der die Grundlage unseres Wirtschaftens bildet, kann nicht als nachhaltig gelten. Nicht nachhaltig (d.h. nicht global auf alle Menschen verallgemeinerungsfähig) sind auch die derzeit in den Industrienationen umgesetzten Mengen und nicht nachhaltig ist schließlich die Art und Weise, wie wir mit diesen Stoffen in der Technosphäre umgehen. Der Übergang zu einem nachhaltigeren Wirtschaften erfordert mit Blick auf dessen stoffliche Grundlage gewaltige Innovationen, sowohl kleinschrittige Verbesserungen als auch die Eröffnung ganz neuer Stoff- und Technologiepfade. Zum einen geht es, im Sinne einer Einbettung des gesellschaftlichen Stoffwechsels in den natürlichen, um den Übergang zu regenerierbaren Stoffquellen auf der Inputseite. Auf der Outputseite kommen insbesondere für einen umweltoffenen Einsatz längerfristig nur noch Werk- und Hilfsstoffe in Frage, die von ihrer Qualität her ökologisch weitgehend unproblematisch sind, weil sie sich im Rahmen der ohnehin schon in großen Mengen in der Ökosphäre zirkulierenden Qualitäten und Mengen bewegen, oder weil sie vergleichsweise rasch und vollständig biologisch (bzw. photochemisch) abgebaut werden können. Zum anderen geht es aber auch im Sinne einer Abschottung der Technosphäre gegenüber der Ökosphäre um die Vermeidung von Emissionen und dissipativen Verlusten und um eine hochwertige Kreislaufführung von Stoffen innerhalb der Technosphäre. Dies zielt zum einen auf hochwertiges Recycling und auf die Minimierung von Verlusten an aufwendig gewonnenen Materialien, zum anderen aber auch auf den Schutz der Ökosphäre und insbesondere auch der menschlichen Gesundheit, indem problematische Stoffe nur noch in möglichst eigensicher ausgelegten, weitgehend geschlossenen Systemen geführt werden. Und schließlich geht es um eine Gestaltung von Prozessen und Produkten sowie um Formen der Nutzung von Produkten und Dienstleistungen, die diese Anliegen möglichst weitgehend unterstützen (und zum Teil ihre Verwirklichung erst ermöglichen). Produkte, Prozesse und Nutzungsformen sollen so ausgelegt werden, dass eine möglichst hohe Ressourcenproduktivität in dem Sinne erzielt wird, dass der gesellschaftliche Nutzen im Verhältnis zu den damit verbundenen Ressourcenverbräuchen und ökologischen Schäden sich in Richtung auf ein jeweiliges Optimum bewegt. Nachhaltiges Wirtschaften ist schließlich nicht gleichzusetzen mit Umweltschutz unter einer neuen Überschrift. Nachhaltiges Wirtschaften zielt auf ein Optimum mit Blick auf die durchaus konfligierenden und dynamischen Zielsysteme einer ökologischen, sozialen und ökonomischen Nachhaltigkeit.

Der Beitrag technischer, bzw. wie im Falle der Nanotechnologien technologiegetriebener, Innovationen auf dem Weg zu einem nachhaltigeren Wirtschaften wird beachtlich und beachtenswert sein, nicht zuletzt auch aus dem Grund, dass sich hier z. B. für staatliches Handeln im Rahmen der Forschungs- und Technologieförderung größere Handlungsspielräume eröffnen als in den betrieblichen Bereichen Prozess- und Produktgestaltung und den privaten Bereichen Produktnutzung bzw. Lebensstil und Konsum. Die Effizienzgewinne und die Substitutionsmöglichkeiten, die sich durch technische Innovationen auf der Basis von Nanotechnologien erschließen lassen, müssen also soweit wie irgend ausgeschöpft werden, unter Beachtung der Grenzen, die durch die Risikovorsorge gesetzt werden. Es geht dabei keineswegs um Null-Risiko. Eine Technik oder eine Innovation ohne Gefahren und Risiken kann es nicht geben. Die Grenzen tolerierbarer Gefährdungen liegen allerdings dort, wo es um besonders tiefe Eingriffe in natürliche Zusammenhänge geht oder um besonders weit reichende erwartbare Wirkungen in Raum und Zeit (insbesondere globale und irreversible Wirkungen). Somit empfiehlt sich also mit Blick auch auf die erwartbaren Wirkungen der Nanotechnologie eine vergleichsweise nüchterne Herangehensweise, sowohl mit Blick auf die erwartbaren Nachhaltigkeits-Chancen (wie z. B. die hier untersuchten Effi-

zienzgewinne) als auch mit Blick auf die damit verbundenen Nachhaltig-
keits-Risiken.

QUELLEN

1 Vgl. die Managementregeln, die von der Enquete-Kommission »Schutz
  des Menschen und Umwelt« des 13. Deutschen Bundestages für einen
  nachhaltigen Umgang mit Stoffen formuliert wurden, Enquetekommission 1998, S. 45, vgl. auch schon Enquetekommission 1994

2 Auch die Abwärme macht durchaus Probleme, wenn Flüsse durch Kühlwasser aufgeheizt werden. Das ist aber derzeit noch ein vorwiegend re-
  gionales Problem. Trotzdem kann auch die Kapazität der Erde zur »Entsorgung von Abwärme bzw. Entropie« ins Weltall zu einem Engpass werden. Insbesondere dann, wenn wir nicht akzeptieren wollen (bzw.
  können), dass diese Abstrahlungskapazität dadurch steigt, dass sich die
  Oberflächentemperatur der Erde insgesamt erhöht (vgl. Gößling-Reisemann 2004).

3 Wobei insbesondere die Halbleitermaterialien, die Siliziumherstellung
  und die unmittelbar darauf folgenden Arbeitsschritte wie Sägen, Ätzen
  usw. negativ zu Buche schlagen (vgl. Hagedorn; Hellriegel 1992, Steinberger 1997).

4 Z. B. werden die Flügel der Rotoren derzeit noch aus glasfaserverstärktem
  Epoxydharz hergestellt, ein Material, für das kein Recycling auf gleichem
  Ordnungsniveau möglich ist.

5 Wir sind allerdings mit der Gefahr und Tendenz konfrontiert, durch un-
  wiederbringlichen Verlust an Biodiversität einen erheblichen Teil dieser
  Stoffvielfalt gar nicht mehr kennen lernen zu können.

6 Zu den besonders tief eingreifenden gehören die so genannten CMR-
  Stoffe, also kanzerogene, mutagene und reproduktionstoxische Stoffe.
  Unter den letztgenannten werden die Stoffe mit hormonähnlicher Wir-
  kung (endocrine disrupters) derzeit besonders intensiv diskutiert.

7 Müssen dabei aber konstatieren bzw. akzeptieren, dass das ganze Öko-
  system durch eine einzige Differentialgleichung repräsentiert wird vgl.
  Gehrmann et al 2004).

8 Vgl. WGBU 1995 und 2003

9 Vgl. Rees; Wackernagel 1995

10 Bleibt zu erwähnen, dass es sich hierbei – wie gesagt – eher um ein Gedankenexperiment handelt auf der Basis grober Schätzungen, und dass
   dabei auch der gesamte Energiebedarf auf der Basis nachwachsender Rohstoffe befriedigt wird. Gerade letzteres dürfte angesichts der Konkurrenz

zu nachwachsenden Rohstoffen und Nahrungsmitteln kaum sinnvoll sein.

[11] Dies kann wie gesagt nur eine grobe Orientierung sein. Sie wird und muss in Zukunft mit Blick auf verschiedene Stoffe differenziert werden, vgl. http://www.factor10-institute.org/.

[12] Vgl. z. B. Jackson 1993, das Förderprogramm zum Produktionsintegrierten Umweltschutz des BMBF PIUS http://www.pius-info.de/, de Man 1995, de Man et al 1997, Bleischwitz 1989, Rubik 2002 sowie das International Journal of Industrial Ecology http://mitpress.mitedu/journals/JIEC/jie-call.html

[13] Als ein Maß für den Verbrauch im Sinne eines Verlusts der Nutzbarkeit hat sich das thermodynamische Entropiekonzept als sinnvoll anwendbar und die Entropiebilanzierung in Ergänzung der Ökobilanz als praktisch durchführbar erwiesen (vgl. Gößling-Reisemann 2004)

[14] Vgl. Wellmer, Dalheimer 2001, Wellmer; Wagner 2004

[15] Wir können uns aber auch nicht darauf verlassen, dass mit Blick auf knapper werdende Ressourcen immer die rechtzeitige Substitution gelingt.

[16] Vgl. zum Folgenden ausführlicher von Gleich 2004a und 2004b

[17] Vgl. Savov Janke 1989, Marique 1997, Janke et al 2004. Beim dritten großen Metallstrom, beim Kupfer, ist die Situation zumindest in dieser Hinsicht wesentlich entspannter, weil das Recyclingkupfer die gesamte Elektrolyse noch einmal durchläuft, in der alle relevanten Begleitstoffe entfernt werden können.

[18] Es gibt einige wenige Ausnahmen. So wird immerhin versucht, Edelstähle getrennt zu führen, weil für diese hoch legierten Stähle ein höherer Schrottpreis zu erzielen ist.

[19] Das Problem stellt sich verschärft bei noch selteneren Legierungsmetallen wie z. B. Platingruppenmetallen, die mit noch wesentlich höherem Aufwand hergestellt werden, und bei denen womöglich auch die globale Ressourcenbasis noch schmaler ist. Für Nickel gilt sie schon als vergleichsweise schmal.

[20] Vgl. z. B. BGR 1995

[21] So wird z. B. wohl in jeder metallurgischen Grundvorlesung auf das Problem der Störstoffe hingewiesen, und es arbeiten auch immer wieder Forschungsprojekte an Lösungsversuchen zur Reinigung der Schmelzen. Aber solange die Möglichkeit zur Verdünnung besteht, fehlt offenbar der akute Handlungsdruck. Es handelt sich bei der Anreicherung von Störstoffen in den großen Metallkreisläufen also um ein typisches Nachhaltigkeitsproblem, vergleichbar der Klimaproblematik. Das Problem kommt schleichend daher und wird erst entdeckt, wenn der Zustrom an Primärmaterial aus

den verschiedensten Gründen sinkt. Und wenn es dann schließlich entdeckt und akut wird, ist es nicht mehr zu bewältigen.

22 Wobei die ökotoxikologischen Wirkungen von Metallen durchaus sehr unterschiedlich sind, vgl. z. B. Merian 1984, van der Voet et al 2000

23 Diese so genannte »ressourcenorientierte Recyclingrate« bewegt sich für Aluminium nach Rombach in Deutschland zwischen 92,2 % beim Aluminiumeinsatz in Gebäuden, 66,5 % beim Einsatz in Elektro- und Elektronikgeräten, 31,4 % beim Einsatz in Autos und nur 2,9 % beim Einsatz von Aluminium in Produkten, die irgendwann im Hausmüll landen, vgl. Rombach 2004

24 Für Kupferkreisläufe liegen diesbezüglich immerhin schon einige Vorarbeiten vor, vgl. Nilarp 1994, Kippenberger et al 1998, Landner; Lindeström 1999, Ayres et al 2002, Graedel et al 2002, Rechberger; Graedel 2002

25 Vgl. ausführlich die Teilprojekte zum Schleifschlammrecycling und zur Strahlmittelverwertung im Endbericht Projekt »Nachhaltige Metallwirtschaft« von Gleich, Brahmer-Lohss; Gottschick, Jepsen 2004 sowie von Gleich; Gottschick; Jepsen, Sander 2004

26 Der folgende Text basiert im Wesentlichen auf den Ergebnissen des Forschungsprojekts »Nachhaltigkeitseffekte durch Herstellung und Anwendung nanotechnologischer Produkte« Steinfeldt u. a. 2004

27 Vgl. Huber 2000 und 2004

28 Vgl. für eine Einführung z. B. Bachmann 1998

29 Vgl. Drexler et al 1991 chapter 9

30 Z. B. von der Nichtregierungsorganisation etc-group, die schon die Forderung nach einem Moratorium erhoben hat (etc-group 2002).

31 Vgl. Tbe Royal Society 2004, Lutber 2004

32 Vgl. dazu Drexler 1986 und 1992, Joy 2000

33 Vgl. zur Risiko- und Vorsorgeproblematik mit Blick auf die Nanotechnologie von Gleich 2004c. Für eine in ihrem Technik induzierten Glückserwarten erstaunlich undifferenzierte Beschreibung der durch ein derartiges Verschmelzen von Technologielinien eröffneten Möglichkeiten vgl. Rocco; Bainbridge 2002

34 Bzw. der mit einer Nutzeneinheit auf Basis dieser oder jener Technologien, Stoffe oder Strukturen jeweils verbundenen Stoff- und Energieströme.

35 Vgl. von Gleich 2003, vgl. ausführlicher zu den methodologischen Problemen und den eingeschlagenen Lösungswegen Steinfeldt u. a. 2004 S. 20–55

LITERATUR

Ayres, R. U.; Ayres, L. W.; Rade, I.: The Life Cycle of Copper, its Co-Products and Byproducts, (first draft) INSEAD, Fontainebleau, 2002.

Bachmann, G.: Innovationsschub aus dem Nanokosmos, Technologieanalyse. Düsseldorf: VDI-Technologiezentrum, Zukünftige Technologien, Nr. 28. 1998.

Bleischwitz, R.: Ressourcenproduktivität – Innovationen für Umwelt und Beschäftigung (Springer) Berlin, Heidelberg, New York, 1998.

Bundesanstalt für Geowissenschaften und Rohstoffe (BGR): Mineralische Rohstoffe – Bausteine für die Wirtschaft, Hannover, 1995.

Drexler, K. E.: Engines of Creation: The Coming Era of Nanotechnology. Foreword by Marvin Minsky. New York (u. a.): Anchor Pr., Doubleday, 1986.

Drexler, K. E.: Chris Petersen, Gayle Pergamit: Unbounding the Future: The Nanotechnology Revolution, New York: Morrow, 1991.

Drexler, K. E.: Nanosystems: Molecular Machinery, Manufacturing, and Computing, New York: Wiley, 1992.

ETC-Group Communique: No Small Matter! Nanotech Particles Penetrate Living Cells and Accumulate in Animal Organs 2002. http://www.etcgroup. org/article.asp?newsid = 356, Zugriffsdatum: 19. 03. 2004.

Enquete-Kommission »Schutz des Menschen und der Umwelt«: Die Industriegesellschaft gestalten – Perspektiven für einen nachhaltigen Umgang mit Stoff- und Materialströmen, Bonn, 1994.

Enquete-Kommission »Schutz des Menschen und der Umwelt« des 13. Deutschen Bundestages: Konzept Nachhaltigkeit – Vom Leitbild zur Umsetzung, Bonn, 1998.

Gabi 4 Datenbank: Ökobilanz-Datensatz für die Ethylbenzolherstellung. (Niederlande) 1999a.

Gabi 4 Datenbank: Ökobilanz-Datensatz für die Styrolherstellung (Deutschland) 1999b.

Gabi 4 Datenbank: Ökobilanz-Datensatz zur Herstellung von LED – Chips (Durchschnitt) 2001.

GEMIS 4.1: Gesamt-Emissionsmodell integrierter Systeme. Ein Programm zur Analyse der Umweltaspekte von Energie- Stoff- und Transportprozessen 2003.

Gehrmann, J.; Becker, R.; Spranger, T.: Neue Grundlagen für die Berechnung von Critical Loads und deren Überschreitung durch Stoffeinträge http://www.loebf.nrw.de/Willkommen/DatenFakten/Waldzustandsbericht/Bericht_2003/Critical_Loads/.

Gleich, A. von: Potential ecological and health effects of nanotechnology; Approaches to prospective technology assessment and design, in: Steinfeldt, M. (ed.): Nanotechnology as a means towards sustainability? Prospective assessment and design of a future key technology. A publication by the Institute of Ecological Economic Research, Berlin, 2003.

Gleich, A. von; Brahmer-Lohss, M.; Gottschick, M.; Jepsen, D.; Sander, K. unter Mitarbeit von Dräger, H.-J.; Gößling-Reisemann, S.; Grossmann, D.; Horn, H.; Kracht, S.; Lohse, J.; Lorenzen, S.: Nachhaltige Metallwirtschaft Hamburg – Erkenntnisse, Erfahrungen und praktische Erfolge. Endbericht des Forschungsverbundprojektes »Effizienzgewinne durch Kooperation bei der Optimierung von Stoffströmen in der Region Hamburg«, Hamburg, 2004a.

Gleich, A. von: Outlines of a sustainable metals industry, in: Gleich, A. von; Ayres, R; Gößling-Reisemann, S. (eds): Sustainable Metals Management, erscheint im Verlag Kluwer, Dordrecht, 2004b.

Gleich, A. von: Leitbildorientierte Technikgestaltung – Nanotechnologie zwischen Vision und Wirklichkeit, in: S. Böschen, M. Schneider, A. Lerf (Hrsg.): Handeln trotz Nichtwissen. Vom Umgang mit Chaos und Risiko in Politik, Industrie und Wissenschaft (Campus Verlag) Frankfurt/Main; New York, 2004c.

Gleich, A. von; Gottschick, M.; Jepsen, D.; Sander, K.: Sustainability strategies in field trial-Results of the project »Sustainable metals industry in Hamburg«, in: Gleich, A. von; Ayres, R.; Gößling-Reisemann, S. (Hrsg.): Sustainable Metals Management, erscheint im Verlag Kluwer, Dordrecht, 2004.

Gößling-Reisemann, S: Entropy balance of industrial copper production: a measure for resource use. First results for flash smelting, converting and refining, http://www.tecdesign.uni-bremen.de/sgr/beschreibung.html (2004)

Graedel, T.E.; Bertram, M.; Fuse, K.; Gordon, RB.; Lifset, R.; Rechberger, H.; Spatari, S.: The Characterization of Technological Copper Cycles, in: Ecological Economics 42 (1 – 2) 2002b.

Hagedorn, G.; Hellriegel, E.: Umweltrelevante Stoffströme bei der Herstellung verschiedener Solarzellen, Angewandte Systemanalyse Nr. 67, Berichte des FZ Jülich 2636, 1992.

Harsch, M.; Schuckert, M.: Ganzheitliche Bilanzierung der Pulverlackiertechnik im Vergleich zu anderen Lackiertechnologien. Sachbilanzebene. Stuttgart: Institut für Kunststoffprüfung 1996.

Huber, J.: Industrielle Ökologie. Konsistenz, Effizienz und Suffizienz in zyklusanalytischer Betrachtung, in: Simonis, E.U. (Hrsg.): Global Change, (Nomos) Baden-Baden, 2000.

Huber, J.: New Technologies and Environmental Innovation. – Cheltenham: Edward Elgar 2004 Jackson, T. (Hrsg.), Clean production strategies, Lewis Publishers, Boca Raton, 1993.

Janke, D.; Savov, L; Vogel, M.E.: Secondary materials in steel production and recycling, in: Gleich, A. von; Ayres, R; Gößling-Reisemann, S. (Hrsg.): Sustainable Metals Management, Kluwer Dordrecht, 2004.

Joy, B.: Why the future doesn't need us: Wired Magazine 2000. http://www.wired.com/wired/archive/8.04/ioy pr.html, Zugriffsdatum: 19.03.2004.

Kippenberger, C.; Krauß, U.; Wagner, H.; Mori, G.: Stoffmengenflüsse und Energiebedarf bei der Gewinnung ausgewählter mineralischer Rohstoffe, Teil Kupfer, Bundesanstalt für Geowissenschaften und Rohstoffe, Hannover, Hannover, 1998.

Landner, L; Lindeström, L: Copper in society and in the environment, 2nd. rev. ed. Swedish Environmental Research Group, Vaesteras, Sweden 1999

Luther, Wolfgang: Industrial application of nanomaterials chances and risks. Düsseldorf: VDI Technologiezentrum GmbH, 2004.

Man, R. de: Erfassung von Stoffströmen aus naturwissenschaftlicher und wirtschaftswissenschaftlicher Sicht. Akteure, Entscheidungen und Informationen im Stoffstrommanagement, in: Enquete-Kommission »Schutz des Menschen und der Umwelt« des Deutschen Bundestages (Hrsg.): Studienprogramm Umweltverträgliches Stoffstrommanagement, Bonn, 1995.

Man, R. de; Claus, F.; Völkele, E.; Ankele, K.; Fichter, K.: Aufgaben des betrieblichen und betriebsübergreifenden Stoffstrommanagements, Berlin: Umweltbundesamt, 1997.

Mani, J.: Eine Ökobilanz von Glühlampe und Energiesparlampe, Bern: Büro '84, Unternehmen für angewandte Ökologie 1994.

Marique, C. (Hrsg.): Recycling of Scrap for High Quality Products, 1996 Report of the ECSC Research Project 7210-CB, Brussels, 1997

Merian, E.: Metalle in der Umwelt, Weinheim, 1984.

Nilarp, F.: The flow of copper in the Swedish society in a sustainability perspective, thesis work, Institute of Physical Resource Theory, Chalmers University of Technology and Göteborg University, Göteborg. 1994.

Rechberger, H.; Graedel, T.E.: The contemporary European copper cycle: Statistical entropy analysis in: Ecological Economics 42 (1−2), 2002.

Rees, W.; Wackernagel, M.: Our Ecological Footprint: Reducing Human Impact on the Earth, Gabriola, BC and Philadelphia, PA: New Society Publishers, 1995.

Rocco, M. and Bainbridge, W. (Hrsg.): Converging Technologies for Improving Human Performance: Nanotechnology, Biotechnology, Information

Technology, and Cognitive Science. The National Science Foundation, Arlington, Virginia, 2002.

Rombach, G.: Limits of Metal Recycling, in: Gleich, A. von; Ayres, R; Gößling-Reisemann, S. (Hrsg.): Sustainable Metals Management, Kluwer Dordrecht, 2004.

Rubik, F.: Integrierte Produktpolitik, Marburg 2002

Savov, L; Janke, D.: Recycling of scrap in steelmaking in view of the tramp element. problem, in: Metall, Bd. 52 (1998) Nr. 6, S. 374-383.

Socolof, Maria L; Overly, Jonathan G.; Kincaid, Lori E. et al.: Desktop Computer Displays: A Life-Cycle Assessment. Final Report for United States Environmental Protection Agency, University of Tennessee Center for Clean Products and Clean Technologies. 2001.

Steinberger, H.: Lebenszyklusanalyse von Dünnschichtsolarmodulen auf der Basis der Verbindungshalbleiter CdTe und CIS, Dissertation München 1997

Steinfeldt, M.; Petschow, U.; Haum, R; Gleich, A. von; Chudoba, T.; Haubold, S.: Innovations- und Technikanalyse zur Nanotechnologie – Themenfeld »Nachhaltigkeitseffekte durch Herstellung und Anwendung nanotechnologischer Produkte«, Endbericht, Berlin, September 2004.

The Royal Society; Royal Academy of Engineers: Nanoscience and nanotechnologies: opportunities and uncertainties. Final Report July 2004 http://www.nanotec.org.uk/finaIReport.htm, Zugriffsdatum: 18.09.2004.

Van der Voet, E.; Guinee, J. B.; Udo de Haes, H. A. (Hrsg.): Heavy Metals: A Problem Solved? (Kluwer Academic Publishers), Dordrecht, 2000.

Wellmer, F. W.; Dalheimer, M.: Die Nutzung metallischer Rohstoffe am Beginn des 3. Jahrtausends, in: Kuckshinrichs, W.; Hüttner, K.-L. (Hrsg.): Nachhaltiges. Management metallischer Stoffströme – Indikatoren und deren Anwendung, Schriften des Forschungszentrums Jülich, Reihe Umwelt, Bd. 31, Jülich, 2001.

Wellmer, F.-W.; Wagner, M.: Metallic Raw Materials – Constituents of our Economy. From the Early beginnings to the Concept of Sustainable Development, in: Gleich, A. von; Ayres, R.; Gößling-Reisemann, S. (Hrsg.): Sustainable Metals Management, Kluwer Dordrecht, 2004.

Wissenschaftlicher Beirat der Bundesregierung Globale Umweltveränderungen (WBGU): Welt im Wandel: Wege zur Lösung globaler Umweltprobleme, Jahresgutachten 1995, Bremerhaven, 1995.

Wissenschaftlicher Beirat der Bundesregierung Globale Umweltveränderungen (WBGU): Climate Protection Strategies for the 21st Century: Kyoto and beyond, Special Report, 2003 http://www.wbgu.de/wbgu_sll2003 _eng1.pdf.

WASSER-TECHNOLOGIEN FÜR EINE NACHHALTIGE ZUKUNFT

Harald Hiessl

EINLEITUNG

Wasser ist die am reichlichsten auf der Erde vorhandene Substanz und zugleich die einzige anorganische Flüssigkeit, die natürlich vorkommt. Wasser ist Bestandteil aller Lebensformen (die meisten Organismen bestehen zu 70 bis 90 % aus Wasser) und zugleich das wichtigste Nahrungsmittel für Menschen, Tiere und Pflanzen sowie Lebensraum für viele Organismen. Wasser ist der wichtigste Faktor bei der Klimatisierung der Erde und trägt maßgeblich dazu bei, dass die Erde belebt und bewohnbar ist. Wasser wird in der Natur zwischen der Lufthülle der Erde (Atmosphäre), der von Organismen bewohnten Biosphäre und den oberen Boden- und Gesteinsschichten der Erde (Lithosphäre) hin und her transportiert und gestaltet dabei die Erdoberfläche kontinuierlich um.

Die globale Bedeutung des Wassers für sämtliche Lebensprozesse auf der Erde und seine herausragende Funktion in der Umwelt beruht auf der chemischen Struktur des Wassermoleküls (H_2O) als Dipol und seiner Fähigkeit, Wasserstoffbrücken auszubilden. Dadurch hat Wasser eine Reihe von einzigartigen physikalischen Eigenschaften (eine Zusammenstellung der sog. »Anomalien« des Wassers findet sich bei Chaplin, 2004). Wasser hat einen ungewöhnlich hohen Schmelzpunkt, Siedepunkt und kritischen Punkt. Es kommt daher auf der Erde unter natürlichen Bedingungen in allen drei Aggregatzuständen (in fester, flüssiger und gasförmiger Form) vor. Wasser hat bei vier Grad Celsius seine größte Dichte. Da sein Volumen bei höheren und tieferen Temperaturen zunimmt, frieren Seen und Flüsse im Winter nicht bis auf den Grund zu und Wasser bewohnende Lebewesen können überleben. Weitere ungewöhnliche Eigenschaften des Wassers sind seine hohe Verdampfungswärme, die hohe Wärmeaufnahme und die höchste Wärmekapazität aller Flüssigkeiten (mit Ausnahme von Ammoniak). Aufgrund seiner Fähigkeit zur Bildung von Wasserstoffbrücken und seiner hohen Dielektrizitätskonstante ist Wasser ein gutes Lösungsmittel für viele organische und anorganische Substanzen. Wasser kann mehr verschiedene Substanzen lösen als andere Flüssigkeiten und kann daher als »Universallösungsmittel« angesehen werden. Das vielseitige Lösungsvermögen ist auch der Grund dafür, dass Wasser in der Natur nie in (chemisch) reiner Form vorkommt, sondern in Abhängigkeit seiner jeweiligen Umgebung (Erdoberfläche, Untergrund, Atmosphäre oder in Lebewesen) unterschiedliche Chemikalien, Mineralien und Nährstoffe aufgenommen hat.

FUNKTIONEN DES WASSERS IN TECHNISCHEN NUTZUNGEN

Seine besonderen Eigenschaften machen Wasser nicht nur in der Natur, sondern auch in der Zivilisation und in der gewerblichen/industriellen Produktion zu einer wichtigen Ressource, die für vielerlei Zwecke genutzt wird (bspw. Spülen und Reinigen, Auflösen und Verdünnen, Kühlen, Wärmetransport, Dampferzeugung). Die nachfolgende Tabelle 1 fasst die wichtigsten Funktionen von Wasser in technischen Anwendungen zusammen:

Tabelle 1:

FUNKTIONEN DES WASSERS IN TECHNISCHEN NUTZUNGEN

FUNKTION DES WASSERS	TECHNISCHE ANWENDUNGSGEBIETE
Nahrungsmittel	Trinkwasser, Getränkeherstellung, Nahrungsmittelherstellung und -zubereitung
Transportmittel	Toiletten-Spülwasser, Schwemmtransportsysteme, Spülwasser in industriellen Prozessen, Schifffahrt
Reinigungsmittel	Körperhygiene, Waschen, Reinigen, Baden
Energieträger (physik.)	Kesselspeisewasser, Heiß-/Warmwasser, Wasserdampf, Kühlwasser, Löschwasser, Wasserkraft, Pumpspeicherkraftwerke, Wasserstrahlschneiden
Energieträger (chem.)/chem. Rohstoff	Wasserstofferzeugung (Hydrolyse), Oxidationsmittel
Lösungs-/ Emulsionsmittel	De-ionisiertes Wasser zur Herstellung elektronischer Bauteile und Leiterplatten, galvanische Bäder, Wasserlacke, Wasser als Bestandteil pastöser Produkte, Farbbäder
Betriebsstoff (techn. Systeme)	Papierherstellung, Zelluloseherstellung, Lackiererreien, Betonherstellung, Textilveredelung, Schneidemittel beim Wasserstrahlschneiden
Betriebsstoff (landw. Systeme)	Bewässerung, Trinkwasser für Tierhaltung, Aquakultur, Fisch- und Muschelzucht
Medizinische Funktion	Heilwasser, (medizinische) Bäder, Badewasser
Ästhetische Funktion	Landschaftsgestaltung, Brunnen, Erholung
Lebensraum	Fischteiche, Muschelgewässer, Aquarien

Wasser zu nutzen, setzt voraus, dass das benötigte Wasser zur rechten Zeit am rechten Ort und in der benötigten Menge und Qualität verfügbar ist. Aus diesem Grund war die Nähe zu natürlichen Wasservorkommen schon immer ein bedeutender Faktor bei der Standortwahl. Grundsätzlich muss vor jeder Nutzung Wasser (»Rohwasser«) gewonnen und nach einer Aufbereitung zum Ort der Nutzung transportiert werden. Nur in ganz wenigen Nutzungen wird Wasser »verbraucht«, indem es beispielsweise in ein Produkt oder in einen Organismus inkorporiert und chemisch eingebunden wird. Auch in diesen wenigen Fällen wird meist nur ein relativ geringer Teil des eingesetzten Wassers tatsächlich verbraucht. In der überwiegenden Zahl der Nutzungen wird Wasser aufgrund seines hohen Lösungsvermögens und/oder seiner guten Wärmeaufnahmefähigkeit sowie hohen Wärmekapazität eingesetzt und im Wesentlichen nach der eigentlichen Nutzung wieder als »Abwasser« (bzw. Dampf) abgegeben. Gegenüber dem eingesetzten Wasser ist das Abwasser in seinem chemischen und/oder physikalischen Zustand, d.h. in seiner Qualität, verändert und mit Stoffen bzw. Abwärme aus dem Nutzungsprozess »belastet« und kann für dieselbe Nutzung ohne erneute Behandlung nicht direkt weiter verwendet werden. Es wird abgeleitet, gegebenenfalls vor seiner Einleitung in ein Gewässer gereinigt oder als Rohwasser für andere Nutzungen verwendet.

Alle mit der Wassernutzung in Zusammenhang stehenden Schritte von der Gewinnung/Erschließung des Rohwassers, über seine Bereitstellung und Aufbereitung, die eigentliche Nutzung des Wassers, die Sammlung des »Abwassers« und seine Reinigung bis hin zu der Abgabe des nicht mehr benötigten Wassers in die Umwelt erfordern den Einsatz von Technik. Die Gesamtheit dieser Technik und das Know-how ihrer Anwendung werden im Folgenden unter dem Begriff »Wassertechnologie« zusammengefasst. In Abbildung 1 sind die wichtigsten Anwendungsbereiche für Wassertechnologie dargestellt, die bei der Nutzung von Wasser für menschliche Zwecke, d.h. für die Wassernutzung privater Haushalte (z.B. Trinkwasser, Körperpflege, Toilettenspülung, Wäschewaschen, Reinigung), der Kommunen (z.B. Straßen- und Kanalreinigung, Bewässerung, Bäder) und des Gewerbes bzw. der Industrie (z.B. Prozesswasser, Kühlwasser, Energieträger, Reinigung) auftreten.

Abbildung 1 ist ein allgemeines Modell der Wassernutzung und beschreibt sowohl die kommunale Wasserwirtschaft mit ihren beiden Teilen öffentliche Wasserversorgung und Abwasserentsorgung wie auch die Wasserwirtschaft in einem Betrieb. Es enthält die Teilschritte Gewinnung, Behandlung und Verteilung des Wassers, die eigentliche Nutzung weiter zur Erfassung, Ableitung und Behandlung des Abwassers und schließlich dessen Wiedernutzung oder Ableitung in Gewässer. In den grau unterlegten Teilschritten spielt Wassertechnologie eine zentrale Rolle.

Abbildung 1:
ANWENDUNGSBEREICHE FÜR WASSERTECHNOLOGIE
BEI DER NUTZUNG VON WASSER

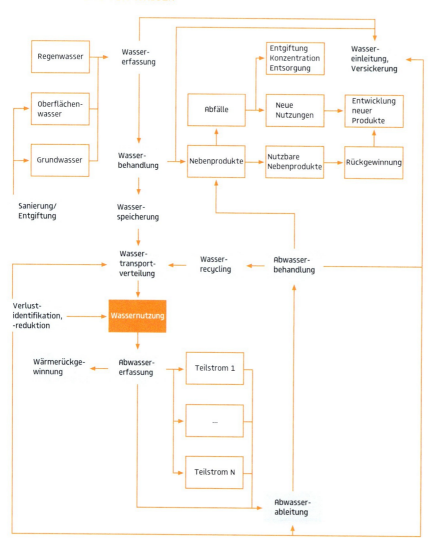

Als Modell der kommunalen Wasserwirtschaft besteht die öffentliche Wasserversorgung aus den Schritten Wassererfassung, Wasserbehandlung, Wasserspeicherung und Wassertransport/-verteilung. Die Wassernutzer sind sowohl private Haushalte als auch gewerbliche Nutzer. Die öffentliche Abwasserentsorgung besteht aus den Schritten Abwassererfassung und -ableitung, Abwasserbehandlung und Wasserableitung (Einleitung in ein Gewässer). Als Modell der betrieblichen Wasserwirtschaft kann die Wasserversorgung (Wassererfassung, -behandlung, -speicherung, -transport) eine Eigenversorgung des Unternehmens sein wie auch die Bereitstellung von Wasser durch die öffentliche Wasserversorgung. Nach der eigentlichen Wassernutzung wird das entstandene Abwasser nach Erfassung und Ableitung behandelt. Das aufbereitete Abwasser kann dann entweder in anderen Prozessen betriebsintern weiterverwendet werden, oder das Abwasser wird entweder direkt in ein Gewässer oder in die kommunale Kanalisation zur weiteren Behandlung in der kommunalen Kläranlage abgeleitet.

Unabhängig davon, ob Wasser für häuslich-kommunale, gewerblich-industrielle oder auch landwirtschaftliche Zwecke genutzt wird, sind neben dem eigentlichen Nutzungsprozess und der dabei eingesetzten Technik zahlreiche andere vor- wie auch nachgelagerte Techniken des Umgangs mit Wasser betroffen und beeinflussen die Menge und Qualität des benötigten Wassers sowie seine Aufbereitung, Bereitstellung und Ableitung. Nachfolgend werden schwerpunktmäßig häuslich-kommunale bzw. gewerblich-industrielle Nutzungen behandelt, da sie im Gegensatz zu landwirtschaftlichen Nutzungen (vor allem Bewässerung) nicht nur ein deutlich höheres und wesentlich vielschichtigeres Belastungspotenzial bei gleichzeitig zunehmender Bedeutung aufweisen, sondern auch, weil in diesen Anwendungsbereichen der technische Fortschritt ein besonderes Entlastungspotenzial hat.

DIE WASSERSITUATION HEUTE

Seit Mitte der 90 er Jahre des vergangenen Jahrhunderts ist in Deutschland der Wasserverbrauch der Industrie von der allgemeinen wirtschaftlichen Entwicklung entkoppelt. Abbildung 2 verdeutlicht dies anhand der Bruttowertschöpfung der Industrie (produzierendes Gewerbe ohne Baugewerbe) und ihres gesamten Wasseraufkommens.

Abbildung 2:

ENTKOPPLUNG VON WERTSCHÖPFUNG UND WASSERVERBRAUCH
IN DER INDUSTRIE

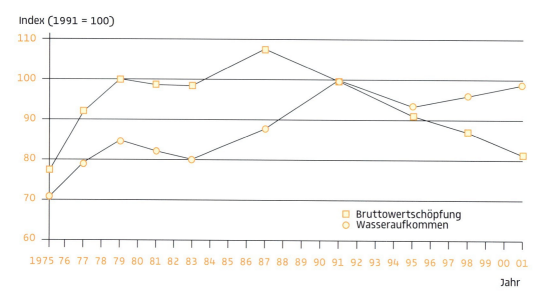

Der Wasserverbrauch der Privathaushalte stieg von ca. 135 Liter pro Ein-
wohner pro Tag (1975) bis 1990 auf knapp 150 l/E/Tag an und fiel anschlie-
ßend bis heute wieder auf 128 l/E/Tag. Auffallend ist, dass heute die größten
Anteile des täglichen Wasserverbrauchs auf die Körperpflege (39%) und die
Toilettenspülung (30%) entfallen, während nur knapp vier Prozent des
Trinkwassers zum Trinken und Kochen benötigt werden (Abbildung 3).

Abbildung 3:

WASSERNUTZUNG IN DEUTSCHEN PRIVATHAUSHALTEN IM JAHR 2000

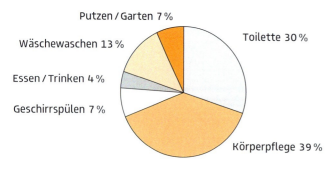

WASSERTECHNOLOGIE UND NACHHALTIGKEIT

Wasser ist auf der Erdoberfläche sowohl in Bezug auf die verfügbare Menge und Qualität als auch in Bezug auf seine zeitliche Verfügbarkeit sehr ungleich verteilt und ist immer eine »lokale« Ressource. An vielen Orten der Erde ist Wasser aus wirtschaftlicher Sicht ein »knappes Gut«, weil entweder der potenzielle Wasserbedarf über dem natürlichen Wasserdargebot liegt, weil das verfügbare Wasser ineffizient genutzt (verschwendet) wird und/oder weil das verfügbare Wasser qualitativ nicht den Anforderungen der intendierten Nutzungen entspricht. Die Knappheit kann an einem Ort ein permanentes Problem darstellen oder aber auch nur zu bestimmten Zeiten auftreten. Neben Knappheit kann aber auch – zumindest zeitweise – zu viel Wasser (Hochwasser) ein Problem darstellen. Verstärkt werden diese Effekte u. U. auch durch die globale Klimaveränderung.

Durch technische Maßnahmen kann ein zeitlicher und in gewissem Maß auch räumlicher Ausgleich zwischen Wasserdargebot und Wasserbedarf sowohl im Hinblick auf die Wassermenge wie auch die Wasserqualität erreicht werden. Da natürlicher Wassermangel, ineffiziente Nutzung des verfügbaren Wassers oder Verschmutzung der lokalen Wasserressourcen wichtige Gründe für die unzureichende wirtschaftliche Entwicklung zahlreicher Regionen der Erde sind, kommt neben dem natürlichen Wasserdargebot der Wassertechnologie eine Schlüsselrolle für die Besiedelung eines Raumes sowie für die wirtschaftliche, gesellschaftliche und umweltgerechte Entwicklung zu.

Heute haben weltweit 1,2 Milliarden Menschen keine ausreichende Versorgung mit Trinkwasser und 2,4 Milliarden Menschen sind ohne Anschluss an eine geordnete und gesundheitlich unbedenkliche Abwasserentsorgung. Die Hälfte aller Menschen in Entwicklungsländern leidet an einer der sechs am weitesten verbreiteten Krankheiten, die unmittelbar mit unzureichender Wasserver- und Abwasserentsorgung zusammenhängen (Diarrhoe, Spulwürmer, Guinea-Würmer, Hakenwürmer, Bilarziose und Bindehautentzündung). Beispielsweise treten weltweit jährlich über vier Milliarden Fälle von Diarrhoe auf, wovon zwei Millionen Fälle tödlich enden (meist sind davon Kinder unter fünf Jahren betroffen). Hält man sich die weltweit voranschreitende und vor allem in Entwicklungsländern besonders dramatisch verlaufende Verstädterung vor Augen (im Jahr 2030 werden über 60 % der Weltbevölkerung in Städten, meist Megastädten, leben), so wird der Handlungsdruck zur Bereitstellung nachhaltiger, urbaner Wasserinfrastrukturdienstleistungen (Wasserver- und Abwasserentsorgung) und damit der Bedarf für entsprechende Wassertechnologie deutlich.

Die Bereitstellung von Wasser und die Ableitung von Abwasser sind die beiden Hauptaufgaben der urbanen Wasserinfrastruktursysteme. Weltw herr-

scht heute das vor über 100 Jahren in wasserreichen Industrieländern entwickelte »konventionelle« Konzept vor. In einem *konventionellen urbanen
Wasserinfrastruktursystem (»UWIS«)* wird Rohwasser in zentralen Aufbereitungsanlagen zu Trinkwasser aufbereitet und über ein Wasserverteilungsnetz im Versorgungsgebiet verteilt. Dort wird das Wasser für häusliche
(Kochen, Trinken, Waschen, Toilettenspülung etc.) und für gewerblich-industrielle Zwecke genutzt. Charakteristisch für das konventionelle Wasserinfrastrukturkonzept ist, dass, obwohl nicht alle Nutzungen dieselben Ansprüche
an die Wasserqualität haben, das Wasser nur in einer Wasserqualität, nämlich
als hochwertiges Trinkwasser (und damit nach DIN 2000 als Lebensmittel),
bereitgestellt wird. In der Regel werden dann häusliche wie auch gewerbliche
und industrielle Abwässer gemeinsam über das Kanalnetz abgeleitet. Ein
Großteil des eingesetzten Trinkwassers wird als Transportmittel benötigt, um
Fäkalien und andere feste Stoffe, die sich im Abwasser befinden, durch die
Kanalisation zur Kläranlage zu transportieren (»so genannte »Schwemmkanalisation«). Neben Abwasser nimmt das Kanalnetz zusätzlich meist noch
Regenwasser von Dächern und Verkehrsflächen auf (so genannte »Mischka-
nalisation«). Das bei Niederschlagsereignissen über die Kanalisation abge-
führte Regenwasser macht mengenmäßig ein Vielfaches des Abflusses von
städtischem Abwasser aus. Dies ist der Grund, warum die Kanalrohre große
Durchmesser aufweisen und damit auch teuer sind. Das Mischabwasser enthält eine große Zahl sehr unterschiedlicher Schadstoffe und Belastungen. Seit
seiner Einführung wurde das konventionelle Konzept lediglich durch einige
»end-of-pipe«-Maßnahmen verbessert, um den sich verändernden Anforderungen besser gerecht zu werden. Hierzu gehört der Bau von zentralen Kläranlagen, in denen zunächst nur die im Abwasser vorhandenen Feststoffe ab-
gesetzt wurden. Nach und nach wurde die Behandlung der Abwässer um den
Kohlenstoffabbau (durch biologische Behandlungsstufe) und die Nährstoff-
elimination (Stickstoff) erweitert. Auf der Wasserversorgungsseite wurden
Maßnahmen ergriffen, das Rohwasser vor seiner Verteilung über das Wasser-
versorgungsnetz aufzubereiten und ein hygienisch einwandfreies Trinkwasser
bis zum Wasserhahn des Verbrauchers sicherzustellen.

Das konventionelle Systemkonzept ist heute vielfältigen Problemen ausge-
setzt, die sich teilweise in der Zukunft noch weiter verstärken werden. Bei-
spielhaft seien hier nur einige besonders drängende Probleme genannt, die in
zahlreichen Industrieländern, insbesondere auch in Deutschland anstehen:
– Bereits heute übersteigt der Finanzbedarf für eine sachgerechte Wartung,
  Instandhaltung und Erneuerung der urbanen Wasserinfrastrukturen die

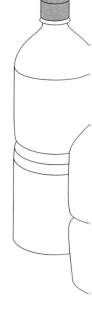

Finanzkraft zahlreicher Kommunen mit der Folge, dass die Wasserinfrastruktursysteme teilweise in einem sehr schlechten Zustand sind.

– Der demographische und soziale Wandel in den Gesellschaften der Industrieländer führt zur deutlichen Abnahme der Bevölkerung. So wird in Deutschland bis zum Jahr 2050 die Bevölkerung um zehn bis 15 Millionen auf knapp 70 Millionen Menschen abnehmen. Da gleichzeitig der Anteil der alten Menschen zunehmen und derjenige der Erwerbstätigen abnehmen wird, wird das Steueraufkommen der Kommunen sinken und die Finanzsituation der Kommunen wird sich weiter verschlechtern. Dies bedeutet, dass die für die Wasserinfrastruktursysteme verfügbaren Finanzmittel noch knapper werden und die Instandhaltungsmaßnahmen wie auch die Re-Investitionen in die Infrastruktursysteme gekürzt werden, was zu einer weiteren Verschlechterung des Zustandes der Systeme und zu einer Verlagerung der Folgekosten auf künftige Generationen führt.

– In einer alternden Bevölkerung wird auch der Verbrauch von Medikamenten zunehmen und »neue« Schadstoffe, wie Pharmaka (beispielsweise Antibiotika, Zytostatika, hormonell wirkende Stoffe) und deren Abbauprodukte gelangen vermehrt in die Abwässer. Diese so genannten Mikroverunreinigungen können in den heutigen Kläranlagen nicht hinreichend aus dem Abwasser entfernt werden, und es entsteht ein deutlicher Investitionsbedarf in neue Abwasserbehandlungsverfahren. Verstärkt wird dieses Problem noch dadurch, dass das bestehende Abwasserentsorgungskonzept verschiedene Abwasserströme systematisch vermischt und verdünnt. Dies führt zu schlechteren Wirkungsgraden bei der Abwasserreinigung in den Kläranlagen und damit zu steigenden Kosten und mehr Umweltschäden. Es ist zu erwarten, dass aus Gründen des Umweltschutzes und des Schutzes der Gesundheit die gesetzlichen Anforderungen an die Behandlung von Abwässern und deren Einleitung in Gewässer steigen werden.

– Die hydraulische Bemessung unserer heutigen Kanalnetze basiert auf den ortsspezifischen historischen Niederschlagsverhältnissen. Durch den Klimawandel ist vielerorts aber mit einer zum Teil deutlichen Veränderung der lokalen Niederschlagsverhältnisse zu rechnen. Für viele Regionen muss davon ausgegangen werden, dass Starkniederschläge in Häufigkeit und Intensität zunehmen. Dies hat zur Folge, dass die Kapazität der bestehenden Kanalisationssysteme für eine zuverlässige Entwässerung der angeschlossenen Siedlungsgebiete nicht mehr ausreicht. Um Überschwemmungsgefahren zu reduzieren, muss die Entwässerungsfunktion der Kanalnetze überdacht und gegebenenfalls an den Klimawandel adaptiert werden.

– Konventionelle urbane Wasserinfrastruktursysteme sind bezüglich der Wasserver- wie auch der Abwasserentsorgung zentrale Konzepte. Die Wasseraufbereitungsanlage(n) und das zugehörige Wasserverteilungsnetz (bzw. das Kanalnetz und die Kläranlage) werden von einem Wasserversorger (bzw. Abwasserentsorger) als Gebietsmonopole betrieben, und es gibt in einem Versorgungsgebiet keinen Wettbewerb bei der Bereitstellung der Dienstleistungen Wasserversorgung (bzw. Abwasserentsorgung). Dies reduziert für die Wasserver- und Abwasserentsorger auch die Notwendigkeit, durch Innovationen ihre Wettbewerbsposition zu stärken. Mangelnder Wettbewerb der Anbieter von Wasserdienstleitungen birgt die Gefahr hoher Kosten und veralteter Technologie. Dies wiederum führt zu einer unzureichenden Wettbewerbsfähigkeit der deutschen Wasserwirtschaft und der Wassertechnologieunternehmen auf dem Weltmarkt, wo vor allem in Entwicklungsländern und in ariden Gebieten wassereffiziente Wassertechnologien und nachhaltige Infrastrukturkonzepte gefragt sind.

Aber auch in den urbanen Regionen der *Entwicklungsländer* stößt das konventionelle UWIS-Konzept an seine Grenzen. Hier nur einige beispielhafte Gründe:

– Damit eine konventionelle Abwasserentsorgung funktioniert, ist es notwendig, dass die mit dem Abwasser abgeleiteten Feststoffe auch zur Kläranlage transportiert werden. Aufgrund der Auslegung der Kanäle als Schwemmkanäle ist es daher notwendig, dass ausreichend Wasser als Spülwasser eingesetzt wird. Da aber viele Entwicklungsländern in ariden Gebieten liegen (d.h. natürliches Wasserdargebot ist kleiner als der Wasserbedarf) ist *Wasser eine knappe Ressource* und sollte für möglichst hochwertige Wertschöpfungen verwendet werden und nicht für Fäkaltransport.

– In konventionellen Wasserinfrastruktursystemen haben die Wasserversorgungsnetze bzw. die Kanalnetze technische Lebensdauern von 40 bis 100 Jahren. Dies bedeutet, dass bereits zum Zeitpunkt der Planung und des Baus der Netze die langfristigen Bedarfsentwicklungen berücksichtigt werden müssen, da eine nachträgliche Anpassung der Kapazitäten extrem aufwändig und teuer ist. Die für das konventionelle UWIS-Konzept notwendige Planungssicherheit ist aber in den rasch wachsenden Stadtgebieten der Entwicklungsländer nicht gegeben. So ist ein jährliches Bevölkerungswachstum von drei bis fünf Prozent in diesen Städten nicht unüblich. Bei einem jährlichen Bevölkerungswachstum von drei Prozent verdoppelt sich die Bevölkerung alle 25 Jahre (bei fünf Prozent sogar alle 15 Jahre). Mit der raschen Zunahme der Bevölkerung steigen sowohl

Wasserbedarf wie auch die zu entsorgende Abwassermenge rasch an. Schnelles Bevölkerungswachstum bedeutet aber auch eine rasche – und in Städten der Entwicklungsländer i. d. R. unkontrollierte – Ausdehnung der Siedlungsfläche. Diese Bedingungen erschweren die Planung und Dimensionierung zentraler Wasserverteilungs- und Kanalnetze deutlich. Noch schwieriger wird die Umsetzung eines konventionellen UWIS-Konzeptes, wenn auch die Unsicherheit über die lokalen Auswirkungen des Klimawandels berücksichtigt werden soll. Die ausgedehnten Netzstrukturen konventioneller Wasserinfrastruktursysteme erschweren nicht nur die Planungsphase, sondern sind auch in der Betriebsphase der Hauptgrund für die mangelnde Flexibilität dieser Systeme beispielsweise bei der Integration innovativer Wassertechnologien oder der Adaption an Klimaveränderungen.

– Die Implementierung eines konventionellen UWIS-Konzeptes erfordert vor allem aufgrund der Notwendigkeit, flächendeckende Wasserversorgungs- bzw. Kanalnetze zu erstellen, enorme Investitionen über sehr lange Zeiträume. Ein neu zu bauendes System ist erst dann voll funktionsfähig, wenn alle Komponenten (beispielsweise auf der Abwasserseite das Kanalnetz und die Kläranlage) betriebsbereit sind. Aufgrund der langen Zeiträume und des hohen Finanzmittelbedarfs bei der Implementierung eines konventionellen UWIS besteht die Gefahr, dass nicht genügend Finanzmittel verfügbar sind oder auch dass früh fertig gestellte Teile des Systems bereits wieder reparaturbedürftig sind, wenn die letzten Teilsysteme in Betrieb gehen. Dezentrale Systeme sind in dieser Hinsicht deutlich effektiver.

Nachhaltigkeitsüberlegungen erfordern, dass die vor allem in ariden Gebieten liegenden Entwicklungsländer die Technologie des konventionellen urbanen Wasserinfrastrukturkonzeptes wasserreicher Industrieländer überspringen und direkt nachhaltigere Lösungen einführen (»leap-frogging«), die heute bereits verfügbar sind bzw. in Kürze verfügbar sein werden. Ziel muss es sein, die wirtschaftliche Entwicklung vom Wasserverbrauch zu entkoppeln und die knappe Ressource Wasser möglichst effizient zu nutzen. Dies bedeutet nicht nur, *Wasser zu sparen*, sondern in besonderem Maße auch die Entstehung von Abwasser, d. h. die Verschmutzung von Wasser, zu vermeiden! Die Identifikation geeigneter technologischer Alternativen sowie die Sammlung von praktischen Erfahrungen erfordern sowohl auf Seiten der Industrieländer wie auch der Entwicklungsländer intensive Forschungs- und Entwicklungsanstrengungen als auch die Bereitschaft umzudenken.
Die Bedeutung der Wassertechnologie für eine nachhaltige Entwicklung wurde auch von den Vereinten Nationen (VN) verdeutlicht, indem beim VN-

Millenniumgipfel im Jahr 2000 bzw. beim VN-Weltgipfel für Nachhaltige Entwicklung in Johannesburg im Jahr 2002 die Bereitstellung von Wasser und die Entsorgung von Abwasser als wichtige Teilziele der Millennium Development Goals (MDGs) verabschiedet wurden (United Nations, 2000). Von der Generalversammlung der VN wurde erstmals Wasser als einer der wichtigsten limitierenden Faktoren für die globale sozioökonomische Entwicklung unter den Bedingungen der rasch wachsenden Weltbevölkerung anerkannt. Ein konkretes Ziel ist es, den Anteil der Weltbevölkerung ohne Zugang zu einer qualitativ hinreichenden Wasserversorgung bzw. Abwasserentsorgung bis zum Jahr 2015 zu halbieren. Vor dem Hintergrund, dass heute weltweit mehr als eine Milliarde Menschen ohne hygienisch einwandfreie Wasserversorgung bzw. mehr als zwei Milliarden Menschen ohne hygienisch einwandfreie Abwasserentsorgung sind, wird deutlich, wie wichtig leistungsfähige und kostengünstige Wassertechnologie ist. Zugleich wird aber auch deutlich, welcher Markt für Technologien zu einem nachhaltigen Umgang mit Wasser vorhanden ist (siehe hierzu auch S. 141 ff). Dies hat auch die EU erkannt und im EU-Aktionsplan für Umwelttechnologien die Wassertechnologien (Wasserversorgung und Abwasserentsorgung/Sanitärtechnologien) neben Wasserstoff-/Brennstoffzellentechnologie und Photovoltaik als dritten Technologiebereich identifiziert, dem bei der Entkopplung von Wirtschaftswachstum und negativen Umweltauswirkungen eine Schlüsselrolle für eine nachhaltige Entwicklung zugemessen wird und der gleichzeitig ein besonderes Potenzial zur Verbesserung der globalen Wettbewerbsfähigkeit der europäischen Wirtschaft hat.

PARADIGMENWECHSEL

Vor diesem Hintergrund wird deutlich, dass die Grundkonzeption der konventionellen urbanen Wasserwirtschaft in Industrie- und Entwicklungsländern an Grenzen stößt und der effizienteren Nutzung von Wasser im kommunalen wie auch industriellgewerblichen Bereich eine herausragende Rolle beim Übergang zu einer nachhaltigen Entwicklung zukommt. Dieser Paradigmenwechsel hin zu einer ökoeffizienten und nachhaltigen Nutzung der Ressource Wasser deutet sich in der Wasserwirtschaft an (Hiessl et al., 2003):

– Regenwasser und Abwasser wurden bisher im Bereich der kommunalen Wasserwirtschaft als »Belastungen« angesehen, derer man sich möglichst rasch entledigen wollte. Jetzt gewinnt – unterstützt durch die in der industriellen und gewerblichen Wasserwirtschaft gemachten positiven Erfahrungen mit Mehrfachnutzung und Kreislaufführung von Wasser – die Erkenntnis an Boden, dass Regen- und Abwasser ökonomisch nutzbare Ressourcen sein können. Das Potenzial von Regenwasser als Rohwasserquelle für höherwertige Wasserqualitäten wird durch die in den vergangenen Jahren erfolgreich durchgeführten Maßnahmen zur Emissionsreduktion in die Atmosphäre (z. B. durch Hausbrand, Verkehr und Industrie) gestärkt.

– Im Bereich der industriellen Wasserwirtschaft wurden in der Vergangenheit durch entsprechende Gesetzgebung die Anforderungen an das aus gewerblichen Nutzungen abzuleitende Abwasser verschärft. Dies trug zu einer deutlichen Verbesserung des Zustandes unserer Gewässer bei. Einen mindestens ebenso wichtigen Beitrag wie die Verschärfung der Einleitungsanforderungen leistete aber das gesetzliche Verbot, verschiedene Abwasserströme zu vermischen und die damit verbundene Forderung zur Teilstrombehandlung. Hierdurch wurde der Einsatz dezentraler, d.h. nahe an den eigentlichen Wasser nutzenden Prozessen eingesetzter und auf diese abgestimmte, hocheffizienter Aufbereitungstechnologien ermöglicht. Dies schaffte die Voraussetzung für eine Mehrfachnutzung des Wassers in Nutzungskaskaden und Kreisläufen (Böhm und Hillenbrand, 2004). Demgegenüber ist die kommunale Wasserwirtschaft bis heute ein reines Durchflusssystem geblieben, bei dem unabhängig von den jeweiligen Qualitätsanforderungen hochwertiges Trinkwasser für alle Nutzungen eingesetzt, nach einmaliger Nutzung als Abwasser abgeleitet und mit Abwässern anderer Herkunft (z. B. gewerbliche Abwässer, Straßenabwässer, Regenabfluss, Fremdwasser, d.h. in die Kanalisation durch Leckagen zusickerndes Grundwasser) vor der eigentlichen Abwasserbehandlung im Kanalnetz systematisch vermischt wird. Zwischen dem hohen technologischen Stand der Industrie beim Umgang mit Wasser als industrielles Produktionsmittel und dem seit Ende des 19. Jahrhunderts weitgehend unveränderten Systemkonzept der kommunalen Wasserinfrastruktur besteht eine deutliche Kluft. Die Erfahrungen in der Industrie mit der dezentralen Wasseraufbereitung und Abwasserbehandlung haben auch im kommunalen Bereich ein nicht zu unterschätzendes und bisher weitgehend ungenutztes Anwendungspotenzial.

– Im Bereich der urbanen Wasserinfrastruktur herrschte das Paradigma, dass ökonomische Skaleneffekte durch wenige Anlagen mit großen Kapazitäten realisiert werden (z. B. auf große Behandlungsvolumina ausgelegte Wasserbehandlungsanlagen/Kläranlagen). Um Kläranlagen mit großer Kapazität auszulasten, ist der Anschluss eines großen Entsorgungsgebietes notwendig, was ein ausgedehntes Kanalnetz erfordert. Große Leitungsnetze wiederum sind der Grund dafür dass der Anteil der Fixkosten relativ zum Anteil der variablen, d.h. der vom eigentlichen Wasserverbrauch abhängenden Kosten, ansteigt. So betragen heute in den Industrieländern die Fixkosten bei konventionellen UWIS circa 80 Prozent des Gesamtaufwandes, während die variablen Kosten nur 20% ausmachen. Diese Kostenstruktur bietet keinen ökonomischen Anreiz für die Verbraucher, effizient mit Wasser umzugehen. Zunehmend wird erkannt, dass bei vielen zentralen Systemen die optimale räumliche Ausdehnung überschritten ist und dass auf Grund des technischen Fortschritts stärker dezentrale Konzepte technisch möglich und auch aus ökonomischer und ökologischer Sicht günstiger sein können. Ökonomische Skaleneffekte werden in dezentralen Systemen jedoch nicht über wenige Aufbereitungsanlagen großer Kapazität, sondern durch die große Zahl (weitgehend) identischer und in industrieller Serienfertigung hergestellter Anlagen kleiner Kapazität erreicht. In dezentralen Systemkonzepten genügen weniger aufwändige und damit billigere kleine Netze, wobei im Extremfall völlig dezentraler (Ab-) Wasseraufbereitung sogar ganz auf Netze verzichtet werden kann.

– Während die in der kommunalen Wasserwirtschaft historisch gewachsene und immer noch vorherrschende institutionelle Trennung der Wasserversorgung und Abwasserentsorgung bisher kaum hinterfragt wird, setzt das neue Paradigma auf die Erschließung von Synergieeffekten durch eine institutionelle Integration der Wasserver- und Abwasserentsorgung sowie anderer Versorgungssektoren (z. B. Abfallentsorgung, Energieversorgung, Telekommunikation). Diese Entwicklung trägt der im Kreislaufwirtschafts- und Abfallgesetz für den Umgang mit materiellen Produkten geforderten Produktverantwortung auch für das Produkt »Trinkwasser« Rechnung.

– Innovationsfreundliche Rahmenbedingungen in der kommunalen Wasserwirtschaft sind im alten Paradigma kein vordringliches Thema, da die Wasserver- und die Abwasserentsorgung als geschützte Gebietsmonopole funktionieren. Aus Kostengründen wie auch aus Gründen einer verbesserten Nachhaltigkeit gewinnt im neuen Paradigma die Schaffung innovations- und wettbewerbsfördernder Rahmenbedingungen eine hohe Bedeutung. Da der technologische Fortschritt in den für die Wassertechnologie relevanten Bereichen sich beschleunigt, kommt auch der Integrationsfähigkeit neuer Technologien wachsende Bedeutung zu. Je flexibler sich neue Wassertechnologien integrieren lassen, desto leichter können auch Infrastruktursysteme an geänderte Anforderungen angepasst werden. Hier sind dezentrale Systemkonzepte gegenüber konventionellen zentralen im Vorteil.

– Dass das alte Paradigma noch immer starke Wirkungen entfaltet, verdeutlicht die Diskussion um die Möglichkeiten und Wege zur Liberalisierung des Wassermarktes. Die Liberalisierungsdiskussion ist dadurch charakterisiert, dass alle Argumentationslinien zur Stärkung marktlicher Kräfte (Wettbewerb um den Markt, Durchleitung) implizit auf der Beibehaltung eines zentralen Systemkonzeptes der Wasserver- und Abwasserentsorgung beruhen. Die damit verbundene Grundannahme, dass es sich sowohl bei der Wasserver- als auch bei der Abwasserentsorgung aufgrund der Leitungsgebundenheit um natürliche Monopole (Gebietsmonopole) handelt, wird nicht hinterfragt, obwohl es deutliche Anzeichen dafür gibt, dass durch den technischen Fortschritt dezentral einsetzbare Technologien verfügbar werden, die bei der Wasseraufbereitung, der Abwasserreinigung und der Kreislaufführung von Wasser auf der Ebene der Einzelgebäude oder Gebäudecluster (dezentrales Systemkonzept) große Anwendungspotenziale aufweisen. Dezentrale Konzepte tragen zur Auflösung von Gebietsmonopolen bei, da die Notwendigkeit, die dezentralen Anlagen fachgerecht zu bauen und zu betreiben, einen direkten Wettbewerb verschiedener Anbieter um die Haushalte zur Folge hat. Ein solcher Wettbewerb würde auch der Innovationsintensität und -geschwindigkeit bei Wasserinfrastrukturtechnologien zugute kommen (Herbst und Hiessl, 2002).

INNOVATIVE WASSERTECHNOLOGIE

Wie in den vorangegangenen Abschnitten deutlich wurde, ist Wassertechnologie eine Querschnittstechnologie. Als Infrastrukturtechnologie schafft sie die Voraussetzung für zahlreiche gesellschaftliche und wirtschaftliche Aktivitäten. In den meisten Branchen der Wirtschaft sind moderne industrielle Produktionsprozesse ohne Wassertechnologie nicht denkbar, und viele Ansätze zur Umsetzung integrierter Umweltschutztechnologien der industriellen Produktion wären ohne eine entsprechende Wassertechnologie nicht realisierbar. Es wurde ebenfalls deutlich, dass Wassertechnologie auch eine Schlüsseltechnologie für eine nachhaltige Entwicklung ist. Durch die vielfältigen Nutzungen von Wasser in Produktionsprozessen kann eine spezifische Wassertechnologie die Leistungs- und Differenzierungsmöglichkeiten des Unternehmens im Wettbewerb beeinflussen, indem sie die Umweltbelastung, die Kosten und Weiterentwicklungsmöglichkeiten eines Produktes bzw. seiner Produktion mitbestimmt. Geeignete Wasseraufbereitungsverfahren ermöglichen oft erst die Mehrfachnutzung oder Kreislaufführung von Prozesswasser. Damit kommt der Wassertechnologie insbesondere auch bei der Umsetzung eines produktions-/prozessintegrierten Umweltschutzes in Industrie und Gewerbe eine Schlüsselrolle zu. Wassertechnologie ist aber auch in dem Sinne eine hybride Technologie, als dass sie Technologien aus zahlreichen anderen Bereichen (z. B. Werkstofftechnologie, Informations- und Kommunikations- (IuK-)Technologie, Biotechnologie, Energietechnologie, Automatisierungstechnologie, Sensortechnologie, Verfahrenstechnologie) zu innovativen, anwendungsorientierten Lösungen kombiniert. Schließlich ist der technologische Fortschritt in der Wassertechnologie stark durch die spezifischen Bedingungen der jeweiligen Anwendung geprägt, wobei vielfach die Anwender selbst die für eine Problemlösung erforderlichen Teiltechnologien zu einer Gesamtlösung integrieren (Wassertechnologie als Anwendertechnologie).

Auf Grund des hybriden Charakters der Wassertechnologie wird der wassertechnologische Fortschritt zu einem nicht unerheblichen Maß durch den technologischen Fortschritt in denjenigen Technologiefeldern getrieben, aus denen die Wassertechnologie Systemkomponenten bezieht. Der hinsichtlich der Wassertechnologie exogene technologische Fortschritt kann durch die folgenden sechs Haupttrends beschrieben werden:

1. Es werden verstärkt regenerative Energiequellen erschlossen und der Energieverbrauch technischer Systeme nimmt tendenziell ab. Die Technologien werden energieeffizienter.

2. Durch leistungsfähige, kleine und kostengünstige IuK-Komponenten und -Systeme wird die Integration von IuK-Technologie in zahlreiche Produkte möglich: die Produkte erhalten dadurch eigene »Intelligenz«. Zusammen mit den Kommunikationssystemen können Produkte untereinander vernetzt werden (ubiquitous oder pervasive computing).

3. Es werden zunehmende on-line fähige und infolge ihrer Miniaturisierung auch on-site/in-situ fähige hochspezifische Sensoren verfügbar, die mit Hilfe der Kommunikationstechnik in leistungsfähige Netze eingebunden werden können. Ähnliches gilt für die Aktorik. Damit lassen sich neue und leistungsfähige Fernüberwachungskonzepte sowie weitgehende Automatisierung bis hin zu autonom agierenden Systemen realisieren.

4. Die Werkstofftechnologie stellt neue, maßgeschneiderte (Funktions-) Werkstoffe (z.B. hochspezifische Membranen) und Wirkstoffe (z.B. Katalysatoren oder Superabsorber) bereit. Durch die Bio- und Gentechnologie werden neue Organismen oder biogene Werk- und Wirkstoffe (z.B. Biokatalysatoren) verfügbar. Diese Werk- und Wirkstoffe werden in zunehmend reiner Form verfügbar.

5. Durch die Anwendung physikalischer, physiko-chemischer und biotechnologischer Verfahrensprinzipien (membranbasierte Filterung, elektrochemische oder optochemische Verfahren) werden hochspezifische und damit effizientere Trenn- und Aufbereitungsverfahren möglich. Diese Verfahren haben gegenüber den konventionellen, chemischen Aufbereitungs-

verfahren auch den Vorteil, dass sie bspw. die Notwendigkeit zum Einsatz von problematischen chemischen Hilfsstoffen reduzieren bzw. ganz vermeiden.

6. Die Prozess- und Verfahrenstechnik liefert miniaturisierte, leistungsfähige Prozesstechnologie, so genannte Mikroreaktor-Systeme, die eine hohe Prozesskontrolle ermöglichen und gleichzeitig hochflexibel an verschiedene Anforderungen angepasst werden können.

Die genannten Trends erschließen durch die Miniaturisierung von Prozesstechnologie und die bessere, zeitnähere Überwachung neue Möglichkeiten für hochspezifische, modulare und weitgehend automatisierte Wasserbehandlungsprozesse, die in kleinen Einheiten »Vor Ort«, d. h. nahe am eigentlichen Nutzungsprozess (»point-of-use«) eingesetzt werden können und eine an der intendierten Nutzung orientierte Wasserqualität bereitstellen. Wo in der Vergangenheit aus technologischen und ökonomischen Gründen Aufbereitungsverfahren zentral eingesetzt werden mussten, werden künftig zunehmend dezentral einsetzbare Aufbereitungstechnologien verfügbar. Dadurch reduziert sich auch die Notwendigkeit, umfangreiche Netze zum Transport von Wasser zu betreiben. Es wird möglich, lokale Wasserressourcen zu nutzen, mehrfach zu nutzen oder weitgehend geschlossene Wasserkreisläufe aufzubauen und dezentrale Wasserinfrastrukturkonzepte zu implementieren. Die ökonomischen Skaleneffekte werden künftig stärker über die Stückzahlen von kleinen, industriell in Serie gefertigten Anlagen und weniger über die Kapazität einiger weniger Großanlagen erreicht. Durch die Möglichkeit, teilweise auf große Netze zum Wassertransport zu verzichten, wird die Flexibilität der Systemkonzepte erhöht und die mit großen Netzen verbundenen hohen Fixkosten werden gesenkt.

Aufgrund der starken Anwendungsorientierung der Wassertechnologie lassen sich spezifische Ansatzpunkte für innovative wassertechnologische Lösungen oder auch ganze Entwicklungsrichtungen direkt durch die Identifikation besonderer Problemlagen in den Anwendungsbereichen kommunale Wasserwirtschaft und betriebliche Wasserwirtschaft ableiten (siehe Abbildung 1). Getrieben werden diese Entwicklungen vor allem auch durch die Verschärfung der Anforderungen an die Qualität industriell-gewerblicher Abwässer vor ihrer Einleitung in Gewässer bzw. in die Kanalisation (Grenzwerte) sowie durch das Gebot an die betriebliche Wasserwirtschaft, verschiedene Teilströme getrennt zu halten und getrennt zu behandeln (Vermischungsverbot). Hierdurch gewinnen Verfahren zur anwendungsspezifischen Wasseraufbereitung und Abwasserbehandlung nahe am eigentlichen Nutzungsprozess an Bedeutung. Dies fördert nicht nur die Effizienz der Wasser-

nutzung, indem möglichst Wasser sparende und damit Abwasser vermei-
dende Prozesse zum Einsatz kommen, sondern auch die Entwicklung leistungsfähiger und hocheffizienter Aufbereitungs-/Behandlungsverfahren, was
wiederum die Wiedernutzung des aufbereiteten Abwassers (Kaskadennut-
zung oder Kreislaufführung) ermöglicht.

Es lassen sich sechs generische Innovationsrichtungen unterscheiden. Dabei
handelt es sich um Innovationen im Zusammenhang mit
1. einem Aufbereitungsprozess.
2. der Verbesserung des Energieeintrags in bzw. der Energieentnahme aus
   Wasser.
3. der Prozessführung und -überwachung eines (Aufbereitungs-) Prozesses.
4. dem Transport von Wasser, einschließlich Verfahren zum Bau, Betrieb und
   Instandhaltung des Transportsystems selbst.
5. der Erhöhung der Effizienz der Wassernutzung, der Bereitstellung nut-
   zungsspezifischer Wasserqualitäten bzw. der Substitution von Wasser.
6. Systemlösungen.

INNOVATIONEN IM ZUSAMMENHANG MIT EINEM AUFBEREITUNGSPROZESS

Bei der Wasseraufbereitung geht es in erster Linie darum, gelöste, suspen-
dierte, emulgierte oder in fester Form in einem Rohwasser vorhandene
Stoffe abzutrennen und damit die stoffliche Zusammensetzung des Rohwassers entsprechend den nutzungsspezifischen Anforderungen oder den an
die Ableitung des Wassers gestellten Anforderungen zu verändern. Dabei
können die unerwünschten Inhaltsstoffe entweder in unproblematische bzw.
leichter abtrennbare überführt und abgetrennt bzw. zurückgewonnen werden. Beispiele für derartige Aufbereitungsprozesse sind Prozesse zur Hygie-
nisierung/Desinfektion des Wassers (= Entfernung oder Abtötung von Mikroorganismen), zur Trinkwasseraufbereitung (Entsalzung, Enteisenung,
Entmanganung, Enthärtung, Arsenentfernung, De-Ionisierung), zur Regen-
wasserbehandlung und zur Behandlung von Grauwasser, Behandlung kom-
munaler Abwässer (Kohlenstoffabbau, Stickstoff- und Phosphorelimination)
sowie Prozesse zur Elimination von Schwermetallen, organischen Schadstoffen und zur Entfärbung und Entgiftung von Abwässern und zur Schlamm-
entwässerung.

Zur Illustration des technologischen Fortschritts sollen hier die Membranverfahren, die Elektrokoagulationsverfahren und intensivierte Oxidationsverfahren dargestellt werden.

MEMBRANFILTRATION

Membranverfahren gehören zu den Trennverfahren. Bei diesen auch als Membranfiltration bezeichneten Verfahren treibt ein Druckpotenzial (teilweise auch Konzentrationspotenzial) einen Teil eines Stoffflusses durch eine Membran hindurch, während ein anderer zurückgehalten wird. In diesem Sinne können Membranverfahren im Prinzip als sehr feine »Siebe« oder Filter gesehen werden, wobei die Membranen aus synthetischen Polymeren, aber auch aus anorganischen Werkstoffen (z.B. Keramiken) bestehen können. Der Unterschied zur klassischen Filtration ist, dass die Trennwirkung je nach Membran bis hinunter in den molekularen Bereich geht und dass die Membrane so gestaltet werden können, dass sie nur bestimmte Stoffe (»selektiv«) zurückhalten, während sie andere ungehindert hindurch (»permeieren«) lassen. Je nach Größe der zurückgehaltenen Stoffe können vier Klassen von Membranverfahren unterschieden werden (Stuetz, 2004):

- Mikrofiltration: Sie arbeitet bei Betriebsdrücken von 0,5 bis 0,3 bar und kann partikuläre Wasserinhaltsstoffe bis hinunter zu einer Größe von 0,1 Mikrometer (1 Mikrometer = 1 Tausendstel Millimeter) zurückhalten. In diese Größenordnung fallen beispielsweise Bakterien, Farbpigmente und Hefezellen.
- Ultrafiltration: Sie arbeitet bei Betriebsdrücken von 0,5 bis 10 bar und kann makromolekulare und kolloidale Wasserinhaltsstoffe (von ca. 0,01 bis 0,1 Mikrometer) zurückhalten. In diesem Größenbereich liegen bspw. Viren, Asbeststaub und Tabakrauchpartikel.
- Nanofiltration: Sie arbeitet bei Betriebsdrücken von fünf bis 40 bar und kann gelöste organische (mit Molekulargewichten über 200 g/mol) sowie gelöste anorganische Wasserinhaltsstoffe mit mehrwertigen Ionen »ionenselektiv« zurückhalten. Die Größenordnung liegt bei 0,001 bis 0,01 Mikrometer.
- Umkehrosmose: Sie arbeitet bei Betriebsdrücken üblicherweise von 10 bis 70 bar und kann gelöste organische (z.B. Pestizide, Herbizide) und gelöste anorganische Wasserinhaltsstoffe (Salze, Metallionen) mit Molekulargewichten unter 200 g/mol zurückhalten. Die Größenordnung dieser Inhaltsstoffe ist kleiner als 0,001 Mikrometer.

Erste Anwendungen von Membranverfahren kamen im Bereich der Medizin (Dialyse) sowie in der Nahrungsmittel- und Pharmaindustrie zum Einsatz. In der Wasserversorgung werden Membranverfahren z.B. zur Trinkwassergewinnung aus Meerwasser (Entsalzung), zur Gewinnung von Prozess- und Reinstwasser (beispielsweise für die Herstellung mikroelektronischer Komponenten) sowie zur Desinfektion eingesetzt. Zunehmend kommt die Membrantechnik auch in der Abwasserreinigung zur Anwendung. Durch ihre hohe Leistungsfähigkeit erschließt sie neue Möglichkeiten zur Mehrfachnutzung und Kreislaufführung von Wasser.

Das Anwendungspotenzial der Membrantechnologie wird durch den technischen Fortschritt im Bereich der Werkstofftechnologie kontinuierlich erweitert, indem nicht nur selektivere, sondern auch robustere Membranwerkstoffe verfügbar werden, die darüber hinaus auch bei niedrigeren Betriebsdrücken und damit kostengünstiger gefahren werden können. Zusammen mit einer leistungsfähigen Prozessautomatisierung lassen sich hoch leistungsfähige und zugleich kleine Aufbereitungsmodule auf Membranbasis herstellen, die eine auf eine konkrete Anwendung hin maßgeschneiderte dezentrale Wasseraufbereitung nahe am »point-of-use« ermöglichen. Das Anwendungspotenzial für Membranverfahren liegt nicht nur im Bereich der Aufbreitung industriellgewerblicher (Ab-)Wässer, sondern insbesondere auch im kommunalen Bereich bei der Aufbereitung von Trinkwasser und hochwertigem, hygienischem Brauchwasser sowie bei der Behandlung von Abwässern.

ELEKTROKOAGULATION

Die Koagulation ist ein Konditionierungsverfahren um sehr kleine und daher nicht mehr sedimentierbare Feststoffteilchen (so genannte kolloidale Teilchen; kleiner ca. 0,5 Mikrometer) zu größeren und damit sedimentierbaren bzw. abtrennbaren Flocken zusammenzuschließen. Während dies bei den konventionellen Koagulationsverfahren durch Zugabe von Konditionierungsmitteln (z.B. Metallsalze, Polyacrylate, Polyacrylamide) erfolgt, ermöglicht die Elektrokoagulation den Zusammenschluss durch Einsatz elektrischer Energie.

Elektrokoagulation wird seit einigen Jahren erfolgreich zur Entfernung von Schwermetallen aus Galvanik- und Bergbauabwässern sowie zur Abscheidung kolloidaler Stoffe und Ölemulsionen aus Prozesswässern bei der Öl- und Gasproduktion eingesetzt. In all diesen Anwendungen werden Opferelektroden aus Aluminium und Eisen eingesetzt um Metalloxid-Flocken zu produzieren, die die Schwermetallionen absorbieren und die dann durch Flockulation und Sedimentation aus dem Wasser entfernt werden. Mit Hilfe der Elektrokoagulation können neben anorganischen (z.B. Schwermetalle, Magnesium, Aluminium, Zink) auch organische Schadstoffe einschließlich Trübung, biologischer und chemischen Sauerstoffbedarf (BS/CSB) sowie Öle und Fette aus dem Wasser entfernt werden. Das Verfahren eignet sich damit bspw. zur Reinigung von Deponiesickerwässern und kommunalem Abwasser. Aber auch zur Aufbereitung von Oberflächenwasser zu Trinkwasser wurde es eingesetzt. Neben der Entfernung der chemischen Belastung kann auch eine deutliche Reduktion der bakteriellen Belastung erreicht werden. Durch technische Weiterentwicklungen (z. B. Mills, 2000) konnten die Reinigungswirkungsgrade deutlich gesteigert und die Kosten gegenüber konventionellen Verfahren weitergesenkt werden, wozu nicht zuletzt auch beiträgt, dass eine Elektrokoagulation ohne zusätzliche chemische Koagulations-Hilfsstoffe auskommt.

INTENSIVIERTE OXIDATIONSVERFAHREN (ADVANCED OXIDATION PROCESSES)

Während die Membranverfahren oder auch die Elektrokoagulation Beispiele für die technische Weiterentwicklung bei den Trennverfahren sind, die weitgehend ohne den Einsatz von Hilfschemikalien auskommen, gibt es auch im Bereich der stoffumwandelnden Verfahren aussichtsreiche Entwicklungstrends. Hier sind insbesondere die Oxidationsverfahren zu nennen. Sie werden eingesetzt, um gezielt schwer abbaubare Substanzen (z. B. Kohlenwasserstoffe, Pharmaka und deren Metaboliten, Pestizide) aus dem (Ab-) Wasser zu entfernen. Ziel der Oxidation ist die möglichst vollständige Umwandlung (Mineralisierung) von organischen Schadstoffen zu Wasser, CO_2 und Mineralsalzen. Die Oxidation/Mineralisierung von Schadstoffen mit Sauerstoff kann nur unter erhöhten Temperatur- und Druckbedingungen (200 bis 300 °C, ein bis 20 Megapascal) als so genannte »Nassoxidation« (»Wet Air Oxidation« WAO) erreicht werden. Diese Reaktionsbedingungen sind der Grund, dass Nassoxidationsverfahren technisch aufwändig und teuer sind. Weiterentwicklungen bei den Oxidationsverfahren zielen daher darauf ab, die Oxidationsreaktion unter Umgebungstemperatur und Umgebungsdruck ablaufen zu lassen und auf von außen zugeführten, atomaren Sauerstoff zu verzichten. Statt atomaren Sauerstoff von außen zuzuführen werden bei diesen als »intensivierte Oxiationsprozesse« (Advanced Oxidation Processes – AOP) bezeichneten Verfahren (Parsons, 2004) andere Oxidationsmittel verwendet.

Oxidiert man organische Verbindungen mit Ozon oder Wasserstoffperoxid so läuft diese Reaktion nicht vollständig ab bis zu CO_2 und Wasser, sondern es verbleiben Oxidationszwischenprodukte im Wasser, die unter Umständen ebenso giftig oder sogar noch giftiger als das Ausgangsprodukt sind. Eine vollständige Oxidation, aber auch die oxidative Zerstörung von Verbindungen, die durch die Anwendung von Ozon oder Wasserstoffperoxid allein nicht abgebaut werden können, lassen sich durch photochemische, mit UV-Licht unterstützte, Reaktion erreichen, bei der hochreaktive Hydroxyl-Radikale (OH-Radikale) direkt im Verlauf der Reaktion erzeugt werden. Auch die Unterstützung der photokatalytischen Oxidation mit Titandioxid (TiO$_2$) als Katalysator ist möglich.

Die neuen Verfahren zeichnen sich dadurch aus, dass sie selbst komplexe und in der Natur nur sehr schwer bzw. sehr langsam abbaubare und zum Teil sehr toxische Schadstoffe relativ schnell und weitgehend in ungefährliche Substanzen umwandeln können. Anwendung finden AOP bspw. bei der Sanierung von Grundwasserschäden durch organische Lösemittel oder durch Herbizide und Pestizide. AOP ermöglichen die Reinigung von Deponiesickerwässern, von industriellen (beispielsweise mit Formaldehyd oder Phenol belasteten) Abwässern, bei der Entfärbung von Abwässern aus der Textilherstellung oder bei der allgemeinen Reduktion des CSB (»Chemischer Sauerstoff-Bedarfs«) – einem wichtigen Summenparameter, der die Gesamtbelastungen eines Abwassers durch organische Substanzen zusammenfasst. Eine wichtige Anwendung der AOP ist die Papierherstellung, wo Vorläuferstoffe für toxische Stoffe wie Dibenzo-p-dioxin oder Dibenzofuran aus dem Abwasser entfernt werden müssen.

UV-gestützte AOP eignen sich auch zur Desinfektion von Trinkwasser oder Abwasser, da sie auch gegenüber Krankheitserregern hoch wirksam sind und dabei ohne schwierig zu handhabende gefährliche Chemikalien (wie z.B. Chlor) auskommen. Hierdurch sind die AOP sowohl hinsichtlich der Investitions- wie auch der Betriebskosten relativ günstig. Aufgrund ihrer überragenden Eigenschaften werden AOP auch als »Wasseraufbereitungsverfahren des 21. Jahrhunderts« bezeichnet (Munter, 2001).

Die Weiterentwicklung der AOP-Technologie für die Behandlung von Wasser profitiert von den Fortschritten in der Lichttechnologie. Hier werden auch für zahlreiche andere technische und medizinische Anwendungen UV-Lampen (Excimer-Lampen) mit hohen Strahlungsleistungen in sehr genau definierten Emissionsbändern, hohen Wirkungsgraden und Standzeiten entwickelt.

Aber auch durch Fortschritte im Bereich der Werkstoff- und Schichttechnologie eröffnen sich interessante Ansätze zur Weiterentwicklung der AOP und der elektrochemischen Verfahrensansätze zur Behandlung von Wasser. Als Beispiel für ein besonders innovatives elektrochemisches AOP-Verfahren ist das so genannte CONDIAcell-Verfahren (Tröster et al. 2004) zu nennen. Bei diesem elektrolytischen Verfahren kommen spezielle mit Bor dotierte polykristalline Diamantelektroden auf Grundkörpern (DiaCem-Elektrode) zum Einsatz. Die Diamantschichten zeichnen sich durch die höchsten bekannten Überspannungen für die Wasserzersetzung aus, d.h. die elektrolytische Zerlegung von Wasser in Sauerstoff und Wasserstoff wird bis zu relativ hohen Spannungen unterdrückt. Daher erweitern diese Elektroden den herkömmlichen elektrochemischen Leistungsbereich und ermöglichen neue elektrochemische Prozesse, die bei anderen Elektrodenmaterialien aufgrund der schnellen Elektrolyse von Wasser nicht möglich sind. So eignet sich das Verfahren beispielsweise für elektrochemische Syntheseprozesse (z. B. Herstellung von Wasserstoffperoxid), für die oxidative Regenerierung von Prozessbädern in der Galvanik aber auch zur elektrochemischen Behandlung von Abwasser oder zur Desinfektion von Trinkwasser. Die leitfähigen Diamantschichten sind chemisch, mechanisch und thermisch außerordentlich stabil, garantieren im Einsatz neben einer konstanten Leistung eine hohe Stromausbeute und eine sehr lange Lebensdauer. Dies führt zu besonders niedrigen Betriebskosten des Verfahrens.

Das CONDIAcell-Verfahren erschließt damit neue Möglichkeiten, Wasser in geschlossenen Kreisläufen zu nutzen. Während beispielsweise Abwässer aus der galvanischen Nickelbeschichtung üblicherweise gesammelt und verbrannt werden müssen, können durch den Einsatz von Diamantelektroden die in diesen Abwässern enthaltenen Cyanidverbindungen sowie andere Verunreinigungen direkt vor Ort effizient oxidiert und vollständig abgebaut werden. Die Sammlung und der Transport des stark belasteten Abwassers zu speziellen Behandlungsanlagen kann vermieden und das gereinigte Prozesswasser in einem geschlossenen Kreislauf wieder verwendet werden.

INNOVATIONEN IM ZUSAMMENHANG MIT DER VERBESSERUNG DES ENERGIEEINTRAGS IN ODER ZUR ENERGIEENTNAHME AUS EINEM WASSERSTROM

In sehr vielen Anwendungen sowohl in der Industrie wie auch im Bereich der privaten Haushalte dient Wasser als Energieträger. Beispielsweise ist die Warmwassererzeugung der Privathaushalte heute schon mit durchschnittlich circa elf Prozent des Endenergieverbrauches der zweitgrößte Verbrauchsbereich nach der Raumwärmeerzeugung (circa 77 %). Dieser Anteil wird sich durch die Verbesserungen des Wärmeschutzes der Gebäude im Zuge der Umsetzung der Wärmeschutzverordnung noch weiter erhöhen. Ein substanzieller Teil des in privaten Haushalten erzeugten Warmwassers wird für Duschen/Baden und Wäschewaschen benötigt. Nach der Nutzung wird das Wasser ins Kanalnetz abgegeben. Da das Abwasser aber zu diesem Zeitpunkt nur relativ wenig abgekühlt ist, wird deutlich, dass hier zum einen noch ein bisher weitgehend ungenutztes Potenzial für Energierückgewinnung besteht und dass zum anderen eine enge Kopplung der Wasser- und Energieeffizienz von Gebäuden besteht, die ein deutliches, bisher weitgehend ungenutztes Optimierungspotenzial für die Verbesserung der Ressourceneffizienz unserer Gebäude beinhaltet. Es gibt zwar erste Projekte zur Wärmerückgewinnung

aus dem Abwasser, die mittels Wärmetauscher im Kanalnetz dem Abwasser Wärme entziehen und die zurückgewonnene Wärme zur Gebäudeheizung nutzen (Piller et al., 2004). Obwohl das Abwasser mit zunehmender Fließzeit im Kanalnetz deutlich abkühlt, lohnt es sich, das rückgewinnbare Wärmepotenzial durch im Kanal installierte Wärmetauscher zu nutzen. Neue Entwicklungen zielen deshalb darauf ab, die Wärme auf deutlich höherem Energieniveau direkt im Haus zurückzugewinnen. Dies geschieht durch getrennte Erfassung des gering verschmutzten »Grauwasser« (d. h. Abwasser aus Dusche und Bad) vom restlichen häuslichen Abwasser. Dem in der Regel warmen Grauwasser kann dann nicht nur die Wärme entzogen werden, sondern es kann gleichzeitig aufbereitet für weitere häusliche Nutzungen mit geringeren Qualitätsanforderungen (z. B. für Toilettenspülung und Wäschewaschen) verwendet werden.

INNOVATIONEN IM ZUSAMMENHANG MIT DER PROZESSFÜHRUNG UND -ÜBERWACHUNG EINES (AUFBEREITUNGS-) PROZESSES

Bei der Wassernutzung in einem Betrieb der Wasseraufbereitung, in einem Wasserwerk bzw. in einer Kläranlage oder bei der Wassernutzung im Bereich eines urbanen Wasserinfrastruktursystems sind eine Vielfalt innig vernetzter Aufbereitungs-, Transport- und Nutzungsprozesse beteiligt. Diese komplexen und räumlich verteilten Systeme zuverlässig zu betreiben und zu überwachen, erfordert die Messung zahlreicher physikalischer, chemischer und biologischer Parameter. Hierfür werden Sensoren benötigt, die möglichst online und zugleich möglichst nahe am eigentlichen Prozess (insitu) einsetzbar sind. Zum Betrieb der räumlich verteilten Anlagen werden neben leistungsfähiger Mess-Steuer-Regeltechnik und Automatisierungstechnik zuverlässige Kommunikationsnetze zur Datenübertragung und Fernüberwachung der Anlagen von den Leitwarten sowie Fernwirksysteme benötigt. Da gerade im Bereich der Sensorik und der Informations- und Kommunikations (IuK)-Technologie der technologische Fortschritt besonders rasch ist, muss im Bereich der Wassertechnologie sichergestellt werden, dass dieser exogene technische Fortschritt möglichst rasch integriert und genutzt wird.

INNOVATIONEN IM ZUSAMMENHANG MIT TRANSPORT VON WASSER

Da Wasser selten unmittelbar am Ort seiner Nutzung in ausreichender Menge und Qualität zur Verfügung steht, muss Wasser zum Ort der Nutzung transportiert werden. Hierzu werden Rohrleitungen gebaut. Diese können, wie im Fall der Wasserversorgung, als Drucksysteme ausgelegt werden oder, wie im Fall der konventionellen Kanalisation, als Freispiegelsysteme, wo das Wasser der Gravitation folgend abfließt. Im Abwasserbereich kommen darüber hinaus auch noch die Vakuumkanalisation und die Druckkanalisation in Betracht. Je nach Transportprinzip werden dabei Vakuum- oder auch Druckpumpen benötigt. Für den Betrieb der Pumpen wird Energie benötigt. Bei der Menge an Wasser, die in einer Volkswirtschaft wie in Deutschland in einem Jahr transportiert wird, kommt besonders energieeffizienten Pumpen eine herausragende Bedeutung zu. Weiter sind hier auch Technologien zum Bau (z. B. grabenlose Bauverfahren), Betrieb, Überwachung, Instandhaltung und zur Reparatur der Rohrleitungssysteme (z. B. Molchsysteme zur Dichtheitsüberwachung und Reinigung sowie Reparaturroboter) zu nennen.

Direkt verbunden mit der Leckageüberwachung ist auch die Reparatur undichter Leitungen oder die Sanierung ganzer Leitungsabschnitte. Da die Leitungen unter Straßen liegen und jede Straßensperrung hohe volkswirtschaftliche Kosten verursacht, sind grabenlose Bau- und Sanierungstechniken für Rohrleitungssysteme und Kanäle ein weiteres intensives Gebiet der Technologieentwicklung. Durch die Ausdehnung der Siedlungsgebiete nimmt die Versiegelung zu und durch häufiger werdende Starkniederschläge kommt es zunehmend zu Überlastungen der bestehenden Kanalnetze. Um in diesen Situationen Betriebsstörungen der Kläranlagen zu vermeiden, muss das ungereinigte Abwasser oft direkt in die Flüsse abgeleitet werden. Die Kommunen müssen daher ihr Regenwassermanagement überdenken. Die Lösungsansätze zielen darauf ab, das weitgehend unverschmutzte Regenwasser nicht mehr im Schmutzwasserkanal abzuführen, sondern es getrennt zu erfassen und abzuleiten bzw. es nach Möglichkeit vor Ort zu versickern, ohne das Grundwasser durch Schadstoffeintrag zu belasten. Dies erfordert den Bau und Betrieb leistungsfähiger, dezentral einsetzbarer Versickerungsanlagen.

INNOVATIONEN IM ZUSAMMENHANG MIT DER ERHÖHUNG DER WASSERNUTZUNGSEFFIZIENZ VON NUTZUNGSPROZESSEN

Klassische Beispiele für derartige Innovationen sind Wasser sparende Wasch- und Spülmaschinen. Während bspw. Waschmaschinen Mitte der 80er Jahre des letzten Jahrhunderts noch 100 bis 120 Liter Wasser pro Waschgang verbrauchten, liegt der Wasserverbrauch moderner Geräte im 40 °C oder 60 °C-Buntprogramm noch zwischen 35 und 70 Litern pro Waschgang mit weiterhin fallender Tendenz. Ähnliches gilt für Spülmaschinen, die heute mit ca. 15 Litern Wasser pro Spülgang auskommen. Auch im Sanitärbereich ist der Wasserverbrauch bei Duschköpfen, bei Waschtischarmaturen und bei WCs in den vergangenen 20 Jahren deutlich gesunken. Neuerdings kommen auch in Wohngebäuden verstärkt Urinale zum Einsatz. Mit diesen lässt sich der Spülwasserbedarf gegenüber dem WC auf weniger als ein Liter Wasser reduzieren. Noch sparsamer sind wasserlose Urinale, die durch eine spezielle Be-

schichtung und einen speziellen Geruchsverschluss ganz ohne Spülwasser auskommen.

Anstatt Regenwasser ungenutzt in die Kanalisation abzuleiten und die hydraulische Belastung des Kanalnetzes und der Kläranlagen weiter zu erhöhen, kann Regenwasser vor Ort gesammelt und bspw. für die Toilettenspülung genutzt werden. Damit allein lassen sich ca. 30% des täglichen Trinkwasserverbrauchs einsparen. Angaben der Fachvereinigung Brauch- und Regenwassernutzung fbr zu Folge werden derzeit in Deutschland jährlich ca. 50 000 Regenwassernutzungsanlagen in Wohngebäuden neu installiert. Neben der Nutzung für die Toilettenspülung und Gartenbewässerung kann Regenwasser, dessen Qualität durch umfangreiche Verminderung der Emissionen in die Atmosphäre deutlich sauberer geworden ist, auch als Waschwasser in der Waschmaschine eingesetzt werden.

Eine weitere Möglichkeit, die Wassernutzungseffizienz in Haushalten zu erhöhen, ist die getrennte Erfassung des Abwassers aus Dusche und Bad (so genannten Grauwasser) vom so genannten Schwarzwasser (Abwasser aus Toilette und aus Küche). Grauwasser ist meist nur sehr gering belastet und kann mit relativ einfachen Mitteln aufbereitet und bspw. zur Toilettenspülung genutzt werden. Seit kurzem sind hierfür kommerzielle Grauwasseraufbereitungsanlagen verschiedener Hersteller auf dem Markt verfügbar, die aufgrund ihrer kompakten Bauweise problemlos im Keller unterzubringen sind. Gegenüber der Regenwassernutzung hat die Grauwassernutzung den Vorteil, dass sie zum einen mit wesentlich geringeren Speichervolumina auskommt und zum anderen, die Option offen hält, das Grauwasser als Wärmequelle direkt zu nutzen. Eine wichtige Voraussetzung sowohl zur Regenwassernutzung wie auch zur Grauwassernutzung ist es, entsprechende doppelte Leitungsführungen in den Gebäuden zu installieren. Dies ist im Falle von Neubauten einfach und kostengünstig umzusetzen. Eine Nachrüstung bestehender Gebäude ist wesentlich aufwändiger, falls sie nicht im Zuge einer Kernsanierung erfolgt.

Ungleich größere Potenziale zur Verbesserung der Effizienz der Wassernutzung ergeben sich, wenn entsprechende Maßnahmen für ganze Wohngebiete oder gar eine gesamte Kommune umgesetzt werden. Bei der Erschließung von Neubaugebieten ist dies noch relativ leicht möglich. Schwierigkeiten entstehen vor allem bei der Modernisierung der Wasserinfrastruktursysteme im Bestand. Hier sind langfristigere Planungen zum schrittweisen Übergang zu einem wassereffizienteren Infrastruktursystem notwendig. Dabei gewinnen vor allem nichttechnische Maßnahmen wie bspw. die Fortschreibung der rechtlichen Anforderungen (Bauordnung, Abwassersatzung etc.) gegenüber den rein technischen Maßnahmen eine zunehmende Bedeutung.

Beispiele für Systemlösungen sind innovative Wasserinfrastrukturkonzepte für Einzelgebäude (z. B. wasserautarke Gebäude), für Gebäudegruppen und Cluster, für Wohngebiete oder für ganze Stadtteile. Aber auch der Aufbau von Kaskadennutzungen oder Wasserkreisläufen in Betrieben oder die Integration von verschiedenen Ver-/Entsorgungssektoren wie bspw. der Wasserver- und Abwasserentsorgung mit der Entsorgung organischer Abfälle oder der Energieversorgung können hier als Beispiele genannt werden (Hiessl et al., 2003). Nachfolgend wird das Toronto Healthy House als Beispiel eines wasser- und energieautarken Hauses sowie das Projekt DEUS 21 mit einem innovativen, dezentralen Wasserinfrastrukturkonzept für ein Wohngebiet vorgestellt.

Das Toronto Healthy House (THH) ermöglicht den Verzicht auf zentrale Wasserinfrastruktursysteme. Das THH wurde als Stadthaus von der Canada Mortgage and Housing Corporation (CMHC), dem größten kanadischen Wohnungsbauunternehmen, entwickelt und im Jahr 1996 in Toronto zum ersten Mal errichtet. Ziel war es, den Nachweis zu führen, dass selbst in dicht bebauten Stadtgebieten ein nachhaltiges Hauskonzept in Form eines Reihenhauses umgesetzt werden kann, das zu einem erschwinglichen Preis gesundes Wohnen und einen sehr effizienten Umgang mit den Ressourcen Wasser und Energie ermöglicht. Das Haus ist hinsichtlich der Wasserver- und Abwasserentsorgung sowie der Energieversorgung autark und benötigt keinen Anschluss an öffentliche Netze. Die Versorgung mit Trinkwasser erfolgt durch aufbereitetes Regenwasser. Der Bedarf an Brauchwasser (Dusche, Toilettenspülung etc.) wird durch wassersparende Armaturen und Geräte weitgehend reduziert und durch aufbereitetes Regenwasser und im Kreislauf geführtes, aufbereitetes Grauwasser gedeckt. So wird im THH jeder Liter Wasser im Durchschnitt fünf Mal genutzt und wieder aufbereitet, bevor er auf dem Grundstück versickert wird. Die Aufbereitung erfolgt in insgesamt fünf Aufbereitungsstufen auf Grundlage des Waterloo Biofilter® Prozesses (Townsend et al., 1997), der auf höchste Wasserqualität ausgelegt ist und selbstverständlich auch Maßnahmen zur Hygienisierung umfasst. Die Kosten der Wasserinfrastruktur des Hauses belaufen sich auf ca. 15 000 kanadische Dollar. Die jährlichen Betriebskosten liegen unter 300 kanadische Dollar und sind damit sogar günstiger als herkömmlich versorgte Häuser. Das THH wird heute von der CMHC vermarktet (www.cmhc-schl.gc.ca).

Im Rahmen des vom Bundesministerium für Bildung und Forschung und dem Land Baden-Württemberg geförderten und von den Fraunhofer-Instituten IGB und ISI durchgeführten Projekts DEUS 21 (»Dezentrale Urbane Wasserinfrastruktur-Systeme«) wird seit Anfang 2004 in Zusammenarbeit mit der Stadt Knittlingen im Neubaugebiet »Am Römerweg« (ca. 100 Häuser vor allem Einfamilienhäuser) ein völlig neues Konzept einer Wasserinfrastruktur für ein neues Wohngebiet umgesetzt. Das Konzept unterscheidet sich sowohl hinsichtlich der Wasserver- wie auch der Abwasserentsorgung vom konventionellen System. Statt Regenwasser über das Kanalnetz abzuleiten oder vor Ort zu versickern, wird das von den Dächern ablaufende Regenwasser in Stauraumkanälen gesammelt und in einer Membrananlage soweit aufbereitet, dass es bezüglich der Inhaltsstoffe und der Hygiene den Anforderungen der Trinkwasser-Verordnung entspricht. Dieses hochwertige Brauchwasser wird den Haushalten im Baugebiet über ein parallel zum herkömmlichen Trinkwassernetz verlegtes Brauchwassernetz zur Verfügung gestellt. Das qualitätsüberwachte Brauchwasser wird zur Warmwasserbereitung eingesetzt und eignet sich darüber hinaus zur Körperpflege, zur Versorgung von Wasch- und Spülmaschine sowie zur Toilettenspülung und Gartenbewässerung. Da das Brauchwasser einen sehr geringen Härtegrad aufweist, reduziert sich der Bedarf an Wasch- und Spülmitteln und bei der Warmwasserbereitung kann auf die Zugabe von Entkalkungsmittel verzichtet werden. Durch diesen Ansatz wird nicht nur ein Beitrag zum Regenwassermanagement geleistet sondern Regenwasser wird erstmals als Rohwasser für höherwertige Nutzungen als nur für Toilettenspülung eingesetzt und reduziert damit die Notwendigkeit, Trinkwasser aus dem konventionellen Trinkwasserversorgungsnetz einzusetzen.

Auch im Abwasser geht DEUS 21 neue Wege. So wird das häusliche Abwasser über eine Vakuumkanalisation gesammelt. Damit wird der Verbrauch hochwertigen Wassers für Toilettenspülung und als Transportmedium für Fäkalien deutlich reduziert. Das häusliche Abwasser des Neubaugebietes »Am Römerweg« wird in einer dezentralen anaeroben Membran-Hochleistungsanlage gereinigt und die kohlenstoffhaltigen Abwasserbestandteile zu Biogas und die Nährstoffe Stickstoff und Phosphor zu einem verwertbaren Düngesalz umgesetzt. Das Biogas dient der Energieversorgung der Anlage mit Strom und Wärme. Überschüssiger Strom wird in das Versorgungsnetz eingespeist. Die Abwasserreinigung ist verfahrenstechnisch so ausgelegt, dass praktisch kein Klärschlamm entsteht.

Die anaerobe Abwasserreinigungsanlage kann neben dem häuslichen Abwasser auch organische Küchenabfälle verarbeiten, wodurch die Ausbeute an Biogas und damit die Energieausbeute weiter erhöht werden. Die Hauseigentümer haben deshalb die Möglichkeit, die Küchen mit einem Gerät zur Küchenabfallzerkleinerung auszustatten, das unterhalb des Spültisches angebracht wird. Die zu einem feinen Brei zerkleinerten Küchenabfälle werden gemeinsam mit dem häuslichen Abwasser entsorgt. Da im Gebiet eine Vakuumkanalisation und keine konventionelle Schwemmkanalisation installiert wird, bereitet die Zugabe der organischen Küchenabfälle zum häuslichen Abwasser keine Probleme beim Betrieb der Kanalisation. Neben der erhöhten Energieausbeute hat dieses Konzept für die Anwohner den Vorteil, dass die Biotonne überflüssig wird, von der vor allem in den Sommermonaten Geruchsbelästigungen und hygienische Beeinträchtigungen ausgehen.

RESÜMEE

Ausgehend von den einzigartigen Eigenschaften des Wassers und seiner Rolle als universelles Lösungsmittel, wurde die Rolle von Wasser als Lebensmittel und als »Betriebsstoff« für vielfältige Nutzungen in Gesellschaft und Wirtschaft deutlich gemacht. Da das natürliche Wasserdargebot geographisch (global und regional) sowie auch zeitlich sehr ungleich verteilt ist, müssen zwei Aspekte beachtet werden, wenn man einen nachhaltigen Umgang mit Wasser erreichen will: Wasser als knappe Ressource, wobei »knapp« je nach Ort hinsichtlich der Wassermenge als auch hinsichtlich der Wasserqualität gemeint sein kann und Wasser als Gefahrenfaktor für Gesellschaft und Wirtschaft (z. B. als Hochwasser), der derzeit im Zuge des globalen Klimawandels seine Charakteristik verändert. Wo Hochwasser früher eine handhabbare Gefahr darstellte, kann sich die Gefährdung durch die veränderten Niederschlagsregime künftig dramatisch verschärfen.

Sowohl auf internationaler (z. B. Millennium Development Goals der Vereinten Nationen) wie auf nationaler Ebene machen diese beiden Aspekte die Entwicklung entsprechender Strategien für die Umsetzung einer nachhaltigen Wasserwirtschaft notwendig. Der vielfältige Handlungsdruck auch in den Industrieländern führt bereits dazu, dass sich beim Umgang mit Wasser ein Paradigmenwechsel abzeichnet und die Schlüsselrolle des Wassers für eine nachhaltige Entwicklung anerkannt wird.

Wasser zu nutzen, bedeutet immer auch den Einsatz von Technik, weshalb die Wassertechnologie eine Schlüsseltechnologie für eine nachhaltige Entwicklung darstellt. Wassertechnologie ist aber auch eine Querschnittstechnologie, deren branchenübergreifende Anwendungen oftmals Ausgangsbasis für andere Technologien wie z. B. die integrierte Umwelttechnik sind. Sie ist schließlich eine »hybride Technologie«, deren Fortschritte zu einem nicht unerheblichen Teil durch den technologischen Fortschritt in anderen Technologiebereichen (z. B. Informations- und Kommunikationstechnologie, Sensor-, Werkstoff-, Bio-, Energie- und Verfahrenstechnologie) ermöglicht werden.

Wenn Wasser nachhaltiger genutzt werden muss, erfordert dies vielfältige Innovationen im Bereich der Wassertechnologie. Diese Innovationen lassen sich in sechs generische Innovationsrichtungen (Verbesserungen bei Aufbe-

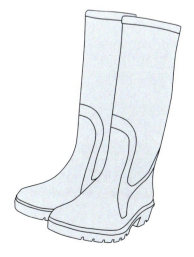

reitungsprozessen, beim Energieeintrag bzw. bei Energieentnahme aus Wasser, bei Prozessführung und -überwachung, bei Systemen zum Transport von Wasser, bei der Wassereffizienz der Nutzungsprozesse, bei Systemlösungen) einteilen, wobei der Beitrag für jede Richtungen Beispiele gibt.

Bezüglich des Handlungsbedarfs für eine nachhaltige Wasserwirtschaft lassen sich drei Schlussfolgerungen ziehen: Ein nachhaltiger Umgang mit Wasser erfordert zunächst die effektive und effiziente Nutzung technologischen Fortschritts, der endogen im Bereich der Wassertechnologie wie auch exogen, d. h. in anderen Technologiebereichen, generiert wird. Dies setzt voraus, dass die bestehenden Wasserinfrastruktursysteme so verändert werden, dass sie eine leichte Integration des technischen Fortschritts erlauben. Wenn der Umgang mit Wasser in den urbanen Gebieten nachhaltiger gestaltet werden soll, ist es aufgrund der langen technischen Lebensdauern der urbanen Wasserinfrastruktursysteme und ihrer hohen Pfadabhängigkeit notwendig, dass die Kommunen und der Betreiber der Wasserinfrastruktursysteme wesentlich langfristigere Planungsperspektiven ergreifen, als dies heute üblich ist. Vergleicht man schließlich die in den vergangenen 30 Jahren im Bereich der betrieblichen Wasserwirtschaft durch Einsatz dezentraler Technologien realisierte Teilstrombehandlung und Kreislaufführung des eingesetzten Wassers gemachten Fortschritte und die hierdurch erreichte Entkopplung des Wasseraufkommens von der Produktionsmenge mit dem technologischen und konzeptionellen Stand der kommunalen Wasserwirtschaft, so wird deutlich, dass hier ein großes Potenzial für den Transfer von Technologie sowie auch von konzeptionellem Know-how aus dem Bereich der gewerblichen Wasserwirtschaft in die kommunale Wasserwirtschaft besteht. Dieses Know-how sollte im Sinne eines nachhaltigen Umgangs mit Wasser in urbanen Gebieten genutzt werden.

LITERATUR

Böhm, E.; Hillenbrand, T.: Quantitative und qualitative Aspekte industrieller und gewerblicher Wassernutzung in Deutschland. Sonderheft ZAU 2004.

Chaplin, M.: Water Structure and Behavior, 2004 http://www.lsbu.ac.uk/water/.

Herbst, H.; Hiessl, H.: Umsetzungsstrategie zur Einführung marktorientierter Wasserinfrastruktursysteme in Deutschland. In: Dohmann, M. (Hrsg.): 35. Essener Tagung für Wasser- und Abfallwirtschaft. Gewässerschutz – Wasser – Abwasser 185, S. 46/1 bis 46/13. Gesellschaft zur Förderung der Siedlungswasserwirtschaft an der RWTH Aachen e.V., Aachen, 2002.

Hiessl, H.; Toussaint, D.; Becker, M.; Dyrbusch, A.; Geisler, S.; Herbst H.; Prager, J. U.: Alternativen der kommunalen Wasserversorgung und Abwasserentsorgung – AKWA 2100. Band 53, »Technik, Wirtschaft und Politik«, Physica-Verlag, Heidelberg, 2003.

Mills, D.: A new process for electrocoagulation. Journal AWWA, Vol. 92, No. 6, pp. 34 – 43, 2000.

Munter, R.: Advanced Oxidation Processes – Current Status and Prospects. Proc. Estonian Acad. Sci. Chem., 2001, 50, 2, 59 – 80, 2001.

Parsons, S.: Advanced Oxidation Processes for Water and Wastewater Treatment. IWA Publishing, ISBN 1843390183, 2004.

Piller, S. et al.: Potenzialstudie zur Abwasserwärmenutzung in Bremerhaven. Bremerhavener Energieagentur bea und Gesellschaft für produktionsintegrierte Umweltsystemtechnologien und -management mbH, 2004.

Stuetz, R.: Principles of Water and Wastewater Treatment Processes. IWA Publishing, ISBN 1843390264, ed., 2004.

Townshend, A. R.; Jowett, E. C.; R. A. et al.: Potable Water Treatment and Reuse of Domestic Wastewater in the CMHC Toronto »Healthy House«, ASTM STP 1324, M.S. Bedinger, J.S. Fleming, and A.I. Johnson, Eds., American Society for Testing and Materials, West Conshohoken, PA, 1997, pp. 176–187, 1997.

Tröster, I.; Schäfer, L.; Fryda, M.; Matthée, T.: Electrochemical advanced oxidation process using DiaChem® electrodes. Water Science & Technology Vol 49 No 4 pp 207– 212© IWA Publishing 2004.

United Nations: United Nations Millennium Declaration. General Assembly, 18. September 2000, A/RES/55/2: www.un.org/millenniumgoals/.

INNOVATIVE TRANSPORT- UND VERKEHRS-TECHNOLOGIEN FÜR NACHHALTIGE MOBILITÄT

Gerhard Zeidler

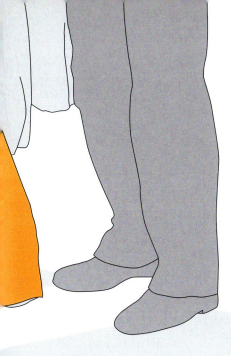

EINFÜHRUNG

Mobilität ist für die Menschen Freiheit und Lebensqualität, für die Wirtschaft ist sie Existenzgrundlage und Voraussetzung für Wachstum. Eine leistungsfähige Verkehrswirtschaft und eine bedarfsgerechte Verkehrsinfrastruktur sind erstrangige Standortfaktoren. Wer Investitionen in die Infrastruktur und moderne Transporttechnologien vernachlässigt, fällt im globalen Wettbewerb zurück.

Deutschland muss der Verkehrsinfrastrukturpolitik deshalb mehr Aufmerksamkeit widmen. Nicht zuletzt, weil die knappen Staatsfinanzen und der zunehmende Erhaltungsbedarf den Spielraum für Investitionen einengen. Gefragt sind organisatorische Innovationen und moderne Technologien. Auf ihrer Grundlage lässt sich ein möglicher Verkehrskollaps verhindern und der Transport flüssiger, wirtschaftlicher und sicherer gestalten. In der Konsequenz werden sich auch die Umweltbelastungen verringern.

Die Prognosen zur Verkehrsleistung in Deutschland und wichtigen Nachbarstaaten sind eindeutig: Für den Zeitraum von 2000 bis zum Jahr 2015 wird der Personenverkehr um rund 20 % und der Güterverkehr um rund 50 % wachsen.[1, 2]

Die Anteile des Verkehrsträgers Straße mit derzeit fast 90 % am Personenverkehr und 65 % beim Güterverkehr machen deutlich, vor welchen Herausforderungen alle Beteiligten in den nächsten Jahren stehen. Verschärft wird das Problem durch die jüngst erfolgte Aufnahme von zehn osteuropäischen Staaten in die Europäische Union. Verkehrsexperten schätzen, dass der Personen- und Gütertransport zwischen Zentral- und Osteuropa um knapp 90 % steigen wird. Neue Konzepte für den Straßenverkehr sind deshalb entscheidend für eine in die Zukunft gerichtete Verkehrspolitik.

Die Ziele sind klar: Den Kollaps auf den Straßen vermeiden, Wirtschaftswachstum fördern und Nachhaltigkeit in Fragen der Umwelt und Sicherheit verwirklichen. Dazu bedarf es allerdings eines Bündels an Maßnahmen, die möglichst gleichzeitig in Angriff genommen werden müssen. Nicht zuletzt aus dieser Sicht heraus wird nachfolgend vor allem auf Fragen der Verkehrsorganisation und auf innovative Technologien für den Erhalt der Mobilität eingegangen.

DIE VERKEHRSORGANISATION DER ZUKUNFT
INFORMATIONS- UND KOMMUNIKATIONSTECHNIK

Gut ausgebaute Verkehrswege sind ein knappes Gut: Sie können mit Rücksicht auf andere gesellschaftliche Ziele – z. B. den Landschafts- und Umweltschutz – nicht beliebig erweitert und vermehrt werden. Das gilt sowohl für den Ballungsraumverkehr wie auch für den Regional- und Fernverkehr.

Deshalb wird das Ausschöpfen der Kapazitäten des vorhandenen Verkehrs-
raums in Zukunft immer wichtiger. Den Schlüssel dazu liefern die Informa-
tions- und Kommunikationstechnologien. Ihre innovativen Beiträge wandeln
insbesondere den Verkehrsträger Straße um vom vergleichsweise einfachen
»Bauprojekt« in ein »intelligentes Verkehrssystem«.

Durch vernetzte Einzeltechnologien und einen verbesserten Kommunika-
tionsfluss lassen sich Leistungsreserven aktivieren. Zusätzlicher Verkehr
kann so bewältigt, unnötiger – etwa Lkw-Leerfahrten – vermieden werden.
Die intelligente Organisation des Verkehrs wird die Effizienz des gesamten
Transport- und Logistikbereichs noch deutlich steigern. Indem die neuen
digitalen Technologien zudem für mehr Ausgewogenheit zwischen den einzelnen Verkehrsträgern sorgen, fördern sie Wirschaftlichkeit, Sicherheit und
Umweltfreundlichkeit. Welche Zukunftstechnologien kommen hierfür in
Frage?

MOBILFUNKTECHNOLOGIE

Das Zeitalter des Mobilfunks begann in Europa in den Jahren ab 1980. Mit
dem Global System for Mobile Communications (GSM) definierte die Europäische Konferenz für Post und Telegraphie 1990 den ersten Standard. Diese
mittlerweile in über 200 GSM-Netzwerken in über 110 Staaten verbreitete
Mobilfunknorm ist die Basis für den Datenaustausch der Verkehrsträger und
Verkehrsteilnehmer.

Da in den meisten Fahrzeugen Elektroniksysteme bereits vorhanden sind,
können wichtige Daten für eine bessere Verkehrsorganisation erfasst und
über eine fest eingebaute GSM-Karte an einen entsprechenden Serviceanbie-
ter übermittelt werden. Neuere GSM-Chips berechnen zudem die Lauf-
zeit zwischen mehreren Transmitterstellen. Dadurch lässt sich die Position
eines Fahrzeugs bestimmen, die für Dienste wie etwa ortsbezogene Informationen (Local Based Services) erforderlich ist. Die GSM-Nachfolger GPRS
(General Packet Radio Service) und UMTS (Universal Mobil Telecommunications System) ermöglichen in Zukunft außerdem Datenübertragungsraten,
die sowohl für Internet- und Multimedia-Anwendungen als auch für das
Übertragen von komplexen Daten geeignet sind. Eine solche Datenkommuni-
kation zwischen dem mobilen System und entsprechenden Serviceanbietern
schafft die Basis für gezielte Informationen und damit für einen reibungslo-
seren Verkehrsfluss.

SATELLITENGESTÜTZTE NAVIGATION

Innovative Konzepte für intelligentes Verkehrsmanagement setzen unter anderem auf die Telematik. Die erforderliche Basistechnologie ist die satelliten-

gestützte Kommunikation, die mit dem europäischen Programm Galileo auf eine neue Stufe gestellt wird. Mit neuartigen Navigationssatelliten können Fahrzeuge ihre Position noch präziser bestimmen als mit dem bereits verfügbaren US-amerikanischen Global Positioning System (GPS). Außerdem wird bei Galileo eine 100-prozentige Verfügbarkeit angestrebt, die bei GPS aus strategischen Gründen von den USA derzeit nicht garantiert wird. Diese vollständige Verfügbarkeit ist aber wesentlich für viele Navigationsfunktionen im Verkehr. Insgesamt sollen 30 Satelliten in 24 000 Kilometer Höhe platziert werden. Galileo wird komplementär zum derzeitigen US-amerikanischen GPS sein.

Innovativ ist bei Galileo auch das Finanzkonzept. Das Galileo-Programm ist in drei Zeitphasen gegliedert und umfasst ein Kostenvolumen von 3,4 Milliarden Euro. Nur in der Anfangsphase – bis 2005 wird das System entwickelt und validiert – tragen die Europäische Union und die Europäische Weltraumorganisation die Kosten. Die Aufbauphase von 2006 bis 2007, in der die Satelliten in Position gebracht sowie die Bodenstationen errichtet werden, sollen bereits die künftigen Konzessionsträger finanzieren.[3]

Folgende Haupteinsatzgebiete sind geplant:[4]

1. *Navigation:* Im Jahr 2010 sollen sich weltweit rund 670 Millionen Personenwagen, 33 Millionen Lastkraftwagen und Busse sowie 200 Millionen leichte Transporter exakt orten lassen. Auch Fahrer-Assistenz-Systeme werden unterstützt.
2. *Verkehrsmanagement:* Durch Monitoring und Management des Straßenverkehrs sollen die Reisezeiten um bis zu 20 % sinken, indem bei Staugefahr alternative Routen aufgezeigt werden.
3. *Flottenmanagement:* Taxizentralen, Busunternehmer und alle Betreiber von gewerblich genutzten Fahrzeugen können sich über den augenblicklichen Standort ihrer Fahrzeuge informieren.
4. *Rettungsdienste:* In Europa sind derzeit etwa 60 000 Rettungsfahrzeuge im Einsatz. In Kooperation mit dem EU-Projekt eCall können Rettungseinsätze schneller und genauer zum jeweiligen Einsatzort geführt werden.
5. *Maut:* Straßennutzungsabhängige Entgelte lassen sich exakt erheben und streckenabhängig abrechnen.

DIGITALER RUNDFUNK

Digitales Audio Broadcasting (DAB) wird künftig die satellitengestützte Navigation ergänzen. Die wichtige Technologie befindet sich derzeit zwar noch in der Markteintrittsphase. Sie wird aber die akustische Leistungsfähigkeit der Rundfunkübertragung wesentlich erhöhen. Zudem lassen sich mit

ihr zusätzliche Informationen an die Endgeräte leichter übermitteln. Mit einfach kombinierten Anzeigesystemen können detaillierte Verkehrsinforma-
tionen gesendet und angezeigt werden. DAB eignet sich auch für das Übertragen von Text, Farbbildern und weiteren Informationen, z. B. über den
Straßenzustand.

DIGITALE STRASSENKARTEN

Bereits 1986 wurde erkannt, dass ein Standard bei den digitalen Straßenkar-
ten erforderlich ist. Im Rahmen des Projekts »European Digital Road Map«
entwickelte die Europäische Union einen solchen Standard, und zwar primär
für Navigation, Flottenmanagement und Verkehrsmanagement. Die Fahr-
zeugposition mit kosten- oder sicherheitsrelevanten Funktionen verknüpfen
zu können, erfordert hohe Verfügbarkeit und Präzision beim Berechnen des
Standorts sowie beim Bezug zum Straßennetz. Aktuelle digitale Straßenkar-
ten sind deshalb wesentlich für alle Navigations- und Ortungssysteme.

DYNAMISCHE VERKEHRSBEEINFLUSSUNG

Wer dynamisches Verkehrsmanagement betreiben will, muss die jeweils aktuelle Verkehrslage ortsgenau kennen. Beim FCD-System (Floating Car Data)
dient eine gewisse Anzahl von Fahrzeugen, die im normalen Verkehr »mit-
schwimmen«, als mobiles Sensorennetz. Sie erheben spezifische Daten, z. B.
zur Geschwindigkeit, Position und Fahrtrichtung. Daraus lassen sich in den
jeweiligen Leitzentralen – zusammen mit Daten von stationären Sensoren –
lokale Verkehrssituationen ableiten und an alle Verkehrsteilnehmer übertragen. Einzelne Fahrzeughersteller verbinden ihre Navigationssysteme bereits
mit dieser FCD-Funktion und können so ihren Kunden optimale Verkehrs-
informationen anbieten. Durch die Zusammenarbeit zwischen mehreren
Herstellern wird die Datenqualität weiter verbessert.
Mit aktuellen Verkehrslagedaten lassen sich überdies Verkehrsströme beeinflussen, so z. B. durch variable Verkehrszeichen. Es existieren bereits zahlreiche Beispiele in Ballungsgebieten und an Stau- und Unfallschwerpunkten.
Ein flächendeckendes Netz steht aber noch aus. Die Hauptursache liegt in
den zersplitterten Zuständigkeiten für die jeweiligen Straßen. Noch fehlen
hierfür in vielen Städten Verkehrsmanagementzentralen, die übergreifend für
Kommunal-, Kreis-, Landes- und Bundesverkehrswege zuständig sind und
gleichzeitig die jeweils zuständigen Behörden sowie die Betreiber des öffentlichen Personenverkehrs vernetzen.
Ein entscheidender Punkt beim Thema Verkehrsmanagement ist die Akzeptanz der Fahrer. Da es sich in aller Regel um Routenvorschläge handelt, die
von der Verkehrsmanagementzentrale angeboten werden, müssen diese in

sich werthaltig sein. Anders ausgedrückt: Die Qualität des Verkehrsmanagements entscheidet über die Akzeptanz der Systeme.

VERNETZTE VERKEHRSTRÄGER

Die Innovationen der Informations- und Kommunikationstechnologien wirken bei allen Verkehrsträgern kapazitäts- und effizienzerhöhend. Dies gilt sowohl für den Personen- als auch für den Güterverkehr. Sie ermöglichen zudem durch die informationstechnische Integration den Aufbau leistungsfähiger Transportketten, bei denen die spezifischen Vorteile der einzelnen Verkehrsträger optimal genutzt werden. Damit kann der erwartete Zuwachs im Straßenverkehr zwar nicht ausgeglichen, aber zumindest teilweise kompensiert werden.

Aber abgesehen von technischen Innovationen verlangen insbesondere die bereits hohe Güterverkehrsdichte in Europa und das weitere Wachstum des Transportvolumens nach einer konzertierten Aktion von Politik, Wirtschaft und Verbänden. Ansonsten werden in naher Zukunft Mobilität und Lebensqualität ebenso leiden wie Wohlstand und Wettbewerbsfähigkeit.

Es stellt sich die Frage nach einer langfristigen Strategie für den Güterverkehr in Europa. Der Ausbau des Straßennetzes ist zwar nötig, aber – wie eingangs erwähnt – nur begrenzt möglich und keineswegs ausreichend. Die Lösung der Probleme liegt vielmehr in einer besseren Kombination der Stärken der verschiedenen Verkehrsträger zu einem effizienten Gesamtsystem. Im Rahmen dieser so genannten »Intermodalität« müssen auch die vorhandenen Kapazitäten der Bahn besser genutzt werden.

Eine Übersicht zum Verkehrsaufkommen in Deutschland sowie der EU – aufgeschlüsselt nach den verschiedenen Verkehrsträger – ist in den Tabellen 1 – 3 S. 187 f aufgeführt.

SCHIENENVERKEHR

Die Vorteile des Schienenverkehrs liegen in der Sicherheit, in der Energieeffizienz und in kostengünstigen Massentransporten. In Ballungsräumen ist der schienengebundene Personennahverkehr ein unverzichtbarer Bestandteil eines leistungsfähigen Verkehrsverbundes. Im Fernverkehr sind Hochgeschwindigkeitssysteme wie der deutsche ICE oder der französische TGV wirtschaftlich und ökologisch interessante Alternativen zum Flugverkehr. Vorteile gibt es auch im Güterverkehr. Ab einer Distanz von rund 300 Kilometern können zeitunkritische Güter in großen Mengen wirtschaftlich transportiert werden. So kann ein Zug rund 60 Lkw-Ladungen gleichzeitig befördern.

Dennoch hat sich in den letzten Jahrzehnten europaweit der Anteil des Schie-

nenverkehrs am gesamten Personen- und Güterverkehrsaufkommen gegenüber anderen Verkehrsträgern kontinuierlich verringert.[5] Das lag einerseits
an der mangelnden Wirtschaftlichkeit vieler Strecken und Angebote, anderseits aber auch an unzureichender Flexibilität und Kundennähe.

Derartige Defizite des Schienenverkehrs sind hinlänglich bekannt. Die Lösungsansätze wurden im Rahmenprogramm Europäisches Eisenbahnver-
kehrsleitsystem zusammengefasst. Priorität haben dabei digitale Datenüber-
tragungstechniken für das Zug- und Verkehrsmanagement, für die Sicherheit
von Zügen und Signalen. Ziel ist ein Quantensprung in der Eisenbahntech-
nologie.

Damit die Schiene im Schulterschluss mit der Straße eine aktivere Rolle im
europäischen Güterverkehr übernehmen kann, muss sie ihre Transportleis-
tungen wettbewerbsfähig anbieten können. Die Deregulierung und Privati-
sierung der ehemals staatlichen Bahnbetriebe waren und sind wichtige Wei-
chenstellungen in diese Richtung. Dennoch bleibt für alle Beteiligten viel
Arbeit. So müssen beispielsweise die Bahnbetreiber ihr nationales Denken
überwinden und verstärkt Wettbewerbsfähigkeit im europäischen Maßstab
entwickeln. Dazu gehören auch einheitliche Standards in der Umschlagtech-
nik. Derartige Maßnahmen erhöhen die Wettbewerbsfähigkeit des kombinierten Verkehrs »Straße-Schiene-Straße«. Denn insbesondere im Güterverkehr ist eine bessere Verknüpfung von Schiene und Straße wesentlicher
Grundpfeiler einer langfristigen Mobilitätsstrategie für Europa.

SCHIFFFAHRT

Für den Personenverkehr sind die Wasserstraßen in Deutschland unbedeu-
tend. Am Güterverkehr in Deutschland hat die Binnenschifffahrt jedoch
einen ähnlich großen Anteil wie der Schienengüterverkehr. Allerdings sind
die Prognosen für das Jahr 2015 pessimistisch; der Anteil der Binnenschifffahrt am Güterverkehr wird voraussichtlich sinken.

Eine stärkere Integration in den Güterverkehr der Zukunft bietet sich vor
allem bei Binnenhäfen an. Sie sind in einem integrierten Verkehrssystem eine
ideale Schnittstelle für eine trimodale Kombination der Verkehrsträger Binnenschifffahrt, Schienenverkehr und Straßenverkehr. Ein positives Beispiel
existiert bereits in Bayern. Die sechs Hafenanlagen von Aschaffenburg, Bam-
berg, Nürnberg, Roth, Regensburg und Passau wurden organisatorisch
zusammengefasst und sollen kontinuierlich zu einem europäischen Logistik-
zentrum ausgebaut werden. In Kombination mit dem Umschlag auf den Straßenverkehr ergeben sich interessante Möglichkeiten, primär bei Massen-
gütern wie Baustoffe und Mineralöl. Mittelfristig sollen auch andere Pro-
duktgruppen vorrangig auf Wasserstraßen befördert werden können. Dazu

müssen die Umschlagplätze und Schiffe modernisiert und die entsprechenden Kommunikationsstrukturen weiter optimiert werden.

Wenn der Ansatz des trimodalen Verkehrs weitergedacht und auch auf andere Güter ausgedehnt wird, kann in Deutschland der Anteil des Güterverkehrs im Bereich der Wasserstraßen zumindest gehalten oder sogar ausgebaut werden. Vergleichbare Ansätze gelten auch für die Seeschifffahrt. So lässt sich die starke Position der deutschen Containerschifffahrt nur halten und weiterentwickeln, wenn beim notwendigen Ausbau der Seehäfen nicht nur die Anforderungen an künftige Schiffsgrößen und Kapazitäten berücksichtigt werden, sondern auch die Verknüpfungen mit anderen Verkehrsträgern.[6]

LUFTVERKEHR

Der Luftverkehr ist das traditionelle Beispiel zur Notwendigkeit des Übergangs von einem Verkehrsträger zum anderen: Im Personenverkehr gelten als Zubringer der Individualverkehr auf der Straße und alle Varianten des öffentlichen Personenverkehrs. Die hier erkennbaren Entwicklungen der vergangenen Jahre können als Richtschnur für die Kombination anderer Verkehrsträger gelten. Einerseits wurde durch bauliche Maßnahmen ein funktioneller Übergang zwischen den Verkehrsträgern geschaffen. Ein Beispiel dafür ist die neue Integration des Rhein-Main-Flughafens in das Schnellbahnnetz. Andererseits kann der Reisende dank moderner Technik per Internet aktuelle Informationen wie Flugzeiten, Fahrpläne oder das Parkplatzangebot für seine Reisepläne nutzen.

Mit der wachsenden Effizienz im Schienenschnellverkehr verlagert sich der Schwerpunkt im Luftverkehr auf Entfernungen über 400 Kilometer. Über kürzere Distanzen bestehen inzwischen verschiedene konkurrenzfähige Alternativen. Dennoch ist der Luftverkehr der Verkehrsträger mit den höchsten Wachstumsraten. Darüber hinaus darf vermutet werden, dass aktuelle Entwicklungen wie der Boom bei den Billigfluglinien noch gar nicht angemessen berücksichtigt sind. Hier ist ein Trend erkennbar, der zusätzliches Wachstum generiert.[7]

Deutliches Wachstum verzeichnet auch die Luftfracht. Das Luftfrachtaufkommen in Europa betrug 2003 etwa 4,4 Millionen Tonnen. Eine Prognose von Lufthansa Cargo rechnet mit einer jährlichen Steigerungsrate von knapp sechs Prozent für die nächsten Jahre.[8] Parallel dazu erwartet der Internationale Luftverkehrsverband IATA auch für die Frachtkapazität – ca. 69 000 Tonnen in 2000 – eine vergleichbare Zunahme von etwa fünf Prozent jährlich. Die Anzahl der Flüge wird sich dabei nur in geringerem Umfang erhöhen, denn mit der Außerbetriebnahme älterer Frachtmaschinen wird sich die durchschnittliche Kapazität der Flugzeuge mehr als verdoppeln. Dieser Trend zeigt sich bei den modernen Großflugzeugen. Der neue A380-Frachter hat z.B. mit 150 Tonnen Nutzlast fast die doppelte Kapazität einer Boeing-747F.[9]

Verglichen mit den Transportkapazitäten anderer Verkehrsträger sind dies allerdings nur geringe Mengen. Der Transport per Luftfracht bleibt ein Gebiet für »besondere Güter« oder für Fälle, in denen die Transportzeit oder -qualität maßgeblich sind.

Aus dem Blickwinkel der Nachhaltigkeit fällt beim Luftverkehr der höhere Energiebedarf und die andere Qualität der Abgabe von Schadstoffen in großen Höhen der Atmosphäre ins Gewicht. Die Unternehmen arbeiten daher intensiv an der Reduktion des Energieverbrauchs; einerseits durch modernere Technik im Flugzeug, andererseits bei der Infrastruktur am Boden. Hier geht es vor allem um eine zügigere Abfertigung. Denn letztendlich ist ein »Stau in der Luft«, etwa beim Landeanflug, genauso wirtschafts- und umweltschädigend wie auf der Straße. Dagegen ist der Einsatz von Technik für das Verkehrsmanagement im Luftverkehr viel weiter fortgeschritten als im Straßenverkehr. Neben dem hohen Sicherheitsbedürfnis spielt dabei eine Rolle, dass weniger Partner und »mobile Einheiten« beteiligt sind. Trotzdem sollte geprüft werden, welche Funktionen, die im Luftverkehr bereits realisiert wurden, auch auf andere Verkehrsträger übertragen werden können.

DIE FAHRZEUGTECHNIK ALS SCHLÜSSELELEMENT
FÜR EFFIZIENTEN UND UMWELTSCHONENDEN VERKEHR

Das heutige Verkehrssystem hängt weitgehend von fossilen Brennstoffen, im Wesentlichen Rohöl, als Energieträger ab. Damit verbunden sind Aspekte der Rohstoffknappheit aufgrund stark steigender Nachfrage bei gleichzeitig eher stagnierendem Angebot. Hauptförderländer und Hauptverbraucher sind nicht deckungsgleich und einige der Ersteren weisen instabile politische Verhältnisse auf. Hinzu kommen Umweltfragen, da beim Verbrennen von fossilen Brennstoffen Treibhausgase und andere umwelt- und gesundheitsschädliche Abgase entstehen.

Mit Bezug auf das Fahrzeug lassen sich für den Straßenverkehr zwei Ansätze für ein nachhaltiges Verkehrssystems identifizieren: veränderte Fahrzeugkonzepte und neue Antriebstechnologien.

FAHRZEUGKONZEPTE

Neuartige Fahrzeugkonzepte verfolgen das Ziel einer verbesserten Aerodynamik und eines verringerten Fahrzeuggewichtes. Eine bessere Aerodynamik haben die Autokonstrukteure schon in der Vergangenheit mit hoher Priorität

angestrebt, sodass massive Fortschritte in Form von Technologiesprüngen hier nicht erwartet werden können.

Die Reduktion des Fahrzeuggewichtes bietet weitaus größere Effizienzpotentiale, da bei durchschnittlichen Pkw-Besetzungsgraden von unter 1,5 Personen im Mittel noch mehr als 1 000 Kilogramm Fahrzeug pro Person bewegt werden. Als Ansätze auf diesem Weg kann man die Leichtbaubestrebungen eines deutschen Automobilherstellers nennen. Dabei geht es um den Einsatz von Aluminiumkarossen und anderen neuen Werkstoffen. Wesentlich weiter gehen Zukunftsvisionen – z. B. von Frederic Vester im Auftrag eines US-amerikanischen Automobilherstellers.[10] Darin werden leichte, kompakte Fahrzeuge mit einem Bruchteil des Gewichts heutiger Pkw als Trend der Zukunft postuliert. Mit diesen Kompaktfahrzeugen können zwei Personen mehr als 95 % ihrer Fahrten abwickeln. Das verringerte Gewicht und kleinere Motoren, die die meiste Zeit in ihrem optimalen Drehzahlbereich laufen, sollen für deutliche Reduktion des Energieverbrauches sorgen. In Kombination mit Car-Sharing-Ansätzen könnte ein wesentlich effizienteres Straßenverkehrssystem entstehen. Denn für Car-Sharing eignen sich sowohl Leichtfahrzeuge als auch Fahrzeuge, mit denen z. B. Urlaubs- oder sonstige Langstreckenfahrten abgewickelt werden. Abgesehen von Car-Sharing und Initiativen für leichte, fahrerlose Fahrzeuge (z. B. Cybermove-Projekt) ist beim technischen Fortschritt der Fahrzeugkonzepte auch ein gegenläufiger Trend zu beobachten.[11] Die Fahrzeuge werden durch den Einbau immer weiterer Aggregate immer schwerer und wuchtiger. Und Sports-Utility-Vehicles (SUV), die oft mehr als 2,5 Tonnen wiegen, erfreuen sich wachsender Beliebtheit. Dieser Trend wirkt sich unvorteilhaft auf die Akzeptanz von kompakten Leichtfahrzeugen aus, da diese im Falle einer Kollision mit den Pkw herkömmlicher Bauart deutlich höheren Risiken ausgesetzt sind. Dies belegen auch Crashversuche, die DEKRA durchgeführt hat.[12]

ANTRIEBSTECHNOLOGIEN

Nachhaltige Veränderungen der Antriebstechnologie sind viel wahrscheinlicher als veränderte Fahrzeugkonzepte, da die eingangs geschilderten Probleme des fossilen Brennstoffverbrauchs in den Autokonzernen und in der Politik thematisiert werden. Hier zeichnen sich konkrete Pfade ab mit kurz-, mittel- und langfristigen Perspektiven.

Speziell bezüglich der Nachhaltigkeit von neuen Antriebstechnologien und Sicherheitskonzepten werden parallel verschiedene Lösungen relativ kurz bis mittelfristig auf den Markt kommen und die klassischen Technologien zum Teil ersetzen. Primär geht es dabei um alternative Antriebs- und Kraftstoffe. Vergleicht man die verschiedenen konventionellen Konzepte (Benzin und

Diesel) sowie so genannte alternative Antriebe (z. B. Brennstoffzelle, Hybrid-Motoren), dürften die alternativen Konzepte, vor allem aus Kostengründen, lediglich 10 bis 15 % Marktanteil im Jahr 2015 erreichen.[13]

Flankierende Maßnahmen wie finanzielle Anreize können den Markterfolg sicherlich etwas beschleunigen, jedoch sind dieser Möglichkeit enge Grenzen gesetzt. Die Brennstoffzellentechnik ist z. B. ein Bereich mit hohem Potenzial für die zukünftige Antriebstechnik, bei der gerade der automobile Einsatz intensive Entwicklungsarbeiten erfordert. Im Jahr 2004 wurde ein bedeutender Durchbruch im Bereich der Brennstoffzelle erzielt. Die Kaltstarttemperatur sowie die damit verbundenen Probleme mit Kondensatanfall sind weitgehend gelöst. Auch wenn dies ein wichtiger Schritt auf dem Weg zur Alltagstauglichkeit ist, bleiben noch viele Fragen offen – beispielsweise zur Produktion von Wasserstoff, zum sicheren Speichern sowie zur Infrastruktur. Der höchste Wirkungsgrad eines Einzelaggregates zum Fahrzeugantrieb soll bei der Brennstoffzelle, betrieben mit Wasserstoff, liegen. Die nachhaltige Produktion von Wasserstoff mittels regenerativer Energie ist zu marktgängigen Preisen jedoch heute noch nicht möglich.

Es sind also einige Zwischenschritte auf dem Weg dorthin erforderlich. Dazu gehören primär noch weiter optimierte Diesel-Direkteinspritzkonzepte, in Kombination mit synthetischen Kraftstoffen und so genanntem Sun-Fuel, also CO_2-neutraler Kraftstoff, bei dem aus Biomasse erzeugtes Synthesegas zum Einsatz kommt (Gas-to-Liquid-Prozess). Bei steigenden Kraftstoffkosten für rohölbasierende Kraftstoffe werden diese Alternativen wirtschaftlich darstellbar. Die Verfügbarkeit dieser Alternativen, die dem konventionellen Kraftstoff in seinem Einsatz und in der Infrastruktur sehr ähnlich sind, wird sich positiv auf die gesamte CO_2-Emission auswirken. Die tatsächlichen Potenziale der verschiedenen Alternativen lassen sich aus heutiger Sicht schwer einschätzen. Jedoch besteht kein Zweifel daran, dass sie das Rohöl nicht ersetzen können. Es wird auch nicht nur eine einzige Alternative geben, sondern mehrere, die regional oder auch zeitlich beschränkt zum Einsatz kommen. So sind Hybrid- oder Elektrofahrzeuge zweifellos ein taugliches Konzept für weniger Emissionen in Ballungsräumen oder für den Zustellverkehr (Kurier, Express und Paketlieferungen). Jedoch können auch diese Konzepte die Gesamtsituation nicht grundlegend ändern.

SCHADSTOFFAUSSTOSS

Die langjährige Zunahme der Emissionen durch den Straßenverkehr hat mit dem Drei-Wege-Katalysator seit 1990 eine deutliche Trendwende erfahren. Das heißt HC, NO_X, CO sind auf Werte um 200 Kilotonnen pro Jahr (kt/a) stabilisiert, gegenüber Werten von 1 200 kt/a aus den Jahren vor 1985.[15]

Durch neuartige Diesel-Partikelfilter wird man auch hinsichtlich der Ruß-problematik eine rasche Trendwende erreichen können. Das CO_2-Problem ist jedoch noch nicht in gleichem Maße gelöst, da durch die gestiegenen Fahr-leistungen Einspareffekte durch geringeren Verbrauch weitgehend kompen-siert werden. Es bleibt also das Problem der CO_2-Emission aus dem Einsatz von fossilen Kraftstoffen. Vom europäischen Verband der Automobilherstel-ler ACEA wurde zugesagt, den CO_2-Ausstoß der Neuwagenflotte von 1995 bis 2008 um 25% auf 140g/km zu reduzieren.[16] Die bisherigen Ergebnisse zeigen, dass dieses Ziel erreicht werden kann.

Kurzfristig (ein bis fünf Jahre) werden Partikelfilter als End-of-Pipe-Techno-logie die Abgase von Diesel-Pkw reinigen und dadurch die Gesundheits-gefahr durch Partikel deutlich verringern. Es wäre wünschenswert, wenn eine ähnliche Technik auch in Diesel-Lokomotiven und Schiffen eingesetzt wer-den würde. Sparsame Antriebe gewinnen durch politik- oder verknappungs-bedingte Preissprünge bei Kraftstoffen an Attraktivität, wie sich in den letz-ten Jahren durch den Boom bei Diesel-Pkw erkennen ließ. Aber auch Hy-brid-Fahrzeuge, die sparsame, abgas- und geräuscharme Elektromotoren mit Verbrennungsmotoren kombinieren, werden sich bei kosten- und umweltbe-wussten Pkw-Fahrern stärker durchsetzen.

Mittelfristig (fünf bis 15 Jahre) spielen Übergangstechnologien auf dem Kfz-Markt eine Rolle. Dazu gehören Erdgasfahrzeuge und Fahrzeuge, die mit Kraftstoffen aus Biomasse betrieben werden können (z. B. Bio-Gas und Rapsöl). Hier bietet Erdgas den Vorteil einer deutlich besseren Verfügbarkeit als Rohöl, einer schadstoffärmeren Verbrennung und der Emission einer geringeren Menge an Treibhausgasen pro Energieeinheit. Für Biomasse lässt sich vor allem die Neutralität bei der Emission der Treibhausgase bei einge-schränkter Verfügbarkeit anführen. Der Einsatz von Erdgas als Kraftstoff kann langfristig den Weg ebnen für alternative, gasförmige Kraftstoffe, da dieselbe Art von Versorgungsinfrastruktur dafür aufgebaut werden müsste. Hier ist vor allem die Wasserstofftechnologie wichtig.

Langfristig (mehr als 15 Jahre) ist noch unsicher, welche Technologie sich durchsetzen wird. Die geballten Forschungsinitiativen in den USA, Japan und Europa deuten aber an, dass die Zukunft des Verkehrs mit großer Wahr-scheinlichkeit in einer wasserstoffbasierten Antriebstechnologie liegen wird, die mit Brennstoffzellen arbeitet und bei der die Primärenergie zunehmend aus erneuerbaren Quellen stammt.[17] Der weltweite Wettlauf um die besten Startplätze zur Teilnahme an diesem Technologiesprung ist bereits in vollem Gang.

AUSBLICK

Der Überblick über die verschiedenen Verkehrsträger und technischen Innovationen zeigt, dass im Bereich Verkehr in Zukunft mehr als bisher auf die Balance zwischen den Einflussfaktoren Wirtschaftlichkeit, nachhaltige Umweltverträglichkeit und Qualität geachtet werden muss. Ein Bündel von neuen Technologien kann diese Balance fördern. Speziell innovative Telematiklösungen können dazu beitragen, dass die Verkehrswege entzerrt und effektiver genutzt und in der Folge Umweltbelastungen verringert werden. Die Telematik wird aber nicht nur den Verkehrsablauf besser steuern helfen. Mit ihr können über Benutzergebühren auch ökonomische Anreize gesetzt werden. Infrastrukturkosten und ökologische Kosten lassen sich dadurch den Verursachern zuordnen. Dies fördert ein auf Nachhaltigkeit ausgerichtetes Verkehrssystem.

Mobilität muss außerdem als ein ganzheitlicher Prozess gesehen werden. Rahmenbedingungen und Prozesse in der Wirtschaft wirken sich auf den gewerblichen Güterverkehr aus; Lebenskultur und Wohlstand beeinflussen unser Verhalten bei individueller Mobilität. Seit langem steht fest, dass Verkehr kein ausschließlich nationales Thema mehr ist. Das Zusammenwachsen Europas und die Globalisierung der Wirtschaft verlangen international gültige Standards, insbesondere in der Telematik. Nur so kann die Interoperabilität der Systeme gewährleistet und eine Vielfalt, wie sie heute im Schienenverkehr vorherrscht, vermieden werden.

Insgesamt muss die Wirtschaftlichkeit aller Verkehrssysteme sichergestellt werden. Nur so sind nachhaltige Lösungen darstellbar. Navigations- und Verkehrsinformationssysteme werden mit fallenden Anschaffungskosten die Märkte erobern. In der Folge lassen sich Verkehrsströme dauerhaft optimieren. Auch die Sicherheit aller Verkehrsträger wird durch die neuen Technologien positiv beeinflusst. Sinkende Unfallzahlen sowie weniger Verletzte und Tote versprechen volkswirtschaftliche Gewinne, besonders im Straßenverkehr. Die bereits in den Straßenfahrzeugen installierten aktiven Sicherheitssysteme wie ABS (Anti-Blockiersystem) oder ESP (Elektronisches Stabilitätsprogramm) sowie die passiven Systeme wie etwa Airbags werden in Zukunft noch deutlich erweitert. Die Fahrer-Assistenz-Systeme der Zukunft warnen beispielsweise vor Kollisionen, helfen beim Spurwechsel, überwachen den »toten Winkel« oder schützen vor einem Seitenaufprall.

Vor dem Hintergrund der Zuwachsraten im Verkehr kann aber die Technik allein die skizzierten Probleme nicht lösen. Verkehr wird von einer Vielzahl gesellschaftlicher und wirtschaftlicher Größen beeinflusst. Hinzu kommt der schwer kalkulierbare Faktor des Verhaltens der Verkehrsteilnehmer. Sie müssen davon überzeugt werden, dass ihnen neue Technologien einen klaren

Nutzen bringen – störungsfreie und sichere Mobilität. Die Schlüsselworte bei der Verbrauchermotivation lauten Information und Anreize. Vernetzte Informationen und ihre nutzerorientierte Präsentation sind der Schlüssel für viele Teillösungen, die zusammen das Gesamtsystem Verkehr nachhaltig verbessern werden. Ein auf Telematik basierendes Preissystem, das ökologische und ökonomische Kosten in Anreize für die Verkehrsteilnehmer fasst, bildet den Rahmen hierfür.

Die genannten, bereits teilweise heute schon verfügbaren Technologien eröffnen durchaus eine positive Vision für die kommenden Dekaden. Im Bereich der Antriebe wird eine Kombination aus Leichtbau und effizienzoptimierten Antrieben den CO_2-Ausstoß deutlich reduzieren. Die Brennstoffzelle in Kombination mit der CO_2-neutralen Produktion von Wasserstoff kann mittel- bis langfristig fossile Kraftstoffe schrittweise ersetzen. Die Fahrleistung wird durch Substitution und entsprechende Anreize, auch finanzieller Art, zumindest geringere Wachstumsraten erreichen als in den letzten Jahren. Die Verkehrssicherheit wird durch den Einsatz neuer Technologien steigen. Das Ziel lautet hier »zero accident«. Durch die erwähnten Informations- und Kommunikations-Technologien, nicht zuletzt durch das Galileo-Projekt, werden die Verkehrsmanagementzentralen über eine neue Qualität von Verkehrs- und Reiseinformationen verfügen. All diese Maßnahmen werden auch im Jahr 2020 die notwendige Mobilität sicher, wirtschaftlich und umweltgerecht ermöglichen.

5. TABELLEN

Tabelle 1:[18]

VERKEHRSLEISTUNGEN IM PERSONENVERKEHR (BRD)

	2000		Prognose 2015		Veränderung
	Mrd. pkm	Anteil (%)	Mrd. tkm	Anteil (%)	(%)
Eisenbahnverkehr	75	8,1	98	8,7	+31
Individual-Straßenverkehr	731	78,9	873	77,3	+19
Öffentlicher Straßenverkehr	77	8,3	86	7,6	+11
Luftverkehr	43	4,6	73	6,5	+70
Insgesamt	926	100,0	1 130	100	+20

Erläuterung:
Luftverkehr: Verkehr über dem Gebiet der Bundesrepublik Deutschland
Öffentlicher Straßenverkehr: Linienverkehr und Gelegenheitsverkehr
pkm: Personenkilometer

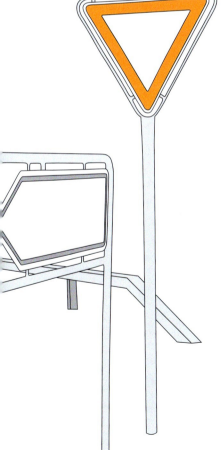

Tabelle 2:[19]

VERKEHRSLEISTUNGEN IM GÜTERVERKEHR (DEUTSCHLAND)

	2000		Prognose 2015		Veränderung
	Mrd. pkm	Anteil (%)	Mrd. tkm	Anteil (%)	(%)
Eisenbahnverkehr	76	18,4	148	24,3	+95
Straßengüterverkehr	270	65,5	374	61,5	+39
Binnenschiffahrt	66,5	16,1	86	14,1	+23
Insgesamt	412,5		608		+47

Erläuterung:
Straßenverkehr ohne Nahverkehr (Straßengüterverkehr 2000 gesamt 281 Mrd. tkm)
tkm: Tonnenkilometer

Tabelle 3:[20]

GÜTERVERKEHR – VERKEHRSAUFKOMMEN NACH VERKEHRSTRÄGER (%) (EU)

	Straßen-verkehr	Schienen-verkehr	Binnen-schifffahrt	Seeschifffahrt (Intra-Eu)
1970	36,3	21,0	7,6	35,1
1980	37,8	15,4	5,6	41,2
1990	43,2	11,3	4,7	40,8
2000	45,1	8,3	4,2	42,4

PERSONENVERKEHR – VERKEHRSAUFKOMMEN NACH VERKEHRSTRÄGER (%) (EU)

	PKW	Bus	Straßenbahn U-Bahn	Schiene	Luft
1970	73,9	12,6	1,8	10,2	1,5
1980	76,3	11,6	1,4	8,2	2,5
1990	79,2	9,1	1,2	6,6	3,9
2000	78,3	8,5	1,1	6,3	5,8

Erläuterung:
ohne Berücksichtigung der Transportleistung durch Rohöl-Rohrleitungen

QUELLEN

1 STATISTISCHES BUNDESAMT: Verkehr im Überblick 2002, Fachserie 8, Berlin, 2002.

2 BUNDESMINISTERIUM FÜR VERKEHR, BAU UND WOHNUNGSWIRTSCHAFT (BMVBW): Bundesverkehrswegeplan 2003, Berlin, 2003.

3 EUROPÄISCHE KOMMISSION: Information der Europäischen Kommission, Generaldirektion Energie und Verkehr, 26.03.2002, Brüssel, 2002.

4 EUROPEAN SPACE AGENDA (ESA)/EUROPEAN COMMISSION: Galileo Applications, 10/2002, Brüssel, 2002.

5 EUROPÄISCHE KOMMISSION: EU Energie und Verkehr in Zahlen, Statistisches Taschenbuch 2002, Brüssel, 2002.

6 WIRTSCHAFTSFORUM VERKEHRSTELEMATIK: Handlungsempfehlungen für die Mobilität der Zukunft, Schlussbericht Arbeitskreis Internationale Arbeitsteilung, Lenkungsgruppe zum Wirtschaftsforum Verkehrstelematik, 2002.

7 STATISTISCHES BUNDESAMT: Verkehr im Überblick 2002, Fachserie 8, Berlin, 2002.

8 DEUTSCHE LUFTHANSA AG: Prognose Lufthansa Cargo, planet online, Köln, 2004.

9 DEUTSCHE VERKEHRSZEITUNG: DVZ news, 1.11.2003, Hamburg, 2003.

10 VESTER, Frederic: Ausfahrt Zukunft, Heyne Verlag, München, 1992.

11 CYBERNETIC TRANSPORTATION SYSTEMS FOR THE CITIES OF TOMORROW (CYBERMOVE): http://www.aramis-research.ch/d/14556.html, 2001.

12 DEKRA e.V.: Crashversuche mit Geländewagen Juli 2000, Wildhaus/Neumünster, 2000.

13 RWTH AACHEN: VW Umweltbericht 2001/2002, Aachen, 2001/2002.

14 DR. STEIGER, Wolfgang: Synthetische Kraftstoffe: Strategie für die Zukunft, VW-Shell Workshop »Nachhaltige Mobilität«, 6. Mai 2003, Automobil Forum, Berlin, 2003.

15 INSTITUT FÜR ENERGIE- UND UMWELTFORSCHUNG HEIDELBERG (IFEU): Rechenmodell Traffic Emission Estimation Model (TREMOD 3.0), Heidelberg, 2002.

16 DALAN, MARCO UND LUTZ, MARTIN: Kompromiss im Diesel-Streit, 8. Juni 2004, Die Welt, 2004.

17 CALIFORNIA FUEL CELL PARTNERSHIP: http://www.fuelcellpartnership.org/, 2004 und FUEL CELL COMMERCIALIZATION CONFERENCE: http://fccj.jp/index e.html, 2004; und HYNET – THE EUROPEAN HYDROGEN ENERGY THEMATIC NETWORK, 2004: http://www.hynet.info

18 STATISTISCHES BUNDESAMT, 2002: Verkehr im Überblick 2002, Fach-

serie 8, Berlin, für Angaben zu 2000; BUNDESMINISTERIUM FÜR VER-
KEHR, BAU UND WOHNUNGSWIRTSCHAFT (BMVBW), 2003: Bundesverkehrswegeplan 2003, Berlin, für Angaben zu 2015.

[19] STATISTISCHES BUNDESAMT, 2002: Verkehr im Überblick 2002, Fachserie 8, Berlin, für Angaben zu 2000; BUNDESMINISTERIUM FÜRVER-
KEHR, BAU UND WOHNUNGSWIRTSCHAFT (BMVBW), 2003: Bundesverkehrswegeplan 2003, Berlin, für Angaben zu 2015.

[20] EUROPÄISCHE KOMMISSION: EU Energie und Verkehr in Zahlen, Statistisches Taschenbuch 2002, Brüssel, 2002.

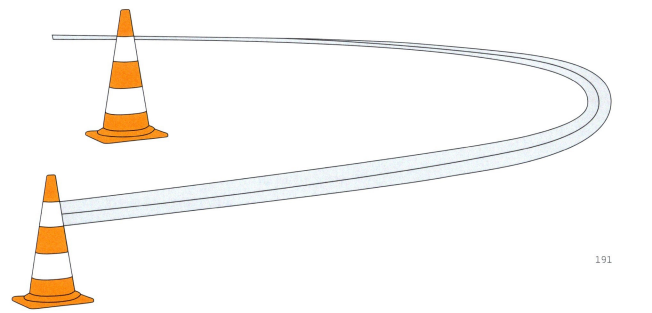

ENERGIEBE-ZOGENE TECHNOLOGIEN — CHANCEN PAR EXCELLENCE FÜR INNOVATIONEN

Eberhard Jochem

Die Menschheit wird aus der Perspektive der Energie in diesem Jahrhundert von drei Seiten herausgefordert: dem schnell zunehmenden globalen Energiebedarf infolge der Industrialisierung und Motorisierung von 80% der Menschheit, absehbaren erheblichen Preissteigerungen für Energie infolge des Produktionsmaximums und der Begrenzung des Klimawandels infolge der enormen Mengen jährlich verbrannter fossiler Energieträger. Diese Herausforderungen werden vielfach als Bedrohung wahrgenommen. Sie könnten aber ebenso als riesige Chancen für technische und unternehmerische Innovationen sowie für eine Umorientierung der Wertesysteme der Industriestaaten gesehen werden. Dieser Beitrag widmet sich den Chancen aus der Perspektive der Innovationen. Um sie zu realisieren, bedarf es allerdings auch einer Umkehr von der weit verbreiteten Kurzfrist- und Bauchorientierung unserer Zeit.

DIE HERAUSFORDERUNGEN

Der Energiebedarf des Menschen ist eine abgeleitete Nachfrage, abgeleitet von unmittelbaren Lebensbedürfnissen wie Nahrung, vor Witterung geschütztem Wohnen, angenehm temperierten Räumen, Gesundheits-, Mobilitäts- und Kommunikationsbedürfnissen, die mittels heutiger Technik daraus einen Bedarf nach Energiedienstleistungen entstehen lassen. Derzeit benötigen die westeuropäischen Staaten etwa 5,5 Kilowatt (oder 170 Giga Joule pro Jahr) Primärenergie pro Kopf (ohne den internationalen Luftverkehr) und die USA das Doppelte. Weltweit liegt der jährliche Pro Kopf-Primärenergiebedarf derzeit bei durchschnittlich 65 Giga Joule pro Kopf pro Jahr (zwei Kilowatt pro Kopf pro Jahr), d.h. es gibt Entwicklungsländer, die nur ein Zehntel der Energie verbrauchen wie die Europäer. Der Weltenergiebedarf nimmt weltweit etwa zwei bis drei Prozent zu, insbesondere die Kohle- und Naturgasnutzung. Damit sind wir bei den drei zentralen Herausforderungen der Energienutzung dieses Jahrhunderts:

– Dieser Energiebedarf basiert derzeit global und in Europa zu mehr als 80% auf kohlenstoffhaltigen Brennstoffen, deren Verbrennung dazu beiträgt, dass sich die Konzentration von CO_2 in der Atmosphäre derzeit jährlich um etwa zwei bis drei parts per million erhöht (im Jahre 2001 lag die CO_2-Konzentration bei 370 parts per million). Die energiebedingten CO_2-Emissionen von derzeit mehr als 24 Milliarden Tonnen CO_2 jährlich werden nur sehr langsam (binnen etwa 120 Jahren) von der Natur in Biomasse eingebaut bzw. von den Ozeanen aufgenommen. Allein um diese Treibhausgaskonzentrationen so zu verdünnen, dass sie angesichts der begrenzten Adaptionskapazität der Natur nicht inakzeptabel ansteigen, bräuchte die Menschheit ab sofort drei bis vier Atmosphären (WBGU 2003).

– Zudem muss man in den nächsten wenigen Dekaden – zwischen 2015 und 2030 – mit dem Produktionsmaximum des Erdöls rechnen, dem weltweiten Preisführer für Brennstoffe. Dieses Produktionsmaximum wird besonders dann sehr kritisch als Motor für sehr hohe Preissteigerungen, wenn die Nachfrage nach diesem Energieträger weiter ansteigende Tendenz hätte (siehe Abbildung 1). Dies ist nicht unwahrscheinlich, weil heute fast 100% des Strassen-, Flug- und Schiffsverkehrs von erdölbasierten Kraft- und Treibstoffen abhängen und viele Entwicklungsländer nicht nur in ihrer Verkehrsinfrastruktur von diesem Hauptenergieträger Erdöl abhängen, sondern auch mit ihrer Industrialisierung und zum Teil auch ihrer Stromerzeugung.

Abbildung 1:

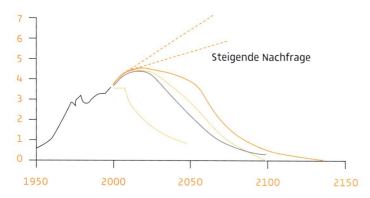

Mögliche Entwicklung des Produktionsmaximums der Erdölförderung und der Erdölnachfrage mit Risiken erheblicher Ölpreissteigerungen (zwischen 2015 und 2030)

Bei der Suche nach Alternativen fällt der Blick kaum auf die erneuerbaren Energien, weil sie derzeit sowohl einen zu kleinen Weltmarktanteil von etwa fünf Prozent haben und auch relativ teuer sind, sondern auf die Kohle (Weltmarktanteil 23%) mit einer Reichweite von vielen Jahrhunderten und relativ kostengünstig abbaubaren Vorkommen. So geht man heute von einer Verdopplung der Kohlenutzung bis 2030 gegenüber dem heutigen Wert aus. Dieses Zukunftsbild widerspricht den energiewirtschaftlichen Trends der Industriestaaten der vergangenen vier Dekaden, nicht aber ihrer eigenen Industrialisierungsphase und der Tatsache, dass ein Drittel der Menschheit (China und Indien) über sehr große, kostengünstig abbaubare Kohlereserven verfügt und diese zur eigenen wirtschaftlichen Entwicklung auch nutzen wird. Diese globalen Trends der Kohlenutzung widersprechen auch diametral den Anforderungen des Klimaschutzes, die energiebedingten CO_2-Emissionen binnen fünf oder sechs Dekaden um den Faktor vier zu reduzieren, um die durchschnittliche bodennahe Temperatur nicht mehr als zwei Grad Celsius in diesem Jahrhundert ansteigen zu lassen. Auf diese Weise eröffnet sich derzeit ein Zielkonflikt zwischen kostengünstiger Primärenergie und den Erfordernissen des Klimaschutzes und den Interessen zukünftiger Generationen.

– Weit mehr als die Hälfte der Menschheit muss heute mit weniger Energiedienstleistungen vorlieb nehmen, als für ein menschenwürdiges Leben notwendig sind (UNDP/WEC/DESA 2000). Zwei Milliarden Menschen haben keinen Zugang zu elektrischer Energie, nicht einmal um Wasser zu pumpen oder ein Krankenhausgerät zu betreiben. Und selbst wenn ein menschenwürdiges Dasein mit etwa 35 Giga Joule pro Kopf und Jahr jährlichem Energiebedarf (bei heutiger Technologie) in diesen Ländern erreicht würde, die Menschen würden nach dem gleichen Lebensstil und den gleichen Bequemlichkeiten streben, wie es ihnen über Film und Fernsehen oder Erzählungen aus dem »Goldenen Westen« vor Augen geführt wird. Wenn allein in China mit seiner gut einer Milliarde Menschen die gleiche PKW-Dichte erreicht würde wie heute in Europa, würde sich der weltweite PKW-Bestand verdoppeln. Unterstellt man für dieses Jahrhundert ein Bevölkerungswachstum auf elf Milliarden Menschen, ein moderates Weltwirtschaftswachstum und eine Verbesserung der Energieeffizienz um ein Prozent pro Jahr, so wäre der weltweite Primärenergiebedarf im Jahre 2100 vier- bis fünfmal so hoch wie der heutige.

Diese drei Herausforderungen sind miteinander in komplexer Weise verwoben. Sie werden zum Teil geleugnet (Klimawandel), zum Teil militärisch für das nächste Jahrzehnt »gelöst« (Erdölverfügbarkeit) oder verdrängt (Inkompatibilität zwischen globaler Wirtschaftsentwicklung und Energiebedarf). Diese Reaktionen wird man nicht lange durchhalten können. Zudem sind sie unproduktiv und die Menschheit verliert Zeit mit dem Ergebnis schnell zunehmender Adaptionskosten für Überflutungs- und Küstenschutz, Sturm-, Lawinen- und Murensicherung, Bewässerung, Klimatisierung und Wanderungsdruck von Menschen, Tieren, Wäldern und Pflanzen (IPCC 2002 b). Energietechnisch betrachtet weist der heutige Energieverbrauch selbst der Industriestaaten in noch ganz erheblichem Umfang Energieverluste bei den verschiedenen Umwandlungsstufen und beim Nutzenergiebedarf aus: Sie belaufen sich auf etwa 25 bis 30 % im Umwandlungssektor (alle Wandlungsprozesse von der Primär- zur Endenergie) mit sehr hohen Verlusten selbst bei neuen thermischen Kraftwerken (Jahresnutzungsgrade zwischen 41 und 60%), auf etwa ein Drittel bei der Wandlung von Endenergie zu Nutzenergie mit extrem hohen Verlusten bei den Antriebssystemen von Strassenfahrzeugen (rund 80%) und auf der Nutzenergie-Ebene selbst mit 30 bis 35% und sehr hohen Verlusten bei Gebäuden und Hochtemperatur-Industrieprozessen (vgl. Abbildung 2). Exergetisch betrachtet sind die Verluste in den beiden Wandlungsstufen noch höher (durchschnittlich insgesamt ca. 85 bis 90% für ein Industrieland in der OECD; UNDP/WEC/DESA, 2000). Nach dem Bemessungsmaßstab des zweiten Hauptsatzes der Thermodynamik befindet sich die ach so moderne Industriegesellschaft eher im Bereich der Eisenzeit der Energiegeschichte.

Abbildung 2:

DIE ENERGIEVERLUSTE IM ENERGIENUTZUNGSSYSTEM IN DEUTSCHLAND 2002

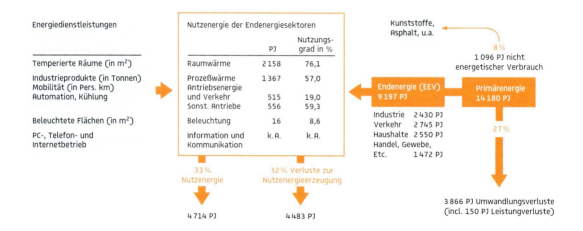

DIE HERAUSFORDERUNGEN ALS CHANCEN BETRACHTEN

Die oben genannten Herausforderungen können als Bedrohliches, als hoffnungslos Unabwendbares, als Sackgasse der menschlichen Entwicklung aufgefasst werden. Und hinreichend Literatur der letzten 10 bis 20 Jahre bis hin zu aktuellen Theaterstücken oder Filmen (z. B. The day after Tomorrow) vermitteln dieses Bild einer nicht mehr aufhaltbaren Entwicklung, als zöge die Menschheit gleich Lemmingen in den Abgrund. Allerdings ist diese Unabwendbarkeit der Entwicklung gar nicht hinreichend analysiert, werden die technischen und organisatorischen Optionen, die man entwickeln könnte, nur in kleinen Fachkreisen artikuliert. Zudem sind die vielen Optionen der einzelnen Fachkreise kaum zu Gesamtbildern integriert und schon gar nicht gegenüber einer breiten Öffentlichkeit kommuniziert.

Denn die Herausforderungen verlangen nach Antworten, nach tiefer Analyse der Optionen, die zur Verfügung stehen oder binnen weniger Jahrzehnte zur Verfügung stehen könnten. Es handelt sich um Chancen technischer und organisatorischer Art, von denen im Folgenden berichtet wird. Es sind Fragen wie z. B.: Wie viel Energieverlust leistet sich die Industriegesellschaft heute? Und um wie viel könnten diese Verluste durch neue Techniken reduziert werden? Wie schnell können nicht-fossile Energieträger dazu beitragen, dass der Anteil der fossilen sinkt? Und könnte man nicht CO_2 aus den Rauchgasen zentraler Energiewandler entfernen, bevor es in die Atmosphäre gelangt?

DIE GRÖSSTE CHANCE DIESES JAHRHUNDERTS: DIE EFFIZIENTERE NUTZUNG VON ENERGIE UND ENERGIEINTENSIVEN MATERIALIEN

Theoretische Arbeiten Mitte der 80er bis Anfang der 90er Jahre (z. B. Enquête-Kommission 1990, Jochem 1991) haben erstmals gezeigt, dass der Energiebedarf je Energiedienstleistung um durchschnittlich mehr als 80 bis 85% des heutigen Energiebedarfs reduziert werden könnte. Dieses Potenzial wurde in der Schweiz vom ETH-Rat im Jahre 1998 im Rahmen der Überlegungen zur nachhaltigen Entwicklung (Sustainable Development) als eine technologische Vision mit der Metapher der »2000 Watt-Gesellschaft« als Postulat formuliert, die bis etwa Mitte dieses Jahrhunderts erreichbar sein könnte. Bereits Mitte der 1990er Jahre versuchten auch Technologieproduzenten gemeinsam mit der angewandten Forschung nicht nur die technische Machbarkeit (Radgen / Tönsing 1996), sondern auch die wirtschaftliche Machbarkeit und soziale Akzeptanz derartiger Visionen zu überprüfen (Luiten 2001).

Die genannten Zielsetzungen und Überlegungen werden in der derzeitigen wissenschaftlichen Diskussion technologisch wie folgt differenziert (vgl. auch Abb. 2):

– Erheblich verbesserte Wirkungsgrade bei den beiden Umwandlungsstufen Primärenergie/-Endenergie und Endenergie/Nutzenergie, häufig mit neuen Technologien (wie Kombi-Anlagen zur Stromerzeugung, Brennstoffzellentechnik, Substitution von Brennern durch Gasturbinen oder Wärmepumpen (einschliesslich Wärmetransformatoren), ORC-Anlagen, Sterlingmotoren etc. (Williams 2000).

– Erheblich verminderter Nutzenergiebedarf pro Energiedienstleistung (z. B.

Passivsolar- oder Niedrigenergie-Gebäude, Substitution thermischer Produktionsprozesse durch physikalisch-chemische oder biotechnologisch basierte Prozesse, leichtere Bauweisen bewegter Teile und Fahrzeuge, Rückspeisung bzw. Speicherung von Bewegungsenergie, (IPCC 2001a).

- Verstärktes Recycling bzw. Re-use von energieintensiven Werkstoffen bzw. Produkten sowie erhöhte Materialeffizienz durch verbesserte Konstruktionen oder Werkstoffeigenschaften mit der Wirkung deutlich verminderter Primärmaterialnachfrage je Werkstoffdienstleistung (Fleig 2000).

Beim Blick auf den Energiebedarf der Industrie hört man nicht selten den Hinweis, dass der spezifische Energiebedarf energieintensiver Prozesse sich mit 10 bis 20% dem theoretischen Minimum nähere, und implizit wird damit die Botschaft vermittelt, dass beim industriellen Energiebedarf in Zukunft nicht mehr viel weitere Energieeffizienz möglich sei. Dies trifft zwar für die jeweils genannten Prozesse zu, geht aber der Frage nach den Möglichkeiten höherer Effizienz zur Bedienung der Nachfrage nach Energiedienstleistungen aus dem Weg (Enquête Kommission 1991). Das Gleiche wird vielfach auch für den Verkehr oder den Gebäudebestand gesagt, notfalls mit dem Argument, dass sich die höhere Energieeffizienz nicht rechne (zu heutigen sehr günstigen Energiepreisen). Exemplarisch sei anhand der oben genannten drei Kategorien erläutert, dass der Energiebedarf zur Befriedigung der menschlichen Bedürfnisse um vielleicht mehr als 80% binnen der nächsten 50 Jahre reduziert werden kann:

Verbesserung der Energie- und Exergieeffizienz im Bereich der Energiewandler – ein notwendiger aber völlig unzureichender Beitrag
Praktisch alle Energiewandler und Energiewandlersysteme (z.B. Brenner, Kessel, Dampf- und Gasturbinen, Elektro- und Verbrennungsmotoren, Wärmetauscher, Wärmetransformatoren, Kompressoren etc.) haben noch kleinere oder grössere Verbesserungsmöglichkeiten durch hitzebeständigere Materialien, bessere Regelung, konstruktive Verbesserungen, Sauerstoff- statt Luftsauerstoffnutzung, neue Strukturmaterialien mit einem besseren Stoffaustauschflächen- zu Volumenverhältnis. Hinzu kommt die Verbesserung des exergetischen Wirkungsgrades durch Substitution von Brennern durch Gasturbinen oder HT-Brennstoffzellen im Mitteltemperatur-Prozessbereich, der Einsatz von Wärmetransformatoren bei hohem Abfallwärmeanfall unter 300°C, der heute in der Industrie sehr groß ist.
Die Fülle dieser hier genannten Technologien zeigt bereits, dass es nicht nur um die viel diskutierte Effizienzverbesserung von Kraftwerken geht (z.B. bei

Kohlekraftwerken von heute etwa 40% auf in Zukunft 50% oder von gasbetriebenen GuD-Kraftwerken von heute 58% auf zukünftig 65%. Diese Verbesserungspotenziale von 10 Prozent bis 20% sind zwar absolut betrachtet nicht unerheblich und involvieren hohe Anteile der weltweiten Investitionen in Energiewandlungsanlagen. Die Fokussierung auf diese Technik zeigt aber auch ein Dilemma der effizienten Nutzung von Energie: Man schaut in der Energietechnologie-Politik und der Energiepolitik fast ausschliesslich auf die Energieangebotsseite. Diese Fokussierung ist aus der Vergangenheit verständlich, angesichts der Herausforderungen dieses Jahrhunderts aber völlig unzureichend.

Verminderung des Nutzenergiebedarfes durch Prozessverbesserungen und -substitutionen

In diesem Bereich sind die Energieeffizienzmöglichkeiten durch Verbesserungen extrem zahlreich und zum Teil durch Prozess-Substitutionen sehr groß (größer als 80 oder 90% des heutigen Nutzenergiebedarfs). Als Beispiel für die vielen Möglichkeiten seien genannt: das Passivenergie-Gebäude (wenn nicht das »Nullenergiehaus«), das nicht nur für Neubauten in Frage kommen kann, sondern ebenso für Gebäudesanierungen; die Substitution des Walzens von Metallen (einschliesslich ihrer Zwischenwärmöfen) durch endabmessungsnahes Gießen und in fernerer Zukunft durch Sprayen von geformten Blechen in ihrer Endform; die bereits heute in manchen Bereichen praktizierte Substitution von thermischen Trennverfahren durch Membran-, Adsorption- oder Extraktionsverfahren (z.B. in der Nahrungsmittel- und pharmazeutischen Industrie); der Einsatz neuer enzymatischer oder biotechnologischer Verfahren zur Synthese, zum Färben oder Stofftrennen; die Verbesserung mechanischer Trocknungsverfahren oder Ergänzung/Kombination durch neue Prinzipien (z.B. Ultraschall, Impulstechnik); die Substitution von Lösungsmitteln mit geringerer Verdampfungsenthalpie oder durch gasförmige Lösungsmittel (z.B. CO_2); die Substitution thermischer Behandlungsverfahren konventioneller Art durch neuartige mit höherer Zielgenauigkeit und Steuerungsfähigkeit (z.B. elektrische Ultrakurz-Erhitzung mittels Mikrowellen, Laserverfahren).

Hinzu kommen Verminderungsmöglichkeiten von Verlustwärme durch verbesserte Wärmedämmmaterialien in Industrieöfen, beim Wärmetransport und in Fabrikgebäuden, Rückspeisung von Bremsenergie von Aufzügen, Rolltreppen und anderen Transportanlagen in das Stromnetz durch eine entsprechende Leistungselektronik sowie Wärmerückgewinnung aus den noch warmen Produkten, was heute in den seltensten Fällen praktiziert wird.

Der Verkehr – heute weltweit zu fast 100% vom Eröl abhängig – hat im Straßenfahrzeugbereich enorme Umwandlungsverluste: Nur etwa 20 bis 25 % der getankten Energie verbleiben nach dem Antriebsstrang als Nutzenergie für die Bewegung. Neue Antriebssysteme, leichtere Fahrzeuge, Nutzung der Bremsenergie sind zentrale Möglichkeiten, die Verluste in den kommenden Jahren und Jahrzehnten deutlich zu reduzieren. Zahlreiche Verbesserungen in der Organisation der Mobilität, Pünktlichkeit, Schnelligkeit sind denkbar, um eine Nutzung des jeweils effizienten Transportmediums zu erreichen. Der aufgeschlossene Zeitgenosse wartet schon seit Jahren darauf, dass die Fahrzeugindustrie und die öffentlichen Verkehrsbetriebe nicht Fahrzeuge bzw. Fahrkarten verkaufen, sondern einen intelligent organisierten Mobilitäts-Service.

Verstärktes Recycling und verbesserte Materialeffizienz
energieintensiver Materialien

Die Erzeugung von energieintensiven Werkstoffen aus Sekundärmaterialien benötigt häufig deutlich weniger Energie als die Erzeugung von Primärmaterial des gleichen Werkstoffs (einschließlich des Energiebedarfs der Recyclingrouten). Bei seit vielen Jahrzehnten genutzten Werkstoffen hat der Sekundärrohstoffzyklus bereits heute relativ hohe Einsatzquoten erreicht (z. B. Deutschland: Rohstahl: 42 %, Papier: 60 %, Behälterglas: 81 %); dagegen liegen die Werte bei jüngeren Werkstoffen relativ niedriger (z. B. Kunststoffe: 16 %). Hinzu kommt, dass viele Anlagen zum Trennen und Sortieren von energieintensiven Werkstoffen, insbesondere von postconsumer-Abfällen, infolge der jungen Technik und relativ kleiner Anlagen energietechnisch (und kostenseitig) noch nicht optimiert sind. Durch Ausschöpfung des Recycling-Potenzials könnte der gesamte industrielle Energiebedarf um mindestens zehn Prozent weiter reduziert werden (Angerer 1995).

Zudem kann der spezifische Werkstoffbedarf je Werkstoffdienstleistung durch Veränderung von Eigenschaften (bessere mechanische Eigenschaften) der Werkstoffe und konstruktive Änderungen des jeweils betrachteten Produktes vermindert werden; die Beispiele in der Vergangenheit im Bereich Stahl, Glas, Papier oder Kunststoffe sind zahlreich. Auch in Zukunft ist mit weiteren Verminderungen des spezifischen Werkstoffbedarfs zu rechnen, z. B. durch geringeren Materialeinsatz im jeweiligen Endprodukt (dünnere Verpackungsmaterialien und leichtere Flächengewichte von Printmedien, Schäumen von Aluminium, Magnesium und Kunststoffen, dünnere Oberflächenaufbauten bei Lacken, Katalysatoren und sonstigen Spezialoberflächen, Zusätze bei Ziegelprodukten, der Zementherstellung oder bei Beton). Dabei bleiben die Funktionen erhalten, die der Werkstoff jeweils zu leisten hat (Enquête Kommission 2002).

Substitution von Werkstoffen und Materialien durch
weniger energieintensive Werkstoffe
Häufig besteht ein Substitutionspotenzial zwischen verschiedenen Werkstoffen. Da der spezifische Energiebedarf der verschiedenen Werkstoffe sehr
unterschiedlich sein kann, insbesondere unter Berücksichtigung der Verwendung natürlicher Werk- oder Rohstoffe, eröffnen sich theoretisch erhebliche
Energieeinsparpotenziale durch eine entsprechend gewählte Werkstoffsubsti-
tution. Entscheidungen über die Werkstoffwahl und damit über Substitu-
tionsprozesse erfolgen allerdings in erster Linie unter Aspekten von Kosten-
vorteilen, der Werkstoff- und Nutzungseigenschaften sowie des Image des
Werkstoffs und bestehender Modetrends. An der Schwelle zur Anwendung
stehen auch biogene und biotechnologisch herstellbare Werkstoffe und Produkte (z. B. Holz, Flachs, Stärke, natürliche Fette und Öle) mit wesentlich
geringerem spezifischem Energieeinsatz als die traditionellen Werkstoffe.

NUTZUNGSINTENSIVIERUNG VON GEBRAUCHS- UND INVESTITIONSGÜTERN SOWIE SIEDLUNGSPOLITISCHE ASPEKTE

Neben diesen technischen Gesichtspunkten der Energie- und Materialeffizienz sowie der Kreislaufwirtschaft stellt sich auch die Frage, welche unternehmerischen oder sytemorientierten Innovationen die effiziente Nutzung
von natürlichen Ressourcen weiter voranbringen könnten; hierzu sei kurz
auf zwei wichtige Möglichkeiten hingewiesen.

Nutzungsintensivierung von Gebrauchsgütern
Durch Intensivierung der Nutzung von Gebrauchsgütern, Fahrzeugen und
Produktionsanlagen lässt sich die Materialeffizienz verbessern und damit
indirekt die industrielle Energienachfrage vermindern, falls nicht im gleichen
Maße die Lebensdauer der genutzten Güter vermindert wird. »Gemeinsam
nutzen statt besitzen« setzt den Nutzenaspekt eines Gebrauchs- oder Inves-
titionsgutes vor den Eigentumsaspekt. Der Begriff der Parallelwirtschaft
(Pooling) beschreibt die Idee, Güter aus einem Pool mehreren Nutzern
gleichzeitig bzw. gemeinsam zugänglich zu machen. Bekannte Beispiele für
Parallelwirtschaft sind heute das (kurzfristige) Vermieten von Baumaschinen,
Reinigungsmaschinen, Fahrzeugen (darunter das Car-Sharing), die Nutzung
von Waschsalons oder die gemeinsame Nutzung von Müllfahrzeugen durch
mehrere Kommunen oder Lohnaufträge für Ernten im Agrarbereich. Der
energetische Nutzen der Parallelwirtschaft liegt in der Verringerung der notwendigen Gütermenge, um die gesellschaftlichen Bedürfnisse zu befriedigen
(Stahel 1997; Fleig 2000).

Ressourcenschonende Siedlungskonzepte

Neben diesen unternehmerischen Chancen besteht auch die Möglichkeit, die Siedlungsplanung stärker unter Gesichtspunkten der Ressourcenschonung voranzutreiben und Siedlungen zu errichten, welche die verschiedenen Funktionen von Wohnen, Arbeit, Handel und Freizeit zu integrieren versuchen und damit in erheblichem Umfang Verkehr vermeiden könnten.

Insgesamt lässt sich das in diesen Optionen schlummernde Energieeinsparpotenzial derzeit nicht genau beziffern, weil die einzelnen Optionen noch wenig untersucht und auch die langfristig denkbaren technischen Entwicklungen (z. B. der biotechnologischen Verfahren oder die Nutzung biogener Werkstoffe im Zusammenhang mit der Gentechnik, das Sprayen von Metallen) heute technisch noch nicht realisiert sind. Auf alle Fälle ist das technische Energieeinsparpotenzial aber grösser als 70 % bis 80 % des heutigen Energiebedarfs. Es zeigt sich aber auch, dass das Thema Energieeffizienz sehr komplex ist und sehr hohe Anforderungen an Wirtschaft und Politik stellt, denen häufig nicht entsprochen wird.

Allerdings stagnieren viele Faktoren nicht, welche die Nachfrage nach Energie- und Materialdienstleistungen beeinflussen. Denn zunehmende Einkommen, eine höhere Ressourceneffizienz und neue Technologien wie die Informatisierung der Gesellschaft eröffnen eine weitere Nachfrage nach Energie- und Materialdienstleistungen. Um eine 2000 Watt-Industrie-Gesellschaft bis Mitte dieses Jahrhunderts zu erreichen und langfristig zu gewährleisten, stellt sich auch die Frage, ob es langfristig auch der Suffizienz (Selbstgenügsamkeit) in materiellen Dingen (einschließlich der Mobilität) in einer postindustriellen Gesellschaft bedarf. Die Frage nach einer langfristig stationären Weltwirtschaft stellt sich damit nicht zwingend, da das Wachstum nach immateriellen Gütern (z. B. Dienstleistungen) keineswegs eingeschränkt wäre. Denn es ist durchaus vorstellbar, dass in einer (fast) vollständigen (materiellen) Kreislaufwirtschaft, die sich ausschließlich der erneuerbaren Energien für verbleibende Energieverluste bedient, die energiebezogene Suffizienz nicht mehr eine notwendige Bedingung der Entwicklung der post-industriellen Gesellschaft ist. Mit dieser Vision der stofflich stationären, aber hoch effizienten und mit erneuerbaren Energiequellen betriebenen Kreislaufwirtschaft wäre auch das Problem des Klimawandels gelöst.

DIE ERNEUERBARE ENERGIEN – BIS 2050 EIN WICHTIGER BEITRAG, ABER NOCH NICHT DIE LÖSUNG

Die eingangs genannten Herausforderungen der Energie- und Klimapolitik (bedrohtes Klima, erhebliche Energiepreissteigerungen beim Produktionsmaximum des Erdöls, eine nachhaltige Entwicklung der Entwicklungslän-

der) fokussiert den Blick wieder auf das Energieangebot und damit auf weitere Alternativen zu den fossilen Energieträgern, d. h. die Kernenergie mit ihrem heute beschränkten Anteil von fünf Prozent am Weltprimärenergieeinsatz und ihrer geringen Akzeptanz sowie auf die erneuerbaren Energien. Aber letztere haben heute auch nur einen Anteil von 15 % am globalen Primärenergieeinsatz, davon rund zehn Prozent als Sammelholz und Dung, deren Verwendung aus vielen Gründen abnehmen wird.

Unbestreitbar ist das technische Potenzial der erneuerbaren Energien so groß, dass der heutige und auch der doppelte Primärenergiebedarf weltweit gedeckt werden könnte. Allerdings sind die erneuerbaren Energien heute in vielen Fällen um einen Faktor 2 bis 5 teurer als die konventionellen Energieträger, und es bedarf langer Zeiträume und politischer sowie unternehmerischer Anstrengungen, um diesen Kostenunterschied zu vermindern. Zudem bedarf es wegen der langen Re-Investitionszyklen und hohen Kapitalintensität erfahrungsgemäß mehr als 50 Jahre, bis ein Primärenergieträger weltweit einen Marktanteil von mehr als ein Drittel erreicht. So wurden beispielsweise bei der Windenergie in den letzten 15 Jahren in Europa große Fortschritte erreicht; der Anteil an der Stromerzeugung beträgt derzeit dennoch weniger als drei Prozent in den betroffenen europäischen Ländern und weniger als ein Prozent an der Primärenergie. Ein Prozent der Primärenergie wird aber jährlich routinemäßig (ohne große »Einspeisevergütungen«) durch den technischen Fortschritt der Energie- und Materialeffizienz eingespart – und es könnten auch zwei Prozent pro Jahr sein, wenn die Politik und die Wirtschaft diese Chancen wahrnehmen würden.

Dieser Vergleich zeigt, wie sehr sich die Aufmerksamkeit von Öffentlichkeit, Medien und Politik auf eine Option konzentriert, die erst langfristig eine bedeutende energiewirtschaftliche Rolle spielen wird, und wie wenig auf die Option der Energieeffizienz, die innerhalb der nächsten Jahrzehnte zum weitaus größten Teil zur Problemlösung beitragen könnte. Diese Fehlorientierung von Energie- und Verkehrspolitik hat eine Vielzahl von tiefen Gründen, auf die an dieser Stelle nicht eingegangen werden kann (Jochem 2003).

CO_2-RÜCKHALTUNG UND -SPEICHERUNG VON DEZENTRALEN ENERGIEPRODUKTIONS- UND ENERGIEWANDLUNGSANLAGEN

Steinkohle ist weltweit in ausreichendem Maße für Jahrhunderte vorhanden und könnte eine ausgezeichnete Brücke bilden, bevor die Nutzung der erneuerbaren Energie hinreichend entwickelt und kostengünstig möglich wird. Aber das entstehende CO_2 widerspricht dieser Erfolg versprechenden Rolle der Kohle. Die Kohlenutzung kann in einer nachhaltigen Energiewirtschaft vor dem Hintergrund der mittel- und langfristigen Erfordernisse des Klimaschutzes deshalb nur dann eine wichtige Rolle spielen, wenn das entstehende CO_2 minimiert wird bzw. gar nicht erst in die Atmosphäre gelangt. Diese Möglichkeit bietet einerseits eine Kraftwerkstechnik mit verbesserten Wirkungsgraden, andererseits als längerfristige Option grundsätzlich die CO_2-Abtrennung und -speicherung. Der Wirkungsgrad von Kohlekraftwerken liegt im Weltdurchschnitt bei etwa 30 %, in Entwicklungsländern sogar darunter. In diesen Ländern dürften die vorhandenen Kohlevorkommen wegen des großen Bedarfs an wirtschaftlicher Entwicklung (z. B. in China und Indien) auch weiterhin genutzt – ja vielfach sogar verstärkt ausgebeutet werden. Die Erhöhung von Wirkungsgraden der Kohle- und Erdgaskraftwerke auf welche Höhen auch immer reicht jedoch nicht aus, um aus der Kohle oder dem Erdgas (bei halb so großer Emissionsintensität) langfristig einen nachhaltigen Energieträger zu machen und die notwendige Klimaentlastung herbeizuführen. Effizienzgewinne bei den Kraftwerken werden weltweit vom wachsenden Einsatz der Kohle wieder schnell kompensiert. Daher ist das fossil befeuerte Kraftwerk mit »Null«-Emissionen der notwendige Entwicklungsschritt. Die Nullemissionen lassen sich technisch über mehrere Varianten realisieren, einmal teuer und technisch einfach als Rauchgasreinigung heutiger Kraftwerkstypen oder bei Kraftwerksneubauten entweder durch eine Verbrennung des fossilen Energieträgers mit reinem Sauerstoff, um dann möglichst nur Wasserdampf und CO_2 im Rauchgas zu erhalten oder durch Synthesegasherstellung (vgl. Abbildung 3; Göttlicher 1999 und 2004; Radgen 1999).

In allen drei Fällen wird man das abgetrennte CO_2 in unterirdischen Speichern getrennt von der Atmosphäre auf viele Jahrhunderte speichern müssen. Hierzu bieten sich ausgebeutete Erdgas- und Erdöllagerstätten, vielleicht auch Kohlelagerstätten, sowie Aquifere an. Die Möglichkeit, CO_2 auch in tiefen Meeresbereichen einzuleiten, wird von der Mehrheit der Fachleute wegen zu hoher Risiken und ökologischer Folgeschäden abgelehnt und auch nicht weiter verfolgt (Tzima 2003, Mazzotti u.a. 2004).

Vor allem in den USA wird intensiv an der Möglichkeit der CO_2-Abscheidung und -Lagerung geforscht (Programme »Futurgen« und »Vision 21«) und staatlicherseits erheblich unterstützt. Dort sollen noch in den kommenden zehn Jahren Demonstrationsanlagen in Betrieb gehen. Deutsche Unternehmen sind teilweise an Forschungskooperationen in den USA beteiligt. In Deutschland selbst findet gegenwärtig relativ wenig Forschung zu den Möglichkeiten dieser Technologie statt. Daher ist es zu begrüßen, dass im soeben veröffentlichten COORETEC-Forschungsprogramm der Bundesregierung, das die Realisierung emissionsarmer Kraftwerke mit höchsten Wirkungsgraden auf Basis fossiler Energieträger vorantreiben soll, explizit auch die Entwicklung CO_2-emissionsfreier Kraftwerke eingeschlossen ist.

Abbildung 3:
STROMERZEUGUNG MIT PRE-COMBUSTION CAPTURE

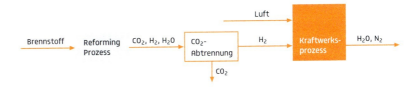

STROMERZEUGUNG MIT OXY-FUEL EINSATZ UND CO_2-ABSCHEIDUNG

Kohlekraftwerk mit zwei Optionen der CO_2-Abtrennung (Verbrennung mit reinem Sauerstoff und nachgeschalteter Rauchgasreinigung, Synthesegasherstellung mit Wasserstoff-/CO_2-Trennung

Die Kosten für die CO_2-Abtrennung und -speicherung werden heute noch mit 20 bis über 60 Euro pro Tonne CO_2 weit jenseits der Preise für Effizienzmaßnahmen, Zertifikatspreise und erneuerbare Energien eingeschätzt. Zugleich bietet aber die Abtrennung und Speicherung zum mutmaßlichen Zeitpunkt ihrer großtechnischen Anwendbarkeit, etwa ab Mitte der 20er Jahre, die Möglichkeit, global große Mengen von CO_2 aus zentralen Energiewandler-Anlagen wie Kraftwerke, Raffinerien oder Hochöfen zurückzuhalten.

Bei weiteren Restriktionen durch Klimavereinbarungen (in der Nachfolge des Kyoto-Prozesses) dürften zum Zeitpunkt der Verfügbarkeit von CO_2-Abtrennung und -speicherungstechniken die kostengünstigen Effizienzpotenziale zur CO_2-Minderung weitgehend ausgeschöpft sein und sich ein deutlich höherer Zertifikatspreis pro Tonne CO_2 einstellen. Daher besteht die Option, zu diesem Zeitpunkt mit der Abscheidung und Lagerung von CO_2 wirtschaftlich zu arbeiten und darüber auch diejenigen Länder zu Klimaschutzmaßnahmen zu bewegen, die ohne diese Option möglicherweise nicht dazu bereit wären.

Wahrscheinlich werden die erneuerbaren Energien bis Mitte der 20er Jahre noch nicht im benötigten Umfang Energiedienstleistungen liefern, sodass die

CO_2-Abscheidung und Lagerung eine wichtige Brücke zur Nutzung fossiler Energieträger ins Zeitalter der regenerativen Energien bauen könnte. Diese Technologie ist daher aus industriepolitischer Sicht in Deutschland zu erforschen und erprobungsweise in Demonstrationsprojekten innerhalb der nächsten Dekade anzuwenden. Denn hier liegt erhebliches Potenzial, große Mengen CO_2 nicht in die Atmosphäre gelangen zu lassen. Diese Option darf gleichwohl nicht dazu führen, Forschungs- und Entwicklungsanstrengungen allein auf diese end-of-pipe-Technologie zu fokussieren und etwa die Anstrengungen bei den Effizienztechnologien und regenerativen Energien zu reduzieren. Aber aus der Entwicklung der Diffusionsprozesse der bisherigen Primärenergieträger weiß man, dass es mehr als fünf Jahrzehnte braucht, bevor ein neuer Energieträger eine große Rolle in der Energieversorgung spielt. Wenn aber bis Mitte dieses Jahrhunderts viele Milliarden Menschen so leben wollen wie heute die Menschen in den Industrienationen, dann werden Energieeffizienz und erneuerbare Energien nicht alleine das Ziel erfüllen können, die CO_2-Emissionen nicht ansteigen zu lassen, sondern zu senken.

Bis zu einer großtechnischen Anwendung sind jedoch eine Reihe von Problemen zu klären, deren Lösung heute noch nicht abgeschätzt werden kann. Sicherzustellen wäre bei einer umfangreichen CO_2-Speicherung insbesondere:

– Hohe Speichersicherheit über mehrere zehntausend Jahre und Vermeidung von Leckagen,
– Vermeidung kontraproduktiver Auswirkungen auf Ökosysteme und Grundwasser,
– Vermeidung von Sicherheitsrisiken wie schlagartige Freisetzung großer CO_2-Mengen sowie
– Vermeidung von Nutzungskonflikten (Deponieräume, weitere Ausbeutung von Lagerstätten).

Der Nachhaltigkeitsrat empfiehlt darüber hinaus zu prüfen, wie in neuen Kraftwerken und anderen zentralen Energiewandlern mit fossilen Energieträgern die Option einer späteren CO_2-Abscheidung – etwa durch Anwendung von Kohlevergasung, IGCC, Schwerölvergasung in Raffinerien oder Gaswäsche bei Hochöfen – berücksichtigt und entsprechende Techniken in den jeweiligen Prozessen eingesetzt werden kann.

Der Anfang ist im norwegischen offshore-Bereich mit der Rückspeicherung von aus produziertem Erdgas abgetrennten CO_2 in unterirdische Aquifere seit etwa fünf Jahren bereits gemacht, und weitere Projekte der CO_2-Abtrennung und -speicherung im Bereich der Erdöl- und Erdgasförderung folgen in diesem Jahr (z. B. durch ein BP-Projekt in Tunesien).

BESCHLEUNIGUNG DER ENTWICKLUNG UND DIFFUSION NACHHALTIGER TECHNIKEN UND DIENSTLEISTUNGEN IM ENERGIE- UND MATERIALEFFIZIENZBEREICH

Wie oben erläutert, sind rationelle Energieanwendung und die Reduktion von nachgefragten Energiedienstleistungen (ohne die Nachfrage von menschlichen Bedürfnissen einzuschränken, z. B. durch höhere Materialeffizienz, Pooling) extrem vielfältig. Es handelt sich um tausende von Techniken und Millionen von Entscheidungsträgern in Haushalten, Unternehmen, Büros und Dienststellen bei Investitionsentscheidungen, schneller Beseitigung von Störungen durch ausgefallene Aggregate und die Bedienung von Maschinen, Fahrzeugungen, Heizungen und energiebetriebener Anlagen aller Art im Alltag.

Die Vielfalt umfasst also technologische und organisatorische Aspekte im gesamten Kapitalstock einer Volkswirtschaft, die Entscheidungen für Neu- und Ersatzinvestitionen auf den verschiedenen technischen Ebenen der Energieumwandlung und -nutzung, der Materialeffizienz und der Materialsubstitution einschließlich der Verhaltensentscheidungen beim Betrieb im Alltag von fast allen Menschen einer Gesellschaft. Diese Vielfalt ist vielleicht der Hauptgrund dafür, dass rationelle Energie- und Materialanwendung weder medienattraktiv ist, noch eine klare Interessenformierung »natürlicherweise« entstehen lässt. Im Gegenteil, es gibt hinreichend Interessenkonflikte bei Technologieproduzenten, Planern, Architekten, Gebäudeeignern, Leasing-Unternehmen, Generalunternehmern und Energielieferanten.

- Der Technologieproduzent könnte hocheffiziente Motoren in seine Anlagen einbauen, aber den Kunden interessieren meist nur die Investitionskosten, nicht die Lebenszykluskosten. Nicht anders ergeht es den Handwerkern bei ihren Angeboten für eine hocheffiziente Kesselanlage, Fenstersysteme oder Wärmedämmung.

- Planer und Architekten werden nach Maßstäben vergütet, die nicht die Kenntnisse und den Planungsaufwand energiesparenden Bauens erfassen. Dies muss der Bauherr oder Gebäudeeigner schon ausdrücklich wollen, meist ohne die Leistungen beurteilen zu können.

- Leasingunternehmen oder Generalunternehmer haben mit Lebenskostenanalysen nichts zu tun, ihnen geht es um minimale Invest-Kosten; die Betriebskosten zahlt meist der Leasingnehmer oder Auftraggeber.

- Auch der Energielieferant will Umsatz machen, da verschweigt man schon einmal die effizientere Lösung und preist die zweitbeste Lösungen an; der Kunde ist extrem zufrieden, kennt er doch die für ihn beste Lösung nicht.

Die Vielfalt der technischen Lösungen effizienter Energienutzung hat auch
noch ein zweites Gesicht: In allen Bereichen der Nutzenergie handelt es sich
um multifunktionale technische Anwendungen, und Energieeinsatz ist dabei
meist nur ein notwendiges Übel. Ein Haus ist zum Wohnen gebaut, ein
Fabrikgebäude zum Schutz der Produktionsmaschinen und der Arbeiter vor
der Witterung, ein Auto oder Zug zum Transport von Personen oder Gütern
zwischen zwei Orten und ein Data Centre zum Betrieb des Internets. Zudem
ist der Energiekostenanteil an den Gesamtkosten dieser multifunktionalen
technischen Anwendungen gering, in der Industrie meist unter zwei Prozent
und in den Dienstleistungssektoren meist unter einem Prozent. Nur bei den
Energiewandlern, den Kraftwerken, Raffinerien, Kesselanlagen, Motoren
geht es um ein eindeutiges Ziel: Energie effizient zu nutzen.

In den vielen Anwendungen auf der Nutzenergieseite liegt die Energieeffizienz (faktisch oder in der Wahrnehmung des Betroffenen) im Konflikt mit
anderen Zielen: der Produktqualität oder der Erhöhung der Arbeitsproduk-
tivität oder Kapitalproduktivität. Damit blendet beispielsweise ein Betriebs-
leiter die Minderungsmöglichkeiten für Energiekosten aus. Die Bequemlich-
keit überfällt den Kesselhausbetreiber, den Hausmeister oder den Hausbe-
sitzer in gleicher Weise, und das Streben nach sozialer Anerkennung führt zu
Käufen überdimensionierter PKW und Blitzstarts samt unmittelbar folgenden Vollbremsungen sowie zu Ferntourismus, notfalls am verlängerten Wo-
chenende. Die Einseitigkeit der Entscheidungen im betrieblichen Umfeld gegen eine nachhaltige Energienutzung, die im Übrigen auch für öffentliche
Einrichtungen gilt (und an deren großzügigen Dienstwagen leicht abgelesen
werden kann), hat ihre konsequente Fortsetzung in den Lebensstilen der privaten Haushalte mit ihrer Nachfrage nach Energiedienstleistungen, deren
Umfang und Nutzen im krassen Gegensatz zu den Erfordernissen zum scho-
nenden Umgang mit den begrenzten natürlichen Ressourcen und zu einem
verantwortlichen Handeln gegenüber zukünftigen Generationen und der
heutigen Dritten Welt stehen. So wird der Technologe nachdenklich, wenn er
es in vier Jahrzehnten geschafft hat, den spezifischen Stromverbrauch einer
Waschmaschine um 75 % zu vermindern, gleichzeitig aber heute pro Kopf
viermal so viel gewaschen wird wie zu Beginn seiner Anstrengungen.

Fazit: nicht nur die Ubiquität der Möglichkeiten der Energieeffizienz führt
ins Banale, sondern auch die Nutzungskonflikte und Entscheidungsabwä-
gungen auf der Nutzenergieebene führen in einer Gesellschaft mit geringem
Bewusstsein für Nachhaltigkeit und Ressourcenschonung dazu, dass man
Möglichkeiten effizienter Energieanwendung nicht wahrnimmt.

Wenn Energieeffizienz auf der Nutzenergie-Ebene aber banal ist und zudem
kaum wahrgenommen wird, dann kann dieses Thema schwerlich medien-

wirksam sein oder politisch interessant. Aus diesem Dilemma führt vielleicht nur der Weg hinaus, dass sich eine Lobby der Nachhaltigkeit mit den Technologieproduzenten und jenen Dienstleistern bildet, die an der Energie- und Materialeffizienz ihre eigenen geldwerten Vorteile ausbauen können.

Denn im Grunde geht es um sehr einfache Mechanismen: Anstelle eines permanenten Verbrauchs von natürlichen Ressourcen (Energie und Primärmaterial) werden Investitionen und organisatorische Maßnahmen erforderlich, die zusätzliche Arbeitsplätze schaffen. Im Durchschnitt handelt es sich netto (d. h. nach Abzug der Arbeitsplätze für den nicht mehr erforderlichen Energiebedarf) um 50 neue Arbeitsplätze je eingesparte Petajoule Energie. Dies bedeutet etwa 250 000 neue Arbeitsplätze netto pro Dekade, wenn man Mitte dieses Jahrhundert die 2 000 Watt Pro-Kopf-Gesellschaft anstrebt. Dies ist kein Mono-Problemlöser für Arbeitslosigkeit, aber ein willkommener Beitrag, der auch das Exportpotenzial der europäischen Technologieproduzenten auf Jahrzehnte in diesem Technologiebereich stärken würde. Hinzu kommt, dass die neuen Arbeitsplätze dezentral – auch in ländlichen Gebieten – entstehen, weil Energieeffizienz überall dort durch Planung, Finanzierung, Installation und Wartung erreicht werden muss, wo Energie verbraucht wird. Dieser Effekt wirkt Ballungstendenzen (mit ihren Problemen des Verkehrs, der Zersiedlung und Zerstörung von Naherholungsgebieten) entgegen.

Den oben genannten positiven Aspekten unternehmerischer Chancen und zusätzlicher Beschäftigung, die unmittelbar zu wahrnehmbarem Nutzen führen könnten, sei noch das Argument vermeidbarer Kosten infolge eines veränderten Klimas beigestellt. Die Überschwemmungen von Flussgebieten im Jahre 2002 in den neuen Bundesländern, in Indien und einigen südostasiatischen Ländern, die Stürme Wibke und Lothar in den 1990er Jahren über Europa oder die Tatsache, dass bereits mehr als die Hälfte der Masse der alpinen Gletscher im 20. Jahrhundert weggeschmolzen ist, weisen auf zunehmende externe Kosten des Energieverbrauchs in seiner globalen Abhängigkeit hin. Schon sind die Kommunen, die Bundesländer und der Bund dabei, zukünftige Schäden durch zusätzliche Adaptionsmaßnahmen und -investitionen zu vermeiden oder zu vermindern. Da werden neue, stärkere und höhere Fluss- und Bachdämme gebaut, Verbauungen gegen Lawinen und Muren geplant und Entschädigungen für betroffene Flut- und Sturm-»opfer« (welch archaisches Wort) ausgezahlt. Auch die Unternehmen und die privaten Haushalte zahlen höhere Versicherungsprämien und geben Pläne für Immobilien in überschwemmungsgefährdeten Gebieten auf.

Man zahlt aus öffentlichen und privaten Budgets die Schäden und die Adaption an das scheinbar Unabwendbare, man läuft Lemmingen gleich voller Lust und Routine an den Abgrund; aber das nahe liegende, die Energie effi-

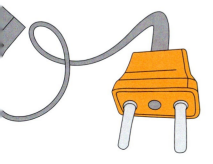

zienter zu nutzen und in relativ kurzer Zeit einzelwirtschaftliche Gewinne zu machen, öffentliche Haushalte zu entlasten und Schäden abzuwenden, dazu ist anscheinend unsere Gesellschaft nicht mehr in der Lage.

LITERATUR

DeCanio, S.: Barriers within Firms to Energy-Efficient Investments, Energy Policy 21, 9, S. 906 ff., 1993.

DeCanio, S. J.: The efficiency products: bureaucratic and organisational barriers to profitable energy saving investments, Energy Policy 26, S. 441 ff., 1998.

DeGroot, H. L. F. u. a.: Energy savings by firms: decision-making, barriers and policies, Energy Economics 23, S. 717 ff., 2001.

DoE (Department of Energy; Energy Information Administration): International Energy Outlook. Washington, 2003.

Enquête Commission, E.: Protecting the earth – a status report with recommendations for a new energy policy, Bonner University Press, Bonn, 1991.

ETH-Rat: Die 2000 Watt pro Kopf-Gesellschaft – Modell Schweiz – Nachhaltigkeitsstrategie im ETH-Bereich, Wirtschaftsplattform, ETH Zürich, 1998.

Fleig, Jürgen (HRSG.): Zukunftsfähige Kreislaufwirtschaft. Mit Nutzenverkauf, Langlebigkeit und Aufarbeitung ökonomisch und ökologisch wirtschaften. Stuttgart, 2000.

Göttlicher, G.: Energietechnik der Kohlendioxidrückhaltung in Kraftwerken. VDI Fortschritt-Berichte, Reihe 6, Nr. 421, Düsseldorf, 1999

Göttlicher, G.: The energetics of carbon dioxide capture in power plants. US Department of Energy. Office of Fossil Energy, National Energy Technology Laboratory, 2004.

Hiessl, H.; Meyer-Krahmer, F.; Schön, M.: Auf dem Weg zu einer ökologischen Stoffwirtschaft, Teil II: Die Rolle einer ganzheitlichen Produktpolitik. GAIA 4(1995)2, S. 89–99, 1995.

IEA (International Energy Agency): World Energy Outlook. OECD Paris, 2002.

IPCC (2001a), Climate Change 2001 – Mitigation: Contribution of Working Group III to TAR of the IPCC, Cambridge University Press, Cambridge.

IPCC (2001b), Climate Change 2001 – Impacts, Adaptation, and Vulnerability: Contribution of Working Group II to TAR of the IPCC, Cambridge University Press, Cambridge.

Jakob, M.; Jochem, E.; Christen, C.: Grenzkosten bei forcierten Energieeffizienzmaßnahmen in Wohngebäuden. BFE Report, Bern, 2002.

Jochem, E.: Longterm potentials of rational energy use – the unknown possibilities of reducing greenhouse gas emissions, Energy & Environment 2, S. 31–44, 1991.

Jochem, E.: Energie rationeller nutzen – Zwischen Wissen und Handeln. GAIA 11/4, S. 9–14, 2003.

Jochem, E. et al.: End-Use Energy Efficiency. Chapter 6 in: UNDP/WEC/DESA (Hrsg.), World Energy Assessment. UNDP New York, 2000.

Jochem, E.; Andersson, G.; Favrat, D.; Gutscher, H.; Hungerbühler, K.; Rudolf von Rohr, Ph.; Spreng, D.; Wokaun, A.; Zimmermann, M.: Steps towards a sustainable development – A White Book for R&D of Energy-Efficient Technologies. CEPE/ETH and novatlantis Zurich, Switzerland, 2004.

Jochem, E.; Favrat, D.; Hungerbühler, K.; Rudolph v. Rohr, Ph.; Spreng, D.; Wokaun, A.; Zimmermann, M.: Steps Towards a 2000 Watt Society. Developing a White Paper on Research & Development of Energy-Efficient Technologies, CEPE, ETH Zurich, 2002.

Luiten, E.: Beyond Energy Efficiency – Actors, networks, and government intervention in developing industrial process technologies, University of Utrecht, 2001.

Mazzotti, M., Storti, G., Cremer, C.: Das Abscheiden von CO_2 aus Punktquellen oder Lust, CO_2-Emissionen vermeiden. In: Bulletin. Magazin der Eidgenössischen Technischen Hochschule Zürich. Nummer 293, S. 44–47, Mai 2004.

Ostertag, K.: No-Regret Potentials in Energy Conservation: An Analysis of their Relevance, Size and Determinants. Heidelberg: Physica, 2002.

Radgen, P.: Abscheidung, Nutzung und Entsorgung von CO_2 aus energie- und stoffumwandelnden Prozessen. VDI Bericht Nr. 1457, »Fortschrittliche Energieumwandlung und -anwendung«, Düsseldorf, S. 423–435, 1999.

Radgen, P.; Tönsing, E.: Energieeinsparmöglichkeiten im Industriebereich in Europa bis zum Jahr 2050. Endbericht. Untersuchung für das Zentrum für Europäische Wirtschaftsforschung (ZEW), Mannheim. Karlsruhe: FhG-ISI, 1996.

Rat für Nachhaltige Entwicklung: Perspektiven der Kohle in einer nachhaltigen Energiewirtschaft – Leitlinien einer modernen Kohlepolitik und Innovation. Berlin, 2003.

Romm, J.: Cool Companies. London, 1999.

Sorrell, S. u. a.: Reducing Barriers to Energy Efficiency in Private and Public Organisations. Final Report. Brighton: University of Sussex, 2000.

Stahel, W. R.: The service economy: Wealth without resource consumption?, Philos T Roy Soc A 355,1386–1388, 1997.

Tzima, E.; Peteves, S.: Controlling carbon emissions: The option of carbon

sequestration. European Commision, Joint Research Centre, Institute for
Energy, Pettel, Netherlands, 2003.

UNDP / World Energy Council / DESA: World Energy Assessment. Chapter 6:
End-use Energy Efficiency; UNDP New York, 2000.

WBGU: Über Kioto hinaus denken – Klimaschutzstrategien für das 21. Jahrhundert, Berlin, 2003.

Williams, R.: Advanced Energy Supply Technologies. Chapter 8 in: World
Energy Assessment. UNDP New York, 2000.

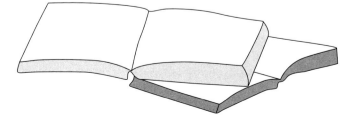

LIFE
SCIENCES

Walter Trösch

EINLEITUNG

Die belebte Natur ist wohl das Beispiel für eine nachhaltige Wirtschaftsform, wenn man die ursprüngliche massenbilanzbezogene Definition der Nachhaltigkeit aus der deutschen Holzwirtschaft zugrunde legt: Einer Waldfläche darf pro Zeiteinheit nur soviel Holz durch Einschlag entzogen werden, wie pro Zeiteinheit durch photosynthetische Primärproduktion neu gebildet wird.

Bioreaktionen im geschlossenen System dieses Planeten werden energetisch angetrieben durch die Energieeinstrahlung der Sonne (externe Energiequelle), wobei die Sonnenenergie anthropologisch betrachtet nicht nur ausreichte, um die Lebensfunktionen bestehender Biomassen zu decken, sondern zusätzlich über die Photosynthese Energie in Form organischer Verbindungen anzureichern (im Laufe erdgeschichtlicher Zeiträume) und zu speichern (Holz, Kohle, Erdöl, Erdgas, usw.).

Zur Energiegewinnung im Rahmen der Photosynthese wird Wasser zunächst in Sauerstoff und Wasserstoff gespalten. Der energietragende Wasserstoff wird auf Kohlendioxid unter Bildung von Kohlenwasserstoffen übertragen und Sauerstoff wird freigesetzt. Die energiereichen pflanzlichen Verbindungen sind die Basis für alle heterotrophen Bioreaktionen, die in der Nahrungskette folgen. Das sind all jene Lebensformen, die Energie aus organischen Verbindungen zum Leben benötigen. Endprodukte der heterotrophen Energiegewinnung und Vermehrung, bei welcher Sauerstoff verbraucht wird, sind neben zusätzlicher Biomasse letztlich Kohlendioxid und Wasser. Diese wiederum sind die Ausgangsverbindungen für die Photosynthese. So sind die elementaren Hauptkreisläufe der belebten Natur, nämlich die für Wasser, Sauerstoff und Kohlendioxid, geschlossen (Trösch, 1993). Das Ausmaß des Umsatzes wird durch die Verfügbarkeit der beteiligten Stoffe begrenzt. Für die Gesamtheit der belebten Natur sind auch alle anderen elementaren Kreisläufe im Wesentlichen geschlossen. Daraus folgt, dass es so gut wie keine Abfälle gibt außer einer gewissen Form von Mineralisierung im aquatischen Bereich (Kalkbildung u. Ä.).

Die biogene Kreislaufstrategie, einerseits limitiert durch die verfügbare Energiemenge (Sonne) und andererseits durch die Verfügbarkeit im Stofflichen (wenn nur regenerative Rohstoffe genutzt werden), begrenzt Wachstumsvorgänge nachhaltig. Damit ist bei Nutzung biotechnischer Prozesse systemimmanent die wesentliche Nachhaltigkeitsforderung immer erfüllt.

Energieträger der belebten Natur ist, wie zuvor ausgeführt, der Wasserstoff, der jedoch so gut wie nie in freier Form vorkommt, sondern immer gebunden ist an Kohlenstoffverbindungen wie in Kohlehydraten, Fetten, Eiweiß, Methan, Ethanol, und Methanol, aber auch in Kohle, Erdöl oder Erdgas. Das

Kohlenstoff/Wasserstoffverhältnis definiert den Energiegehalt der organischen wie auch der anorganischen Verbindungen, die an den biologischen Kreisläufen teilhaben.

Im Gegensatz zu dem von nationalen und internationalen Experten als zukünftigen Energieträger häufig favorisierten molekularen Wasserstoff hat die Natur schon lange »erkannt«, dass freier Wasserstoff schlecht transportiert und auch nur mit besonderen Werkstoffen sicher geleitet werden kann. Kohlenstoffgebundener Wasserstoff in Form von Kohlehydraten, Fetten und Eiweiß oder, wenn man technische Anwendungen im Blick hat, von Methan, Methanol oder Ethanol beispielsweise, hat eine hohe Energiedichte (Methanol : Wasserstoff-Kohlenstoff-Verhältnis = 4) und ist als Feststoff oder Flüssigkeit ohne Probleme transportierbar und in Standardleitungen zu führen. Dies ist die Biosystemforderung an eine zukünftig nachhaltige Energiewirtschaft. Das US-Amerikanische Regierungsprogramm, das fünf bis sechs Biokraftwerke auf Basis biotechnisch produzierter Grundstoffe (Ethanol, Milchsäure, Bernsteinsäure u. a.) realisiert sehen will, tendiert in die gleiche Richtung (Aden et al, 2002; OECD Studie, 1998).

Eine zusätzlich hochwertige Form nachhaltiger Prozessierung im biologischen System ist die effiziente Kopplung von Energiegewinnung und Stoffproduktion, die sich im autokatalytischen System manifestiert. Die Kopplung von Energiegewinnung und Stoffproduktion, die zur identischen Reduplikation (Vermehrung) notwendig ist, verbindet in idealer Weise Degradation organischer Stoffe mit der Neusynthese komplexer Verbindungen.

Im Gegensatz zur traditionellen Chemie, bei welcher zunächst die quasi vollständige Degradation von fossilen Rohstoffen zu ihren molekularen Bestandteilen bewerkstelligt werden muss, bevor dann aus den molekularen Bestandteilen komplexe Verbindungen synthetisiert werden, nutzt das biologische System schon komplexe Ausgangsstrukturen als Synthesebausteine zu einer energieoptimierten kombinatorischen Chemie – der des Anabolismus. Nur im Falle der rein energetischen Ausschlachtung eines Moleküls werden im katabolen Stoffwechsel biologischer Systeme organische Komplexe bis zur Molekül-/Atomebene abgebaut. Die energieaufwendige Neusynthese auf molekularer Basis (Bildungsenthalpie) kann sich die Biosystemtechnik nicht »leisten«, da für den Gesamtprozess aus Degradation und Synthese mehr Energie aufgewendet werden muss als in den Endprodukten steckt. Auch die Qualität der Endprodukte der chemischen Synthese in Form von Racematen oder Isomerengemischen ist der stereospezifischen Biosynthese unterlegen.

Aus der rein massenbilanzbedingten Definition der Nachhaltigkeit ergibt sich zwangsläufig eine Hierarchie der Bioprozesstechniken.

In dieser Hierarchie steht als Einzelprozess die photosynthetische Primärproduktion unangefochten an erster Stelle – sie ist die Basis des Lebens auf diesem Globus und hat über viele Millionen Jahre das Energieniveau des Planeten Erde in Form von lebender und toter Biomasse kontinuierlich angehoben (virtuelle Entropieverringerung). Begrenzt wurde die biologische Energiespeicherung in den vergangenen tausenden von Jahren trotz konstant hoher Solarstrahlung durch die Verfügbarkeit von Kohlendioxid in der Atmosphäre als stofflich limitierendem Substrat. Die Grenzkonzentration von Kohlendioxid, die im ideal durchmischten Medium »Atmosphäre« des kontinuierlich betriebenen Bioreaktors »pflanzliche Primärproduktion« nicht unterschritten werden kann, liegt vermutlich zwischen 120 bis 180 parts per million.

Durch anthropogene Einflüsse ist dieser Zustand allerdings bedroht. Der kontinuierliche Anstieg der atmosphärischen Kohlendioxidkonzentration durch Verbrennung fossiler Ressourcen und die ständige Reduktion der Kapazität pflanzlicher Primärproduktion durch anthropogen bedingten Flächenverbrauch zeigen deutlich an, dass der stationäre Betriebszustand der antagonistischen biologischen Systeme verlassen wurde mit Konsequenzen für Klima, Meeresspiegel und andere wesentliche Parameter unseres Lebensumfeldes (Trösch, 1993).

Die zweite Position der Bioprozesshierarchie haben die anaerob mikrobiellen Reaktionen inne. Die Energiegewinnung anaerob biologischer Systeme ist gegenüber den aeroben Reaktionen so effizient, dass die Energieausbeute beispielsweise pro Mol Nährstoff Glucose 18 mal kleiner sein kann, um Vermehrung und Erhaltungsstoffwechsel zu decken. Die Verdopplungszeiten sind dadurch zwar verlängert und die Biomasseausbeute ist reduziert, jedoch lässt sich dies prozesstechnisch besonders effizient ausnutzen, um hohe Raum-Zeit-Ausbeuten zu erzielen und Wirtschaftlichkeit zu erreichen.

Die dritte Hierarchieposition nehmen die aerob mikrobiellen Reaktionen ein, die aufgrund des hohen autokatalytischen Ausbeutekoeffizienten neben den Zielprodukten auch erhebliche Mengen von Überschussbiomasse produzieren, die dann anderweitig entsorgt werden müssen. Es sei denn, die Überschussbiomasse ist selbst das Zielprodukt, wie etwa bei der Produktion von Bäckerhefe.

Gegenüber der chemischen Synthese haben enzymatische Prozesse und Produktionsprozesse mit tierischen und pflanzlichen Zellkulturen dann Vorteile, was die Nachhaltigkeit angeht, wenn die Stereospezifität des Biosystems und moderate physiko-chemische Bedingungen betriebswirtschaftliche und umweltrelevante Vorteile aufweisen. Nachteilig wirkt sich bei enzymatischen Prozessen die begrenzte Lebensdauer der Biokatalysatoren aus, da diese im Normalfall ständig nachproduziert werden müssen. Bei Anwendung von Enzymen fehlt gegenüber den lebenden Mikroorganismen die autokatalytische Vermehrung des Biokatalysators.

Biosysteme haben allerdings einen entscheidenden Nachteil gegenüber der chemischen Synthese und das ist die geringe Raum-Zeit-Ausbeute der fast immer in wässriger Verdünnung ablaufenden Bioprozesse. Die Aufgabe der Bioverfahrenstechnik ist es, diese Nachteile Zug um Zug zu verkleinern. Die Zunahme von Bioprozessen, nicht nur jener zur Produktion komplexer pharmakologischer Wirkstoffe, zeugt von den Fortschritten in diesem Bereich.

Allerdings könnte die geringe Raum-Zeit-Ausbeute biotechnischer Prozesse, die aufgrund dessen eher dezentral als in zentralen Einheiten organisiert werden muss, zukünftig auch Vorteile aufweisen. Zentrale Systeme sind bezüglich von Angriffen aus der machtbesessenen Umwelt und/oder des Hungers (Ressourcenknappheit/Terrorismus) eher verwundbar als dezentrale Systeme. Dezentralität hat sich deshalb als nachhaltige Organisationsform für biologische Systeme global bewährt.

NACHHALTIGE BIOPROZESSTECHNIK
PHOTOSYNTHETISCHE PRIMÄRPRODUKTION

Die Produktion von pflanzlichen Lebens- und Futtermitteln sowie nachwachsenden Rohstoffen aus höheren Pflanzen, die den größten Teil der photosynthetischen Primärproduktion darstellen, soll hier nicht speziell gewürdigt werden. Sie werden den agroalimentären Prozessen zugerechnet.

PRODUKTIONSPROZESSE MIT MIKROALGEN
MASSENPRODUKTION VON MIKROALGEN

Mikroalgen und Cyanobakterien stellen durch Photosynthese eine Vielfalt von Substanzen, wie z.B. Fettsäuren, Carotinoide und Phycobiliproteine (Pigmente) und Vitamine her. Sie sind potenzielle Lieferanten für Nahrungsergänzung, Pharmazeutika, Tiernahrung und regenerative Energie und somit eine ökologisch wie ökonomisch nachhaltige Alternative zum Verbrauch von fossilen Rohstoffen. Entscheidend für die Nutzung von Mikroalgen wird sein, ob ihre kostengünstige Massenproduktion gelingt. Dazu wird ein Photobioreaktor benötigt, mit dem unter Ausnutzung der Sonne als Energiequelle hohe Biomassekonzentrationen bei gleichzeitig hoher Produktivität erzielt werden können.

Nur für eine sehr begrenzte Anzahl von Mikroalgen können offene Becken und Kanäle für die Massenanzucht verwendet werden, da sie unter extremen Bedingungen wachsen (Pulz und Scheibenbogen, 1998). Für die meisten Wertstoffproduzenten unter den Mikroalgen und Cyanobakterien sind geschlossene Photobioreaktoren für eine axenische Massenkultur nötig. Es

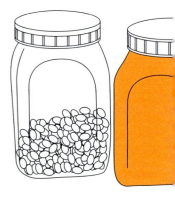

wurden Airlift-Reaktoren, Blasensäulen und Röhrenreaktoren unterschied-lichster Bauart entwickelt, die aber alle nur eine Kontrolle von verschiedenen Prozessparametern (pH-Wert, Temperatur, Durchmischung) mit untergeord-neter Bedeutung erlauben (Richmond, 2000). Die Verfügbarkeit und Inten-sität des Lichtes sind jedoch die Hauptfaktoren, die die Biomasseproduk-tivität und damit Wachstumsrate sowie Zellkonzentration bestimmen. Die Lichtintensität nimmt mit dem Abstand von der beleuchteten Oberfläche stark ab, vor allem in Kulturen mit hoher Zelldichte. In Photobioreaktoren sind Algenzellen an der Reaktoroberfläche hohen Lichtintensitäten ausge-setzt, die Photoinhibition bewirken können (Molina Grima et al. 1996), während Algenzellen mit steigendem Abstand zur Reaktoroberfläche nur geringe Lichtintensitäten erhalten, die wachstumslimitierend sind. Hohe Zellkonzentrationen sind aber die Voraussetzung für einen wirtschaftlichen Betrieb von Photobioreaktoren. Um die Produktivität zu verbessern, müssen die Zellen deshalb quasi in der optimal beleuchteten Reaktorzone gehalten werden. Dies erfolgt durch gezielten Transport. In geeigneten Frequenzen werden die Zellen durch die unterschiedlichen Lichtzonen des Reaktors geführt, was zu einer theroretisch homogen optimalen Lichtausnutzung führt. Die Produktivität eines Photobioreaktors hängt also vor allem von der Bewegung und dem Transport der Algenzellen im Reaktor und der Beleuch-tungscharakteristik (horizontal oder vertikal) ab.

Mittlerweile wurde neben einer Vielzahl von Laborreaktoren auch ein Flach-platten-Airlift-Reaktor (FPA) entwickelt, mit dem die Voraussetzungen für eine kommerzielle Massenproduktion von Mikroalgen im Freiland geschaf-fen werden können (Degen et al, 2001). Der FPA-Reaktor funktioniert nach dem Prinzip des Airliftschlaufenreaktors und erreicht durch eine geringe Schichtdicke und gezielte Strömungsführung im Reaktor über statische Mischer eine verbesserte Licht- und Stoffversorgung aller Algenzellen. Der Photobioreaktor wird mittels Tiefziehtechnik aus Kunststofffolie in Form von zwei Halbschalen inklusive der statischen Mischer hergestellt, die dann mit-einander verschweißt werden. Zwischen den statischen Mischern erzeugen aufsteigende Gasblasen Wirbel in der Flüssigphase, mit welchen die Algen in definierten kurzen Zeitabständen aus der unbeleuchteten Reaktorzone zum Licht an die Reaktoroberfläche transportiert werden. Über den Abstand zwi-schen den FPA-Reaktoren im Freiland kann die durchschnittliche Lichtin-tensität variiert werden, die pro Reaktor absorbiert werden soll. Mit dieser Plattformtechnik können auch Algenkulturen mit hoher Zelldichte ausrei-chend mit Licht versorgt werden. *Phaeodactylum tricornutum*, eine Brack-wasser-Alge, enhält die mehrfach ungesättigte Fettsäure »Eicosapentaensäu-re« mit bis zu fünf Prozent des Biomassegehalts. Zelldichten bis 15 Gramm

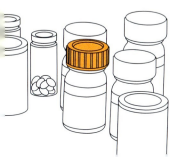

Trockenmasse pro Liter (g/TS/l) und Wachstumsraten von 0,33 h-1 wurden
mit dieser Alge erzielt (Meiser et al, 2004). *Haematococcus pluvialis* SAG
192.80 ist eine einzellige Frischwasseralge, die im Freiland in einem zweistufigen Prozess bis zu einem Gehalt von fünf Prozent der Biomasse das Keto-
carotinoid Astaxanthin akkumuliert. Astaxanthin kann sowohl als Pigment
in der Aquakultur (roter Lachsfarbstoff) als auch aufgrund seiner starken
antioxidativen Wirkung in Nahrungsergänzungsmitteln oder Kosmetikpro-
dukten eingesetzt werden. In der grünen Wachstumsphase, der Zellvermeh-
rungsphase, werden die Zellen im FPA-Reaktor bei niedrigen Lichtintensitäten, d.h. enger Abstand zwischen den Reaktoren im Feld, kontinuierlich
vermehrt. Im Herbst 2002 wurden im Freiland (Institutsgelände Stuttgart)
im neu entwickelten FPA-Reaktor Biomassezuwachsraten bis zu 0,25 g
TS l-1 d-1 bei Zellkonzentrationen von bis zu 2,5 g TS l-1 erzielt (Abb. 1c).
Dies sind die für *Haematococcus pluvialis* bisher höchsten erzielten Werte
(Boussiba 1999, Olaizola 2000), die auf die gute Lichtverteilung im Photobioreaktor zurückzuführen sind. Die Bildung von Astaxanthin wird durch
hohe Lichtintensitäten (direkte Sonne), Nährstoffmangel oder Induktoren
wie Acetat und NaCl induziert. Im Batch-Verfahren zur Astaxanthin-Produktion im Freiland nimmt durch die Farbstoffinduktion das Zellgewicht noch-
mals um den Faktor 3 bis 4 zu, gleichzeitig wird *Astaxanthin* bis zu fünf Prozent des Zelltrockengewichts akkumuliert. Mit *Haematococcus*-Biomasse-
konzentrationen bis zu 10 g TS l-1 in Freiland-Photobioreaktoren ist eine
wichtige Voraussetzung für die industrielle Astaxanthin-Produktion erfüllt.

Abbildung 1:

Abb. 1 a   Abb. 1 b   Abb. 1 c

a) Flachplatten-Airliftreaktor-Modul hergestellt aus Kunststoff-Folie mittels Tiefziehtechnik.
b) Seitenansicht mit statischen Mischern und Strömungsführung im Reaktor.
c) FPA-Reaktor mit *Haematococcus pluvialis* im Freiland in 5-Liter-Labormodulen.

Abbildung 2:

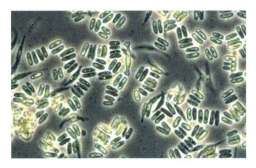

Phaeodactylum tricornutum UTEX 640 im FPA-Reaktor (Prototyp)

Was die Nachhaltigkeit der photosynthetischen Primärproduktion angeht, wurde ein Vergleich angestellt, der den Energieverbrauch bei der Herstellung von Mikroalgenbiomasse mit dem Energiegehalt der produzierten Biomasse in Bezug setzt. Abb. 3 zeigt, dass mit der ersten Vergrößerung des Reaktors auf technische Produktionseinheiten sich das Verhältnis ins negative verkehren lässt, d. h. es steckt dann in der Biomasse mehr Energie als zu ihrer Herstellung benötigt wird.

Abbildung 3:

DIFFERENZ ENERGIEEINTRAG UM 1 KG BIOMASSE ZU PRODUZIEREN UND ENERGIEGEHALT PRO KG BIOMASSE

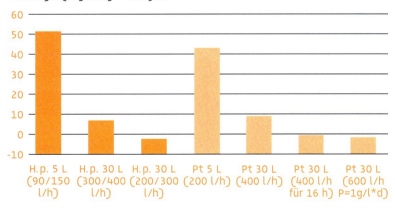

Energiegehalt der produzierten Biomasse für Haematococcus pluvialis (Hp) und Phaeodactylum tricornutum (Pt) im Vergleich zum Energieverbrauch. Variiert wurden Scale-up-Schritt (5 – 30 l) und Begasungsrate.

MIKROBIELL ANEROBE BIOPROZESSE
METHANGEWINNUNG

Unter den anaeroben Bioprozessen kommt der mikrobiellen Methangewinnung eine Sonderstellung zu, da fast alle organischen Naturstoffe nach Buswell und Mitarbeiter (1952) zu Methan und Kohlendioxid disproportioniert werden können. Deshalb gehört die Nutzung dieses Prozesses zur Gewinnung regenerativer Energie aus organischen Abfallstoffen quasi zum Stand der Technik, etwa bei der Klärschlammfaulung und bei der Vergärung landwirtschaftlicher Reststoffe (Gülle u. Ä.).

Allerdings wird erst in jüngster Zeit daran gearbeitet, die Raum-Zeit-Ausbeute dieses Prozesses zu erhöhen, wobei die Reduktion der Gärungsrestmengen auch zunehmend gefordert wird (Trösch, 2004; Kempter-Regel et al, 2003; Kempter et al, 2000), weil die Deponierung solcher Komponenten wie auch deren Ausbringung auf landwirtschaftlich genutzte Flächen wegen der dabei zu erwartenden Umweltrisiken ordnungspolitisch eingeschränkt wird. Der zur Zeit bevorzugte Entsorgungsprozess, die Verbrennung, ist aber aufgrund des hohen Wassergehalts organischer Abfälle keine Technik, die Nachhaltigkeitskriterien genügen könnte. Die Verbrennung von Wasser kann ökonomisch wie ökologisch nicht als sinnvoll eingestuft werden.

Mit der Steigerung der Raum-Zeit-Ausbeute für Bioprozesse werden die spezifischen Investitionskosten gesenkt und die Biogasproduktivität gesteigert.

Die grundsätzlich nachhaltige Gewinnung von regenerativer Energie aus organischen Abfallstoffen mit hohem Wassergehalt, deren umweltgerechte Beseitigung in jedem Fall zu gewährleisten ist, wird durch oben genannte Verbesserungen eine zusätzliche Facette der Nachhaltigkeit erfüllen können: Sie rechnet sich in vielen Bereichen der Abfallentsorgung auch betriebswirtschaftlich.

Abbildung 4:

Hochlastfaulung (680 m³, vorne links) im Vergleich zum Altfaulturm (2 500 m³, hinten rechts). Die Hochlastfaulung produziert ca. 30 % mehr Biogas bei einem auf ein Drittel reduzierten Volumenbedarfs.

Die bisher technisch realisierten Prozesse, die die mikrobielle Methangewinnung aus organischen Verbindungen zum Ziel haben, werden im mesophilen (ca. 35 °C) oder thermophilen (ca. 50 °C) Temperaturbereich betrieben. Da die Erwärmung der Prozessflüssigkeit mit Energieeintrag verbunden ist, wird die Nachhaltigkeit und Ökonomie der Umsetzung dadurch begrenzt, dass die erzielbare Biogasmenge zumindest den Energiebedarf der Substraterwärmung abdecken muss. Für Abwässer mit nur geringer Verschmutzung, wie für viele kommunale und industrielle Einleitungen, kam deswegen eine anaerobe Reinigung nicht in Frage. Mittlerweile kann auch auf eine psychrophile (höher als 30°C) Methanisierung zurückgegriffen werden. Diese setzt allerdings voraus, dass in Reaktoren hohe Konzentrationen von anaerober Biomasse vorgelegt werden müssen.

Diese können nur durch Biomembranverfahren bewerkstelligt werden. Crossflow Röhrenmembranen eignen sich aufgrund der hohen Scherkräfte bei Überströmgeschwindigkeiten von vier bis sechs Meter pro Sekunde und ihres hohen Energiebedarfs für den Betrieb weniger für die Rückhaltung von anaerober Biomasse. Neue dynamische Scheibenfilter (Sternad et al, 2001) sind demgegenüber wesentlich besser geeignet.

ETHANOL

Die alkoholische Gärung gehört einerseits zu den lange genutzten Prozessen der Lebens- und Genussmittelindustrie als auch andererseits zu den Bioprozessen, die zur großtechnischen Produktion von Industriealkohol genutzt werden. Benötigt wird Industriealkohol hauptsächlich als Ersatz für fossile Energieträger der individuellen Mobilität. Er dient dabei komplett als Ersatz für Benzin oder als Mischkomponente mit Benzin.

Da Alkohol im Bioprozess aber immer in wässriger Verdünnung anfällt, muss im Rahmen der Gewinnung des Reinprodukts Wasser abdestilliert werden. Der Energieaufwand für diese Wasserabtrennung führt, was die Nachhaltigkeit angeht, zu einer gegenüber der Methangewinnung nachrangigen Einordnung dieses gleichfalls anaeroben Bioprozesses, da Biogas quasi kostenlos als gasförmiges Produkt aus der Wasserphase abgetrennt werden kann. Schieder und Faulstich (2004) sind allerdings der Auffassung, dass Bioethanol aus nachwachsenden Rohstoffen im Verbund mit Kraftwerken, die einen Überschuss an thermischer Energie bereitstellen können, durchaus eine nachhaltige Form regenerativen Motorkraftstoffs darstellt. Hierfür müsste aber zusätzlich die Ethanolproduktion aus lignocellulosehaltigen Rohstoffen noch technisch etabliert und validiert werden.

Gleiche Einordnungskriterien gelten für alle anaeroben Bioprozesse, die wasserlösliche Produkte des anaeroben Energiestoffwechsel, wie Aceton-Butanol, Propionsäure, Bernsteinsäure, Essigsäure oder Milchsäure zum Ziel haben.

MILCHSÄURE

Auf die Nachhaltigkeit eines Prozesses soll im Besonderen eingegangen werden, der noch keinen Eingang in die Technik gefunden hat: Die Milchsäuregewinnung aus einem Reststoff der Milchindustrie, dem Molkepermeat.

Molkepermeat ist ein Nebenprodukt der Käseherstellung, das in einem ersten Wertschöpfungsprozess von Molkeprotein befreit wird. Resultierendes Molkepermeat ist aufgrund der Ultrafiltration keimarm und könnte als ideales Medium für weitere Bioprozesse angesehen werden, da bis zu 50 Gramm pro Liter Milchzucker darin verbleiben. Bisher wird Sauermolkepermeat hauptsächlich in der Schweinemast entsorgt. Andere Entsorgungsverfahren, wie die aerobe Abwasserreinigung, sind teuer und können Nachhaltigkeitskriterien nicht standhalten.

Milchsäurebakterien dagegen, die Milchzucker verstoffwechseln können, erreichen trotz der niedrigen Substratenergieausbeute Wachstumsraten, die jenen aerober Bakterien nahe kommen. Damit ist einerseits die Kontaminationsgefahr für eine biotechnische Umsetzung des Nebenprodukts Molkepermeat grundsätzlich als gering einzustufen, was keimarme Ausstattung in der Prozessierung als ausreichend erscheinen lässt. Andererseits sind mit diesen Organismen, wenn eine angepasste Reaktions- und Prozesstechnik angewandt wird, Raum-Zeit-Ausbeuten zu erzielen, die eine hohe Wirtschaftlichkeit des Entsorgungsprozesses voraussagen lässt.

Zudem produzieren bestimmte Milchsäurebakterien das Endprodukt ihres Stoffwechsels in optisch reiner Form als D-beziehungsweise als L-Milchsäure, was die besondere Auszeichnung des Bioprozesses gegenüber der chemischen Synthese darstellt, die im Regelfall eine Mischung beider Komponenten als Racematqualität erzielt.

Die traditionelle Herstellung von Milchsäure erfolgt im Satzbetrieb mit niedriger Produktionsrate. Die verwendeten Milchsäurebakterien haben einen hohen Bedarf an komplexen Stickstoffbestandteilen, um optimal wachsen zu können, was zunächst einmal die Kosten für das Produktionsmedium erhöht und gleichzeitig den Aufwand für die Reinigung des Prozessabwassers in die Höhe schnellen lässt, da nur ein kleiner Teil der Stickstoff-Quelle inkorporiert wird. Auch die Aufarbeitungskosten für die Milchsäure steigen proportional zum Anteil an komplexen Mediumsanteilen, weil die Trennung der Milchsäure von Restbestandteilen des Mediums spezifischer erfolgen muss.

Demgegenüber erfolgt die Produktion der Milchsäure nach modernen Highload Verfahren kontinuierlich und ohne Zugabe komplexer Stickstoffquellen

(Börgardts et al, 1994, 1998). Aufgrund der Integration einer keramischen Mikrofiltrationseinheit in den Herstellungsprozess gelingt es einerseits, durch vollständige Rückhaltung und Aufkonzentrierung der Milchsäurebakterien Raum-Zeit-Ausbeuten von 17 Gramm pro Liter und Stunde zu erzielen und andererseits, den Milchzucker vollständig abzubauen. Dies stellt das Alleinstellungmerkmal des Bioprozesses dar, der einen wesentlichen Nachteil gegenüber der chemischen Verfahrenstechnik mit ihren hohen Raum-Zeit-Ausbeuten auszugleichen vermag. Durch die Integration der Mikrofiltrationseinheit gelingt im Bioprozess eine vollständige Entkopplung von Flüssigkeits- und Feststoffverweilzeit. Mikroorganismen können den Bioreaktor nicht verlassen und werden, solange sie wachsen können, im Reaktionsraum aufkonzentriert. Theoretisch kann die Entkopplung unendlich sein, wodurch sich auch eine unendlich große Katalysatorkonzentration im Bioreaktor ergeben könnte. Praktisch ist dies allerdings nicht realisierbar, da Biokatalysatoren einer Erneuerungsrate bedürfen. Abbildung 5 zeigt, dass die im Hightechprozess genutzten Milchsäurebakterien auch ohne Wachstum Milchzucker umsetzen können. Die Alterung einer nicht wachsenden Kultur wird aber in endlichen Zeiten zu Produktivitätsverlusten führen. Deshalb ist eine, wenn auch noch so kleine Wachstumsrate essentiell für den kontinuierlichen Produktionsprozess.

Die sich aus der Ultrafiltration ergebende Konzentration an komplexen Stickstoffquellen reicht nun aus, um im kontinuierlichen Bioprozess eine kleine Erneuerungsrate für die dabei aktiven Mikroorganismen zu gewährleisten. Damit kann mit der integrierten Mikrofiltration und der so erzielten Entkopplung von Biomasse- und Flüssigkeitsverweilzeit ein stabiler Prozess mit hohen Raum-Zeit-Ausbeuten aufrecht erhalten werden. Mit diesem technologischen Ansatz ist ein bisher als nachteilig bezeichnetes Charakteristikum von Bioprozessen nicht mehr aufrecht zu halten. Der Abstand in den Raum-Zeit-Ausbeuten hat sich wesentlich verkleinert. Die noch bestehende Differenz wird durch die moderateren Prozessbedingungen bei Druck und Temperatur sowie durch die optische Reinheit des Produkts ausgeglichen.

Abbildung 5:

SPEZIFISCHE MILCHSÄUREPRODUKTIVITÄT ALS FUNKTION DER WACHS-
TUMSRATE VON LACTOBACILLUS CASEI UND LACTOBACILLUS CREMORIS

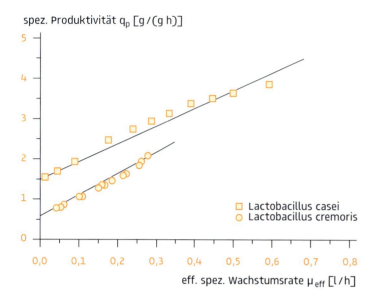

Die bei dieser hohen Produktivität erzielte Reinigung der Prozessflüssigkeit
liegt bei 92 %. Mit dem patentierten Verfahrensansatz gelingt es in einmaliger Weise einen Produktionsprozess mit einer prozesstechnisch bedingten
Entlastung der Umwelt zu koppeln. Eine ökonomische Bewertung des Prozesses in Verbindung mit der Vergrößerung auf technische Maßstäbe führte
zu Kosten für ein kg Milchsäure von 50 Cent, die global als konkurrenzfähig
zu bezeichnen sind.

MIKROBIELL AEROBE BIOPROZESSE
DIE HERSTELLUNG VON ZELLBIOMASSE (STARTERKULTUREN)

Starterkulturen für Herstellungsprozesse unter Beteiligung ganzer Zellen,
wie bei Sauerteigbrot, Wurstwaren, Single Cell Protein u. Ä. gehören zu den
Standardprozessen der Biotechnologie. Da die Zellmasse das Zielprodukt ist,
entstehen in dieser Prozessform außer dem Abwasser keine Neben- und Ab-
fallprodukte, womit bei dieser aeroben Reaktion nur die Energiekosten für
die Belüftung und Durchmischung sowie die Abtrennung des Produkts von
dem Produktionsmedium anfallen. Wird die Zellmasse auf Basis einer rege-

nerativen Kohlenstoff- und Energiequelle angezüchtet, kann auch diesem Prozess ein hohes Maß an Nachhaltigkeit zugesprochen werden. Insbesondere gilt dies auch deswegen, weil es keine wirtschaftliche Alternative zur biotechnischen Herstellung gibt.

REINIGUNG VON ABWASSER

In den Industrieländern Europas und Amerikas haben sich zur Reinigung von industriellen und kommunalen Abwässern Bioprozesse durchgesetzt, welche die oxidative Mineralisierung von organischen Schmutzstoffen bis zu Kohlendioxid und Wasser bewerkstelligen. Dazu wird Sauerstoff benötigt, der durch Eintrag von Luft in die Wasserphase von Bioreaktoren bereitgestellt wird. Neben den Mineralisierungsendprodukten entsteht bei dem Wasserreinigungsprozess durch die Vermehrung der Mikroorganismen auch Überschussbiomasse, die dem Wasser entzogen und weiter entsorgt werden muss. Die Entsorgung dieser Biomasse stellt heute ökonomisch und seitens der Nachhaltigkeit das größte Problem dieses weit verbreiteten Verfahrens dar (Trösch, 2004). Die landwirtschaftliche Verwertung der Klärschlämme muss zukünftig eingeschränkt werden, da die Risiken für eine nachhaltig gleichbleibende Bodenqualität zu hoch erscheinen. Die Deponierung von Klärschlamm ist ab 2005 auch nicht mehr möglich. Es verbleibt eine nicht nachhaltige Entsorgung über die Verbrennung, die zwar politisch gewünscht ist, aber aufgrund des hohen Wassergehaltes im Klärschlamm und der Vernichtung der stofflichen Wertkomponenten Phosphor und Stickstoff nach einer Alternative schreit. Die aerobe Abwasserreinigungstechnik ist insbesondere neu zu bewerten, nachdem die Weltbank im Rahmen des dringlichen Bedarfs an Wasserreinigung in der Dritten Welt die biologische Abwasserreinigung als zu teuer eingestuft hat (Libhaber, 2004).

Die psychrophil anaerobe Abwasserreinigung, die quasi keinen Klärschlamm erzeugt und keinen Sauerstoffeintrag benötigt, könnte dieses aktuelle Paradigma widerlegen. Im Rahmen eines Demonstrationsvorhabens soll die neue innovative Technik in Deutschland (DEUS 21, Knittlingen »Neubaugebiet Römerweg«) erprobt werden und der deutschen Wasserwirtschaft wieder durch Alleinstellungsmerkmale zum Aufschwung verhelfen.

AEROBE PRODUKTIONSPROZESSE (ENZYME, PRIMÄRMETABOLITE)

Ähnliches wie für die Herstellung von Starterkulturen gilt für die Enzymgewinnung mit Mikroorganismen, welche die Extraktion von Enzymen aus pflanzlichem oder tierischem Gewebe mehr und mehr abgelöst hat. Die Anwendung von Enzymen in unterschiedlichen Industriesparten wie der Papierherstellung, der Lederindustrie, der Stärkeindustrie und verschiedenen Berei-

chen der Lebensmittelindustrie ersetzt Zug um Zug entweder chemische Verfahrensschritte mit hoher negativer Umweltauswirkung oder solche mit zu hohen Nebenprodukten.

Der Grund für die Umstellung der Enzymgewinnung von der Gewebeextraktion auf die Herstellung mit Mikroorganismen liegt in Qualität und Verfügbarkeit der Biomasse, der Qualität und Menge des Endprodukts und der Wirtschaftlichkeit des jeweiligen Herstellungsprozesses.

Waren zur Gewinnung eines Gramms gereinigten Enzyms vor Jahren noch 100 Kilogramm pflanzlichen Materials oder zehn Kilogramm tierischen Gewebes notwendig, so wird für die Produktion dieser Menge heute nur noch ein Kilogramm Bakterienmasse benötigt (Brunner, 1995). Diese Produktivitätssteigerung ermöglicht die moderne Gentechnik. Die Vervielfachung der Gensequenzen im Genom der Produktionsspezies, die für die Enzymexpression verantwortlich sind, führt zu einem Quantensprung hinsichtlich der Raum-Zeit-Ausbeute. Weitere Eingriffe auf Genebene ermöglichen durch gerichtete Veränderungen in der Aminosäuresequenz der Enzyme Verbesserungen in den physikalisch-chemischen Eigenschaften wie Temperaturtoleranz und pH-Stabilität. Ähnliches gilt auch in Richtung vereinfachter Aufreinigung, wo durch Einführung von Aminosäuren mit spezifischen Ladungsmustern hydrophile oder hydrophobe Schwerpunkte im Wirkstoff neu gestaltet werden, die eine Trennung von anderen Proteinen erleichtern.

Viele der technisch interessanten Enzyme werden von Mikroorganismen im Laufe des Zellwachstums aus der Zelle ausgeschieden. Die Gewinnung solcher extrazellulären Proteine ist gegenüber intrazellulären Enzymen wesentlich einfacher zu gestalten, was sich auf die Produktionskosten positiv auswirkt. Die preisgünstige Herstellung von Biokatalysatoren ist aber eine wesentliche Voraussetzung für die Verbreitung von enzymatischen Prozessschritten in weiteren Industriesparten, da die endliche Lebensdauer der Enzyme immer eine kontinuierliche Nachdosierung voraussetzt.

Die Enzymherstellung und -aufarbeitung für den Einsatz in der medizinischen Diagnostik zielt gegenüber der Herstellung von Massenenzymen im Wesentlichen auf die Enzymqualität und -spezifität. Aufgrund der geringen Produktmengen, die hierfür benötigt werden, spielt die Erhöhung der Raum-Zeit-Ausbeute eher eine untergeordnete Rolle.

Seitens der Nachhaltigkeit ist den Bioprozessen zur extrazellulären aeroben Enzymgewinnung gemein, dass die Biomasse, die wesentliche Voraussetzung für die Enzymproduktion, als Produktionsabfall entsorgt werden muss. Da eine genetische Veränderung diesem Abfall eine besondere Qualität zuweist, ist die Entsorgung kostenträchtiger als für Normalbiomasse.

SEKUNDÄRMETABOLITPRODUKTION

Die Gewinnung von Antibiotika, Molekülstrukturen mit antibakteriellen und antifungischen Eigenschaften, gehören ebenfalls zu jenen Prozessen, die mit der chemischen Synthese konkurrieren, wenn es sich um relativ einfache Verbindungen handelt. Trotzdem werden viele Grundkörper der gängigen Antibiotika biotechnisch hergestellt und dann chemisch modifiziert zu halbsynthetischen Produkten, wie bei Penicillin oder Cephalosporin.

Die traditionelle Gewinnung von Sekundärmetaboliten setzt eine zweistufige Prozessierung voraus, die zunächst möglichst viel Zellmasse zum Ziel hat, um diese dann über Wachstumslimitierung durch Phosphat oder Stickstoff zur Ausscheidung von Wachstumshemmstoffen gegen Konkurrenten zu bewegen.

Antibiotika gehören zu den Hochwertprodukten, deren Erlöse auch heute noch keinen wesentlichen Druck auf den Herstellungsprozess ausgeübt haben. So wird immer noch der Bedarf über traditionelle Satzverfahren gedeckt, eine Verbesserung der Raum-Zeit-Ausbeute erreicht man durch die Züchtung von Hochleistungsstämmen, die mit traditioneller Mutations-Selektionstechnik oder mit Hilfe gentechnischer Methoden entwickelt werden. Sollte es im Laufe der Zeit doch nötig werden, prozesstechnisch die Raum-Zeit-Ausbeute zu erhöhen, ist mit den hier schon vorgestellten Verfahren ein Quantensprung möglich.

Allerdings sieht es mit Zunahme der Antibiotikaresistenz pathogener Spezies eher so aus, dass in geringerem Maße eine nachhaltigere Produktion von bekannten Strukturen vonnöten ist als vielmehr eine Suche nach neuen chemischen Strukturen, gegen welche noch keine Resistenzmechanismen existieren.

ESSIGSÄURE / ZITRONENSÄURE

Essigsäure bzw. Zitronensäure sind Produkte mit niedriger Wertschöpfung. Trotzdem haben sich hier noch keine neuen Prozesse mit hohen Raum-Zeit-Ausbeuten etabliert. Die Strategie der in diesem Bereich aktiven Industrie zielt auf Produktionsverlagerung in Billiglohnländer oder in Subventionszonen Europas, die maximale Zuschüsse auf Neuinvestitionen garantieren. Am Beispiel der Essigherstellung aus Weinalkohol kann eindrücklich demonstriert werden, dass die traditionelle Herstellung von Weinessig durch Steigerung der Raum-Zeit-Ausbeute über integrierte Mikrofiltrationstechnik aus dem lebensmitteltechnischen Dornröschenschlaf geweckt werden könnte, um die Acetator-Technologie (Frings, 2004), die schon fast 40 Jahre alt ist, auf einen neuen Stand der Technik zu erheben. Traditionell wird bei der Oxidation von Ethanol zu Essigsäure, bei welcher die Essigsäurebakterien nur sehr wenig Energie für ihre Vermehrung abzweigen können, darauf geachtet, dass die Bakterienmasse möglichst vollständig im Bioreaktor verbleibt. Dies geschieht einerseits durch Immobilisierung auf Holzspänen oder andererseits durch Sedimentation und Rückhaltung im Bioreaktor, um möglichst hohe Inokulationsmassen für die nachfolgenden Prozessansätze zu erhalten. In kontinuierlichen Prozessen, mit welchen wirtschaftliche Vorteile gegenüber der satzweisen Produktionstechnik erzielt werden können, ist bei der quasi wachstumsentkoppelten Bildung von Essigsäure aus Ethanol mit einer sofortigen Ausschwemmung der Bakterien aus dem Bioreaktor zu rechnen, was schnell zum Prozessstillstand führt. Durch Integration einer Mikrofiltrationseinheit in den Bioprozess kann der »Wash-out« unterbunden werden. Dabei muss einerseits der notwendige Sauerstofftransfer auch in der Filtereinheit erzielt werden, andererseits müssen Scherkraftspitzen vermieden werden, welche die Zellmasse schädigen. Aus diesen Gründen können bisher verfügbare Cross-flow-Filter für die kontinuierliche Essigsäuregewinnung nicht erfolgreich eingesetzt werden. Krischke (2002) konnte erstmals zeigen, dass mit einem Rotationsscheibenfilter, der in einen Bioreaktor integriert wurde, eine kontinuierliche Essigsäuregewinnung über lange Zeiträume (6 000 Stunden) aufrecht erhalten werden kann und dass sich durch Variation der Zellrückführrate die Essigsäureproduktivität von 1,5 Gramm pro Liter und Stunde (industrieller Chargenbetrieb) auf 4,6 Gramm pro Liter und Stunde steigern lässt.

HERSTELLUNGSVERFAHREN
MIT TIERISCHEN ODER PFLANZLICHEN ZELLKULTUREN

Mit zunehmender Molekülgröße wird es immer schwieriger, mikrobielle Produktionsunits zu finden, die auch für entwicklungsgeschichtlich fernstehende Wirkstoffe die richtige dreidimensionale Faltung und physiologisch funktionale Disulfidbrückenverknüpfung gewährleisten. Ganz abzusehen ist meistens von der Forderung nach einer richtigen Glykosilierung.

Wran, Scheirer und Wasserbauer (1990) fassen die Probleme, die bei der Proteinbiosynthese von Komplexmolekülen durch Expression in Fremdorganismen entstehen können, zusammen: Die Synthesefehler können sowohl bei der Transkription und Translation im Fremdorganismus als auch durch posttranslationale Modifikation auftreten, je nachdem, wie sich die Enzymmuster von Spender und Rezeptororganismus unterscheiden.

Um die dort beschriebenen Probleme zu umgehen, ist es wünschenswert, oft der einzig gangbare Weg – etwa bei posttranslationaler Modifikation von Proteinen – tierische, pflanzliche oder humane Zellen als Wirtszellen für die Produktion großer Moleküle zu benutzen.

Dass die dabei zu entwickelnde Prozesstechnik, die bei komplexen und teuren Mediumsbestanteilen beginnt und die mit spezifischen Anforderungen, was die Ver- und Entsorgung von Stoffwechselbestandteilen betrifft, noch lange nicht endet, sehr kostenintensiv ist, muss nicht besonders erwähnt werden. Die langsam wachsenden Wirtsorganismen sind zudem besondes empfindlich gegenüber Änderungen von physicochemischen Randbedingungen und die Produktausbeute stellt an die Aufarbeitung besondere Ansprüche, da die komplexen Mediumsbestandteile am Ende des Produktionsprozesses bei weitem nicht aufgebraucht sind.

Es gibt jedoch keine Alternative zu der Herstellung von Arzneimitteln dieser Komplexität, insbesondere wenn Nachhaltigkeitskriterien zugrunde gelegt werden.

ENZYMATISCHE PROZESSE

Enzyme, Katalysatoren mit hoher Selektivität und Stereospezifität, sind mit einem einzigen Nachteil behaftet, nämlich ihrer endlichen Lebensdauer. Chemischen Katalysatoren, deren Lebensdauer höher ist, sind sie bezüglich moderater Prozessbedingungen aufgrund der geringeren notwendigen Aktivierungsenergie und ihrer Spezifität in jedem Falle, was die Nachhaltigkeitskriterien angeht, überlegen. Deswegen werden sie in Transformationsreaktionen an komplexen Molekülen schon lange in der chemischen Produktion eingesetzt.

Aufgrund dieser Spezifität steigt der Bedarf an Enzymen für die Herstellung von optisch reinen Verbindungen aus den Racematen der chemischen Synthese, da für viele Produktlinien der chemischen Industrie nur noch optisch reine Verbindungen verwendet werden dürfen.

Prozesstechnisch wird nun versucht, den Nachteil der relativ kurzen Halbwertszeit für Enzyme durch Immobilisierung oder allgemein durch Stabilisierung auszugleichen, wobei hier schon gute Fortschritte erzielt werden konnten. Die als Waschhilfsmittel eingesetzten Proteasen, wie etwa Subtilisin, können durch Kalzium stabilisiert werden. Wenn diese allerdings in Verbindung mit Metallchelaten eingesetzt werden, wie es in Waschlauge üblich ist, wird durch Calzium-Entzug durch die Chelate die Protease wieder destabilisiert, d.h. sie verliert ihre Aktivität zu schnell. Durch evolutive Änderung der Aminosäuresequenz konnte eine von Kalzium unabhänige Stabilisierung des Proteins erreicht werden, ohne die Proteaseaktivität zu beeinträchtigen.

Ein weiteres Beispiel für eine gelungene Prozessentwicklung in diesem Bereich ist die Invertzuckerherstellung mit Hilfe der Glukoseisomerase. Ebenso erfolgreich ist der Einsatz von Enzymen bei der Spaltung von natürlichen

Antibiotika mit trägerfixierten Acylasen, was die Basis für die Herstellung von halbsynthetischen Antibiotika darstellt. Die halbsynthetischen Penicilline zeichnen sich durch ein abgewandeltes antibakterielles Spektrum, durch höhere Säurestabilität und durch bessere Wirksamkeit bei ß-Lactamase enthaltenden Bakterien aus. Ähnliches gilt für die Produktion von halbsynthetischen Cephalosporinen auf Basis von 7ACA, wobei durch Anwendung einer bakteriellen Esterase ein Verfahrensschritt mit einem zinkhaltigen Lösemittel ersetzt werden kann. Durch sequentielle Mutagenese und durch zufällige Rekombination verschiedener Positivvarianten entstand ein Enzym, das gegenüber der Naturvariante eine 50 bis 60-prozentige Aktivitätssteigerung aufweist. Mit der Anwendung des enzymatischen Prozessschritts kann nun in Zukunft die Lösemittelemission eingeschränkt und ein zinkhaltiger Abfall vermieden werden.

Die Anwendung technischer Enzyme in Waschmitteln und anderen Prozessen als Ersatz für harte Chemie ist ebenfalls im Steigen begriffen, wobei Paradigmenwechsel in traditionellen Herstellungsprozessen nur schwer durchzusetzen sind.

BIOTECHNISCHE SPEZIALPROZESSE
(BIOLEACHING, BIOREMEDIATION, BIOTRANSFORMATION, USW.)

Es gibt eine ganze Reihe biotechnologischer Spezialprozesse, die jedoch alle im Rahmen der schon zuvor beschriebenen Grundoperationen aerober oder anaerober Mikroorganismen funktionieren. Sie unterliegen bezüglich der Nachhaltigkeit den gleichen Einordnungskriterien. Insofern erübrigt sich eine besondere Heraushebung.

PRODUKTDESIGN FÜR DIE UMWELT

Eine besondere Heraushebung verdient allerdings ein relativ neuer Ansatz für die Herstellung von Chemieprodukten, der durch Knackmuss (2001) vertreten wird. Insbesondere für Substanzgruppen, deren biologischer Abbau in Kläranlagen und/oder in der nachfolgenden Nahrungskette nicht gesichert ist, sollte nach Ersatzstoffen gesucht werden, die wie nachfolgend erläutert synthetisiert werden: Man benutze chemische Grundkörper, deren biologische Mineralisierung gesichert nachgewiesen ist und die auch als Massenverbindungen in Biosystemen Verwendung finden. Man verbinde diese Grundkörper mit solchen Verbindungselementen, deren enzymatische Spaltbarkeit unbestritten ist, und synthetisiere so Moleküle, die der chemischen Funktion derjenigen nichtabbaubarer Standardverbindungen nahe kommt. Anhand des in Abb. 6 dargestellten Schemas lässt sich das nachhaltige Denkprinzip nachvollziehen. Während sich beispielsweise das Sequestriermittel

EDTA in einer Kläranlage nur in geringem Maße eliminieren lässt, kann für das fast gleichwertige Analogon aus hydrolytisch verknüpfter Zitronensäure die Abbaubarkeit nachgewiesen werden.

Dieses Syntheseprinzip könnte einen Paradigmenwechsel zur Folge haben. Die Feststellung, dass eine synthetische Verbindung nicht mineralisierbar ist, führte bisher über kurz oder lang zur Suche nach Mikroorganismen, die diese abbauen können. Neu isolierte Spezialisten und/oder gentechnisch hergestellte Sonderformen sind möglicherweise in der Lage, unter besonderen Bedingungen, solche Verbindungen abzubauen, können jedoch in keinem Falle erwirken, dies im Rahmen einer Kläranlage oder im Rahmen einer Standardnahrungskette zu bewerkstelligen, da ihre Wachstumsgeschwindigkeit nicht ausreichend hoch ist, um eine Auswaschung bzw. Verdünnung zu verhindern. Sonderverfahren, um dies zu umgehen, sind extrem aufwändig und ökonomisch wie ökologisch nicht zu vertreten.

Die in ein Syntheseprodukt integrierte biologische Abbaubarkeit, wie sie Knackmuss vorschlägt, könnte einen Ausweg aus dem Dilemma darstellen und manchen Syntheseprodukten einen Makel nehmen.

Abbildung 6:

SCHEMATISCHE DARSTELLUNG FÜR DIE SYNTHESE VON WIRKSTOFFEN MIT INTEGRIERTER ABBAUBARKEIT

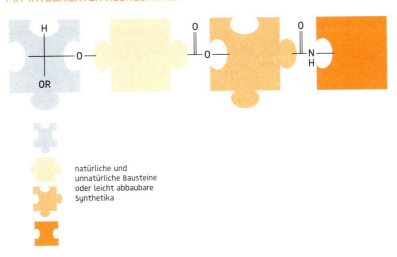

natürliche und
unnatürliche Bausteine
oder leicht abbaubare
Synthetika

Als Basis dienen natürliche oder naturähnliche Bausteine, die durch hydrolytisch spaltbare Reaktionen verknüpft werden: Acetal-, Ester- und Amidbindungen.

FAZIT

Biotechnische Prozesse finden in immer stärkerem Maße Eingang in die Technik. Allerdings wird die Biosystemtechnik noch nicht in allen humanen Bedürfnisbereichen als nachhaltiges Technikmodell wahrgenommen. Die alleinige Ausrichtung von Forschung und Entwicklung in Richtung moderner Biotechnologie, die fast ausschließlich mit medizinischen Targets in Verbindung gebracht wird, greift zu kurz. Die gesellschaftlichen Anforderungen, die global den Schutz menschlicher Lebensgrundlagen in Form eines nachhaltigen Umgangs mit Wasser, Boden und Atmosphäre gesichert wissen wollen, benötigen eine einfache und nachhaltige Bereitstellung von Energie, Rohstoffen und Produkten. Dabei sind Verfahren mit einem Redundanzgrad zu fordern, welche der menschlichen Unzulänglichkeit jeglicher Art durch eine dezentrale Organisationsform widerstehen. Dies kann nur durch Nachahmung der Natur in ihrer Gesamtfunktion erreicht werden. Biotechnologische Prozesse für alle Bereiche der humanen Daseinsfürsorge sind die einzige Lösungsoption, welche die globale Zukunft für den Menschen nachhaltig sichert.

LITERATUR

Aden, A.; Ruth, M.; Ibsen, K.; Jechura, J.; Neeves, K.; Sheehan, J.; Wallace, B.: Lignocellulosic biomass to ethanol process design and economics utilizing co-current dilute acid prehydrolysis and enzymatic hydrolysis for corn stover. Technischer Bericht des National Renewable Energy Laboratory NREL. NREL/TP-510-32438. Golden, Colorado, USA, 2002.

Börgardts, P.; Krischke, W.; Trösch, W.; Brunner, H.: Integrated bioprocess for the economic production of lactic acid from whey permeate. Bioprocess Engineering, 19, 321–329, 1998.

Börgardts, P.; Krischke, W.; Trösch, W.: Kombinierte Wertstoffgewinnung und Abwasserreinigung durch den Einsatz von Membranverfahren am Beispiel der Milchsäureproduktion aus Molkepermeat. Chem.-Ing.-Tech., 66, 1171–1172, 1994.

Boussiba, S.: Carotenogenesis in the green alga Heamatococcus pluvialis. Cellular physiology and stress response. Physiologia Plantarum 108, 111–117, 2000.

Brunner, H.: Neue biotechnische Ansätze in der Enzymtechnologie, Enzymproduktion und in der Diagnostik. Biotechnologie – Gentechnik. Eine Chance für neue Industrien, (Hrsg. Th. von Schell, H. Mohr), Heidelberg New York, 84–97, 1995.

Buswell, A.; Mueller, H. F.: Mechanism of methane fermentation. Ind. Eng. Chem., 44, 550–552, 1952.

Degen, J.; Uebele, A.; Retze, A.; Schmid-Staiger, U.; Trösch, W.: A novel airlift photobioreactor with baffles for improved light utilization through the flashing light effect. J. Biotech. 92, 89–94, 2001.

Frings: frings.com (Homepage), 2004.

Kempter, B.; Schmid-Staiger, U.; Trösch, W.: Verbesserter Abbau von kommunalen Klärschlämmen in einer zweistufigen Hochlast-Vergärungsanlage. KA – Wasserwirtschaft, Abwasser, Abfall (47), Nr. 9, 1290–1295, 2000.

Kempter-Regel, B.; Trösch, W.; Oehlke, M.; Weber, J.: Integration einer Hochlastfaulung in die herkömmliche Technik. Erste Bilanzierungsergebnisse der Schlammfaulung Heidelberg. KA – Abwasser, Abfall (50), Nr. 11, 1447–1453, 2003.

Knackmuss, H.-J.: persönliche Mitteilung, 2001.

Krischke, W.: Patentanmeldung 102 49 959.4 Verfahren und Vorrichtung zur Herstellung von Essigsäure, 2002.

Libhaber, M.: Waster Treatment in developing countries, the use of physico-chemical processes for achieving affordable disposal schemes. Berichte aus Wassergüte- und Abfallwirtschaft. Technische Universität München. Nr. 180, 9–34, 2004.

Meiser, A.; Schmid-Staiger, U.; Trösch W.: Optimization of eicosapentaenoic acid production by Phaeodactylum tricornutum in the flat panel airlift (FPA) reactor. Journal of Applied Phycology 16/3, 215–225. Akzeptiert, jedoch noch nicht veröffentlicht, 2004.

Molina Grima, E.; Acién Fernández, F. G.; García Camacho, F.; Chisti, Y.: Photobioreactors: Light regime, mass transfer and scale up. Journal of Biotechnology 70. 231–247, 1999.

OECD Studie: Biotechnologie für umweltverträgliche industrielle Produkte und Verfahren. Wege zur Nachhaltigkeit in der Industrie, 1998.

Olaizola, M.: Commercial production of astaxanthin from Haematococcus pluvialis using 25 000-liter outdoor photobioreactors. Journal of Applied Phycology 12, 499–506, 2000.

Pulz, O.; Scheibenbogen, K.: Photobioreactors: Design and performance with respect to light energy input. Adv. Biochem. Eng. Biotechnol. 59, 123–152, 1998.

Richmond, A.: Microalgal biotechnology at the turn of the millennium: A personal view. Journal of Applied Phycology 12, 441–451, 2000.

Schieder, Faulstich: Neue Einsatzmöglichkeiten für biogene Roh- und Reststoffe. Integrative Strategien für eine nachhaltige Abfallwirtschaft – Auswirkungen der EU-Politik auf Baden-Württemberg. Abfalltage Baden-Württemberg 2004. Stuttgarter Berichte zur Abfallwirtschaft 83 (Hrsg. M. Kranert, A. Sihler), 133–139, 2004.

Sternad, W.; Schreiner, L.; Trösch, W.: Patentanmeldung PCT/EP02/
12007 Vorrichtung zum Trennen von Stoffen, 2001.

Trösch, W.: Bereitstellung von Energie und Massenrohstoffen für eine den
stationären biogenen Stoffkreisläufen nachempfundene umweltkompatible
Stoffwirtschaft. Eine neue Herausforderung für die Biotechnik? BioEngineering 9, 20–27, 1993.

Trösch, W.: Neue bioverfahrenstechnische Ansätze zur stofflichen Verwertung organischer Abfälle: Biogas, Ammoniumsalz, MAP. Integrative Strategien für eine nachhaltige Abfallwirtschaft – Auswirkungen der EU-Politik auf
Baden Württemberg. Abfalltage Baden-Württemberg 2004. Stuttgarter Berichte zur Abfallwirtschaft (Hrsg. M. Kranert, A. Sihler) 83, 70–75, 2004.

Wrann, M.; Scheirer, W.; Wasserbaue,r E.: Biotechnologische Nutzung von
Säugetierzellkulturen. Jahrbuch Biotechnologie 3 (Hrsg. P. Präve et al), 413–
428, München Wien, 1990.

INFORMATIONS- UND KOMMUNIKA- TIONSTECHNO- LOGIEN UND NACHHALTIGE ENTWICKLUNG

Carsten Orwat und Armin Grunwald

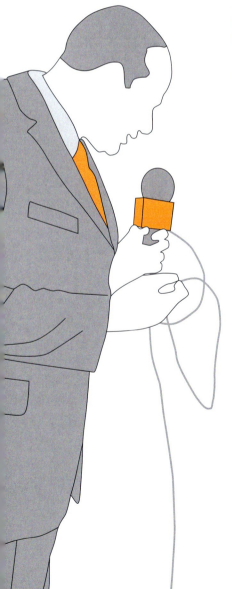

EINLEITUNG

Das Leitbild der nachhaltigen Entwicklung (Kopfmüller et al. 2001) steht in vielfältiger Beziehung zu den Informations- und Kommunikationstechnologien (IKT) und sich daran anschließenden Entwicklungen in Richtung auf eine Informations- oder Wissensgesellschaft. Neben der Produktion und Nutzung informations- und kommunikationstechnischer Produkte (Netzinfrastruktur, Hardware, Software, Content und Nebenprodukte) geraten vor dem Hintergrund der nachhaltigen Entwicklung auch grundlegende Fragen des gesellschaftlichen Wandels der Kommunikationsverhältnisse in den Blick. Ziel dieses Beitrages ist es, einen Überblick über relevante aktuelle Entwicklungen in den IuK-Techniken zu geben und sie auf ihre Folgen für nachhaltige Entwicklung zu befragen.

Nach einleitenden Ausführungen zu dem zu Grunde liegenden Nachhaltigkeitskonzept und den Bezügen zur Informationsgesellschaft skizzieren wir aktuelle Entwicklungen der IuK-Technik, diskutieren ökologische, ökonomische und soziale Nachhaltigkeitsfolgen der IKT-Einsätze und gehen detaillierter ein auf Veränderungen von Produkten, Dienstleistungen, Wertschöpfungsketten oder Formen des Umgangs mit Daten, Informationen und Wissen und deren Auswirkungen auf die Dimensionen einer nachhaltigen Entwicklung.

NACHHALTIGE ENTWICKLUNG UND INFORMATIONSGESELLSCHAFT

Ansatzweise wurde in der politischen Diskussion und Praxis das Nachhaltigkeitskonzept mit dem Trend zur so genannten »Informationsgesellschaft« verknüpft (z. B. Campino et al. 1998; Enquete-Kommission »Schutz des Menschen und der Umwelt« 1998; Enquete-Kommission »Zukunft der Medien in Wirtschaft und Gesellschaft« 1998; Schneidewind 2000). Dabei soll vor allem ein Wandel des Wirtschaftens durch einen höheren Anteil der immateriellen Werte »Information« und »Wissen« (»Immaterialisierung«) stattfinden. Daneben soll durch den Einsatz von Informations- und Kommunikationstechniken (IKT) das Wachstum der gesamtwirtschaftlichen Produktion von einem Wachstum des Verbrauchs von materiellen Ressourcen entkoppelt werden (»Dematerialisierung«) (Bohlin et al. 1999). So soll vor allem durch die mittels IKT-Einsatz gesteigerte Ressourcenproduktivität innerhalb bestehender Wertschöpfungsprozesse oder durch völlig neue (Online-)Produkte und (Online-)Dienste der Verbrauch von Umweltressourcen als Rohstoffquelle und Senke für Schadstoffe verringert werden. Auch werden mit ausreichenden Zugängen zu einer leistungsfähigen IKT signifikante Veränderungen der sozial gerechteren Verteilung des Wissenskapitals und der Informationen sowie diesbezügliche vernetzte Nutzungsmöglichkeiten erwartet (siehe z. B. die »Lissabonner Strategie« der Europäischen Union; dazu z. B. Laitenberger 2001). Nicht nur auf diese Weise sollen neue Möglichkeiten der gesellschaftlichen Kommunikation, Partizipation und Selbstorganisation geschaffen werden, die der Realisation von nicht-ökologischen Nachhaltigkeitszielen dienen.

IuK-Techniken bilden das technische Rückgrat der Informations- oder Wissensgesellschaft. Sie können dazu beitragen, ökologische, ökonomische, soziale und politisch-institutionelle Nachhaltigkeitsziele zu erreichen. Sie können aber auch Nachhaltigkeitszielen zuwider laufen. Dabei sind die Techniken selbst weder nachhaltig noch nicht nachhaltig; vielmehr führen ihre Herstellung, Nutzung und Entsorgung in der Summe zu positiven oder negativen Nachhaltigkeitseffekten (Fleischer/Grunwald 2002; dazu Teil 5). Die Techniken sind daher nicht für sich selbst unter Nachhaltigkeitsaspekten zu betrachten, sondern immer im Kontext der gesellschaftlichen Veränderungen, die sie induzieren oder begleiten. Von daher sind Überlegungen zu einer nachhaltigen Informationsgesellschaft untrennbar mit der Frage nach den Nachhaltigkeitseffekten von IuK-Techniken verbunden. Letztere können vor diesem Hintergrund folgendermaßen eingeteilt werden:

1. Ökologische Wirkungen der Produktion, Nutzung und Entsorgung der Hardware und des Betriebs, in Form des Verbrauchs und der Veränderung von Material- und Energieströmen (z. B. entsteht das Problem des »Elektronikschrotts«, Hornung et al. 2002).

2. Veränderungen in der Wirtschaftsweise (Wertschöpfungsketten, Produktion, Arbeitsformen, Transport, etc.) und in Konsum- und Lebensstilen sowie deren ökologische, ökonomische und soziale Folgen (z. B. für E-Commerce Orwat et al. 2002).

3. Veränderungen der Informations- und Kommunikationsformen einer Gesellschaft, die sich in veränderten Nutzungsformen von Informationen und Wissen, veränderten kulturellen Grundlagen der Gesellschaft (Paschen et al. 2002) sowie in sich verändernden Institutionen, Beteiligungsmöglichkeiten und Entscheidungsstrukturen ausdrücken (Paetau/Dippoldsmann 2003).

IuK-Technik hat also keineswegs ausschließlich oder hauptsächlich umweltbezogene Nachhaltigkeitsfolgen, sondern greift tief in die gesellschaftlichen Strukturen und Kommunikationsverhältnisse ein. Indirekte und mittelbare Veränderungen in der Wissensordnung, in den kulturellen Grundlagen der Gesellschaft, in Governance-Strukturen und in Bezug auf Chancengleichheit (man denke z. B. an die »digitale Spaltung« der Gesellschaft) gehören genauso zu diesem weiten Themenspektrum wie gesundheitliche Aspekte (z. B.

elektromagnetische Strahlung im Mobilfunk), Umweltaspekte (z. B. bromhaltige Flammschutzmittel) und die Fragen der Speicherung und Weitergabe des Wissenskapitals an zukünftige Generationen.

Um dieses weite Nachhaltigkeitsspektrum der IuK-Technik und der Informationsgesellschaft adäquat und konsistent zu erfassen, ist ein integratives Nachhaltigkeitskonzept erforderlich. Denn Nachhaltigkeitsprobleme in dieser Vieldimensionalität können nur angemessen erfasst werden, wenn über die Grenzen der üblicherweise genannten Nachhaltigkeitsdimensionen hinaus auch ihre Wechselwirkungen berücksichtigt werden (Kopfmüller et al. 2001). Die Definition der Brundtland-Kommission und weitere Dokumente der Nachhaltigkeitsdiskussion wie die Rio-Deklaration erlauben, folgende konstitutiven Elemente für Nachhaltigkeit zu bestimmen:

- *Gerechtigkeit:* Nachhaltigkeit und Gerechtigkeit stehen in einem untrennbaren Verhältnis. Insbesondere sind inter- und intragenerative Gerechtigkeit gleichermaßen konstitutiv für Nachhaltigkeit.
- *Globalität:* Die globale Perspektive und globale Problemlagen sind Ausgangspunkt für die Gewinnung von Kriterien für Nachhaltigkeit.
- *Anthropozentrik:* Anthropozentrische Prämissen sind – in einem aufgeklärten Sinn – der Nachhaltigkeitsdiskussion von Anfang an inhärent, da es um menschliche Bedürfnisse geht.

Diese konstitutiven Elemente lassen sich in Form von Regeln nachhaltiger Entwicklung näher konkretisieren, in denen die ökologische, die ökonomische, die soziale und die politisch-institutionelle Dimension der Nachhaltigkeit gleichrangig und integriert behandelt werden (Kopfmüller et al. 2001, S. 172 und Kap. 5). Themen sind z. B. die Nutzung erneuerbarer und nicht erneuerbarer Ressourcen, Sicherung der menschlichen Gesundheit, Chancengleichheit, Partizipation und die nachhaltige Entwicklung des Wissenskapitals (Kopfmüller et al. 2001, Kap. 5). Darüber hinaus geht es um die (instrumentelle) Frage, welche gesellschaftlichen Rahmenbedingungen gegeben sein müssen, um eine nachhaltige Entwicklung zu realisieren. Sie umfassen ökonomische und politisch-institutionelle Aspekte wie die Internalisierung externer Kosten, die Diskontierung von Schäden in die Zukunft hinein, geeignete weltwirtschaftliche Rahmenbedingungen, Reflexivität und Selbstorganisation der Gesellschaft (Kopfmüller et al. 2001, Kap. 6). Dieses Nachhaltigkeitsverständnis wird im Folgenden als Basis herangezogen; gleichwohl ist im Rahmen dieses Beitrages nur eine exemplarische Anwendung möglich.

ENTWICKLUNGSTRENDS DER IKT

Bei der Auswahl von Entwicklungstrends, die für die nachfolgenden Betrachtungen als besonders relevant betrachtet werden, werden sowohl Entwicklungen berücksichtigt, die bestehende Trends fortsetzen, also auch für die nahe Zukunft zu erwarten bzw. als Gegenstand von Forschungs- und Entwicklungsarbeiten für die zukünftige Nutzung vorgesehen sind. Dabei kann auf übergreifende Betrachtungen zurückgegriffen werden (z. B. BDI/FHG 2002; BMBF 2002; Europäische Kommission 2003; BSI 2004). Für den vorliegenden Kontext scheinen die IKT-orientierten Konzepte des »Ubiquitous Computing« oder »Ambient Intelligence« sowie neuartige Infrastrukturen zur Daten-, Informations- und Wissensnutzung (z. B. Grid Computing) besonders relevant (S. 256 f und S. 259 ff). Sie basieren größtenteils auf den im Nachfolgenden genannten technischen Entwicklungen.

Digitalisierung: Die Digitalisierung der Informations- und Kommunikationstechnologien kann als Basisinnovation angesehen werden, die eine Fülle aufbauender technischer Entwicklungen ermöglichte. Grundsätzlich erlaubt die Digitalisierung schnellere Übertragungsgeschwindigkeit, verlustfreie Kopierbarkeit, aber vor allem die leichtere, rechnergestützte Weiterverarbeitung wie Kompression, Annotierung weiterer Informationen an vorhandene Information (z. B. Indexierung, Strukturierung und Verwaltung von Daten), oder leichtere Weiternutzung und Mehrfachverwertung einmal erzeugter Information in unterschiedlichen Kontexten. Grundlegend ist auch die computergestützte »Errechnung von Virtuellem«, d. h. die vielfältigen Formen der Simulation bis hin zur multimedialen »Virtual Reality«. Die Vorteile der Digitalisierung beziehen sich nicht nur auf Daten für Rechenoperationen und Kommunikation, sondern auch zunehmend auf Medieninhalte und die Informationsbestandteile von Dienstleistungen.

Miniaturisierung: Es ist zu erwarten, dass sich die Miniaturisierung bei der Fertigung elektronischer Bauteile, die in den letzten Jahrzehnten insbesondere bei der Prozessortechnik, im Bereich eingebetteter Systeme und mobiler Endgeräte stattfand, weiter fortsetzen wird. Mikrosystemtechnik und Nanoelektronik bereiten dafür die Grundlagen.

Leistungs- und Kapazitätssteigerung: Auch bei Leistung und Kapazität der IKT-Anwendungen sind in den letzten Jahrzehnten große Fortschritte zu verzeichnen, nicht nur durch die Steigerungen bei einzelner Hardware, etwa durch höhere Taktfrequenzen, schnellere Zugriffszeiten und größere Speicher, sondern vor allem auch durch die zunehmende Parallelisierung, Verteilung und Verknüpfung von Systemen, oft auf der Basis vorhandener Technologien.

Automatisierung: In der Vergangenheit wurden IuK-Technologien vor allem zur Automatisierung und Rationalisierung in der Fertigungsindustrie eingesetzt. Mittlerweile hat sich die Automatisierung nicht nur in den verschiedensten Bereichen der Wirtschaft einschließlich des Dienstleistungssektors, sondern auch im Privatbereich fortgesetzt. Beispiele sind Bankautomaten, elektronische Handelssysteme, Software-Agenten zur Informationssuche und -auswertung oder elektronische Fahrhilfen. Mit zunehmender elektronischer »Intelligenz« werden Entscheidungen und »Verantwortung« vom Individuum auf die IKT übertragen (Autonomie).

Mobilität: Die ortsungebundene Nutzung elektronischer Medien wurde vor allem durch die Miniaturisierung und die Entwicklung drahtloser Übertragungstechnologien wie Mobilfunk oder Wireless LAN ermöglicht. Neben den Veränderungen im geschäftlichen und privaten Bereich bei der mobilen Kommunikation oder dem mobilen Büro, ermöglicht dies auch die Kommunikation von verteilten Geräten untereinander (z. B. Ubiquitous Computing, S. 256 f).

Vernetzung: Vor allem die Entwicklung und weit verbreitete Anwendung von Schnittstellenstandards zur Kommunikation zwischen Systemelementen, insbesondere das Internetprotokoll, aber auch LAN/WAN-Standards, bilden die Grundlage für vernetzte Kommunikationsinfrastrukturen. Derzeit werden beispielsweise erhebliche Anstrengungen unternommen, Netzwerk-Infrastrukturen für vernetzte, kooperative Forschungs- und Entwicklungsaktivitäten in Wissenschaft und privater Wirtschaft aufzubauen (Grid Computing, S. 259 ff).

Integration und Standardisierung: Der Trend der Integration bezieht sich vor allem auf die Zusammenführung von Datensätzen unterschiedlicher Herkunft, die zuvor zu einem bestimmten Maße mittels einheitlicher Schnittstellen wie EDI (Electronic Data Interchange) und XML (Extensible Markup Language)vereinheitlicht bzw. standardisiert werden müssen. Der Trend der Integration kann innerhalb von Organisationen, insbesondere Unternehmen, aber auch über Organisationsgrenzen hinweg erfolgen.

Verteilung und Dezentralität: Die Vernetzung erlaubt es, dass Gesamtsysteme unterteilt bzw. dezentralisiert werden können, um entweder durch die Zusammenführung gleicher Systeme oder durch die Integration spezialisierter Systeme Leistungssteigerungen gewinnen zu können.

AUSWIRKUNGEN VON AKTUELLEN UND ZUKÜNFTIGEN IKT-ANWENDUNGEN AUF NACHHALTIGE ENTWICKLUNG

Informations- und Kommunikationstechnologie als Querschnitts- oder Basistechnologie hat unweigerlich eine kaum zu überblickende Menge an unterschiedlichsten Anwendungen. Zusammenfassungen und Systematisierungen bleiben notwendigerweise unvollständig und durch Überlappungen gekennzeichnet, wodurch auch die Abschätzung ihrer Folgen erschwert wird. Im Folgenden werden zunächst Übersichten über die ökologischen, ökonomischen und sozialen Folgen des IKT-Einsatzes geliefert, um dann im Anschluss detaillierter auf die durch den IKT-Einsatz hervorgerufenen Veränderungen von Produkten, Dienstleistungen, Wertschöpfungsketten, Umgangsformen mit Daten, Informationen und Wissen sowie von gesellschaftlichen Partizipationsmöglichkeiten einzugehen und dabei ihre Auswirkungen auf ökologische, ökonomische und soziale Aspekte zu diskutieren.

NACHHALTIGKEITSASPEKTE DER IKT IM ÜBERBLICK
ÖKOLOGISCHE ASPEKTE

IuK-Technologien haben eine Vielzahl von komplexen Auswirkungen auf die ökologische Dimension. Aus einer Reihe von Studien (z.B. Jokinen/Malaska/Kaivo-oja 1998; Hilty/Ruddy 2002; Berkhout/Hertin 2004; Zigmane 2004) wird deutlich, dass IuK-Technologien per se keine positiven oder negativen Folgen auf die ökologische Dimension haben, sondern deren ökologische (»Netto-«) Wirkungen größtenteils von der spezifischen Art und Weise ihres Einsatzes und Gebrauchs abhängen. Deren prospektive Einschätzung ist aber durch die Komplexität und Unsicherheit der Wirkungszusammenhänge erheblich erschwert (S. 264 ff).

Der Charakter der IKT als Querschnitts- und Basistechnologie bedeutet, dass ökologische Auswirkungen genauso vielschichtig sind wie die Anwendungen, von denen sie stammen. Einerseits sind dies die (direkten) Umweltwirkungen der Produktion, Nutzung und Entsorgung der IKT, d.h. der dabei entstehenden Material- und Energieverbräuche sowie die resultierenden Emissionen. In der Regel entstehen bei der IKT-Herstellung eine Reihe von umwelt- und gesundheitsschädlichen Stoffen, aber auch viele Abfallstoffe. Diese Effekte setzen sich in der Entsorgung der IKT-Geräte fort (z.B. Behrendt et al. 2002a; Zarsky et al. 2002). Bei den Umweltauswirkungen sind auch die vergleichsweise schnellen Entwicklungszyklen, die kurze Lebensdauer und schnelle Obsoleszenz der meisten IKT-Geräte zu berücksichtigen. Ferner stellt der Energieverbrauch nicht nur bei der Herstellung der IKT-Geräte ein Problem dar (für den PC siehe z.B. Reichart/Hischier 2001). Auch in der Nutzung ist der Energieverbrauch eine große Herausforderung, da zwar der Energieverbrauch der meisten Geräte pro Stück gesunken ist und voraussichtlich weiter sinken wird, doch die Stückzahl insgesamt und pro Kopf deutlich gestiegen ist (z.B. Barthel et al. 2001; Schaefer/Weber 2000; Behrendt et al. 2002a; Laitner 2003). Es besteht weiterer Forschungsbedarf, ob beispielsweise der Gesamtenergieverbrauch mit der zu erwartenden massenhafte Verbreitung von Kleinstrechnern und Sensoren weiter steigen wird (S. 256 f).

Andererseits sind mit IKT-Anwendungen eher indirekte ökologische Folgen verbunden, da der IKT-Einsatz zu Veränderungen von Produkten und Dienstleistungen, Organisationsformen und Wertschöpfungsketten führt, die wiederum positive oder negative ökologische Folgen haben (siehe in den nachfolgenden Abschnitten). Zum einen kann der IKT-Einsatz unter gewissen Bedingungen zur Effizienzsteigerung wirtschaftlicher Aktivitäten und gleichzeitig zur Verbesserung der Ressourcenproduktivität (Einsatz von Umweltressourcen pro Produkteinheit) führen. Dies geschieht vor allem dann, wenn Umweltressourcen (wie Wasserverbrauch) in betriebswirtschaftliche Kalküle Eingang finden, indem z. B. Preise für ihre Nutzung durch umweltpolitische Instrumente (wie Wassergebühren) erhoben werden oder indem sie auf Märkten angeboten werden. Ansonsten werden betriebliche Umweltschutzmaßnahmen auch durch ordnungsrechtliche Instrumente induziert.

Allerdings sind mit IKT-Anwendungen und den Veränderungen von Produkten, Dienstleistungen oder Wertschöpfungsketten auch vielfältige negative Rückkopplungseffekte (so genannte Rebound- oder Bumerangeffekte) verbunden. Sie treten immer dann auf, wenn mit dem IKT-Einsatz zwar Effizienzsteigerungen erreicht werden, diese jedoch dann wieder für Verhaltensänderungen und die Ausdehnung wirtschaftlicher Aktivitäten in beispielsweise räumlicher, mengenmäßiger oder zeitlicher Hinsicht genutzt werden, wodurch die durch die Effizienzsteigerung erreichten Einsparungen (über-) kompensiert werden können (z. B. Binswanger 2001; Bartolomeo et al. 2003).

ÖKONOMISCHE ASPEKTE

Ob und in welchem Ausmaß und in welcher Form Wirtschaftswachstum überhaupt zur Nachhaltigkeit beiträgt, wird kontrovers diskutiert (Kopfmüller et al. 2001, S. 99 ff.). Häufig werden gerade im Einsatz von IKT große Chancen gesehen, ein qualitatives und nachhaltigeres Wachstum zu erreichen (z. B. Campino et al. 1998, S. 12).

IuK-Technologien werden in vielen Fällen zur Rationalisierung wirtschaftlicher Aktivitäten eingesetzt, wodurch Arbeitsplatzverluste verursacht werden. Dies läuft der Nachhaltigkeitsforderung nach der Gewährleistung der eigenständigen Existenzsicherung (Kopfmüller et al. 2001, S. 203 ff) zuwider. Auf der anderen Seite sind mit IKT-Innovationen in der Regel neue Produkte, Dienste, Märkte und damit neue Beschäftigungsmöglichkeiten verbunden. Für die Beurteilung ist somit das Ausmaß der »Nettoeffekte« auf die Beschäftigung sowie die zeitliche Dimension der Anpassungsprozesse entscheidend, die allerdings durch unsichere Abhängigkeitsrelationen und durch die Komplexität der zu berücksichtigenden volkwirtschaftlichen Aspekte erschwert werden (z. B. Löbbe et al. 2000).

Ebenso scheint der Zusammenhang zwischen IKT-Einsatz, Produktivitätssteigerungen und Wirtschaftswachstum noch nicht erschöpfend geklärt zu sein. Wirtschaftwachstum durch IKT-Investitionen wird durch die Erhöhung der Arbeitproduktivität und der Effizienz sonstiger wirtschaftlicher Tätigkeiten erreicht sowie durch die IKT-Produktion und deren Beitrag zur Wertschöpfung selbst. In einigen Studien lassen sich IKT-Anwendungen eindeutig mit Steigerungen der Produktivität in Verbindung bringen, andere hingegen verweisen darauf, dass eine Reihe von Voraussetzungen in Unternehmen oder anderen Organisationen erfüllt sein muss, damit IKT zu spürbaren Produktivitätssteigerungen beitragen (siehe Übersicht z. B. in Latzer/Schmitz 2002). Diese Voraussetzungen beziehen sich z. B. auf die Unternehmensorganisation, auf Arbeitsplatzprozesse, Führungsfähigkeiten, Kenntnisnahme von Technologien, Innovationskultur oder auf unternehmensexterne Voraussetzungen wie Zugang zu Risikokapital oder Ausbildungsniveau. Diese Voraussetzungen sind weder in Unternehmen oder Organisationen noch in gesamten Volkswirtschaften gleich verteilt, sodass nicht von einer notwendigerweise eintretenden Steigerung von Produktivität und Wachstum durch den vermehrten Einsatz von IKT ausgegangen werden kann (z. B. OECD 2003, EIU 2004).

SOZIALE ASPEKTE

Neben den bereits erwähnten Beschäftigungswirkungen unterstützt und ermöglicht der IKT-Einsatz (teilweise) die Flexibilisierung von Arbeitsbeziehungen sowohl in zeitlicher als auch in räumlicher Hinsicht (z. B. Telearbeit, mobile Arbeit), aber auch im Hinblick auf sich wandelnde Vertragsbeziehungen (z. B. Outsourcing, Kurzfristverträge, Vergabe an Freiberufler). Hier bildet IKT erst die technische Grundlage, die informationsbasierten Gegenstände der Arbeit auszutauschen. Als Folge verschwimmen nicht nur die Grenzen von Arbeit und Freizeit und verändern sich die Relationen von Einkommen, sozialen Zusatzleistungen und Aufstiegsmöglichkeiten, Freiheitsgrade und Arbeitsintensitäten. Auch auf dem Arbeitsmarkt verschieben sich die Ansprüche zu computer-orientierten Fähigkeiten und Ausbildungen (z. B. Spitz 2003) und können Einkommensunterschiede entsprechend den computer-orientierten Fähigkeiten nach sich ziehen (Haisken-DeNew/ D'Ambrosio 2003). Ferner führt häufig der IKT-Einsatz generell zu einer zeitlichen und räumlichen Ausweitung wirtschaftlicher Aktivitäten (z. B. 24-

Stunden-Erreichbarkeit in Call-Centern, Handelsplätzen etc.), denen sich Formen der Arbeit anpassen (z. B. Krings 2004).

Ein Schwerpunkt der Diskussion sozialer Folgen des IKT-Einsatzes liegt auf der so genannten »digitalen Spaltung«, die sich aus ungleich verteilten Möglichkeiten des Zugangs und der Nutzung von IuK-Techniken ergibt (z. B. Hofman/Novak 2000). Es kann zwar erwartet werden, dass sich die technischen Zugangsmöglichkeiten durch Diffusionsprozesse verbessern werden (z. B. Hutter 2001). Andererseits muss dabei die Situation in Entwicklungsländern und entwickelten Länder unterschieden werden. In entwickelten Gesellschaften sind materielle Zugangsvoraussetzungen (Anschaffungskosten von IuK-Geräten) eine vergleichsweise geringere Ursache für die Nicht-Nutzung von IKT. Folgekosten und der individuelle Aufwand der Nutzung (Training, Updates, Rekonfiguration) sowie kognitive Faktoren (Fertigkeit und Fähigkeit, Wissen, individuelle Erfahrung und Einstellungen) fallen ins Gewicht (Kubicek 2001, Hargittai 2002). In vielen Fällen ist die Nicht-Nutzung auch das Ergebnis individueller Entscheidungen in bestimmten sozialen Kontexten (Selwyn 2003).

VERÄNDERUNGEN VON PRODUKTEN, DIENSTLEISTUNGEN, KONSUM- UND LEBENSSTILEN
IMMATERIALISIERUNG VON INFORMATIONSPRODUKTEN

Große Erwartungen wurden in die umweltentlastenden Effekte der Substitution von physischen Informationsprodukten und -dienstleistungen durch die digitale Informationsübertragung in elektronischen Netzwerken gelegt. Potenziell können digitale Produkte und Dienstleistungen vollständig über elektronische Netzwerke vermittelt werden und nehmen damit physische Transporte, herkömmliche Distributionsinfrastruktur und die herkömmlichen Trägermedien (Papier, CDs, DVDs etc.) nicht mehr in Anspruch. Dies gilt vor allem für Medien- bzw. Informationsprodukte und Produkte des Dienstleistungssektors, die einen hohen Anteil an Informationen oder Transaktionen aufweisen wie etwa im Handel (E-Commerce), im Kultursektor, in der öffentlichen Verwaltung (E-Government) oder im Bildungswesen (E-Learning). Durch die Verlagerung in den Online-Bereich kann die Notwendigkeit, räumlich am Ort der Dienstleistungserstellung präsent zu sein, vermindert und der Bedarf nach Verkehrsleistungen reduziert werden.

Allerdings eignen sich nur wenige Produkte zu einer durchgreifenden Immaterialisierung. Das Konsumentenverhalten ändert sich nur langsam, und es besteht eine Tendenz zur Re-Materialisierung (z. B. das Brennen von CDs) (z. B. Türk et al. 2003; Kuhndt et al. 2003; Zigmane 2004). Oft sind die ökologischen Vorteilen von bestimmten Faktoren wie der Anzahl der Nutzungen

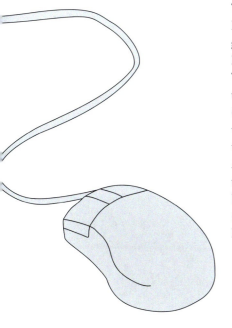

oder dem Nutzerverhalten abhängig. Darauf deuten beispielsweise Gard und
Keoleian (2003) beim Vergleich von Lebenszyklusanalysen für digitale und
Papierversionen von Zeitschriftenartikeln hin. Ferner ist noch unklar, ob
überhaupt, wenn ja, welche und bis zu welchem Maß digitale Produkte und
Dienstleistungen substitutiv konsumiert werden oder doch eher additiv in
Ergänzung zu materiellen Produkten. Für eine additive Nutzung sprechen
nicht nur ein allgemein gestiegener Informationsbedarf, sondern auch grundsätzliche Vorteile der Dienstleistungserbringung in physischen Umgebungen
wie Kommunikationsvorteile bei »face-to-face« Beratungen oder der Erleb-
nischarakter vor Ort.

Ferner sind in diesem Zusammenhang weitere Reboundeffekte zu beachten.
Beispielsweise werden Kostensenkungen in der Produktion, die durch IKT
ermöglicht wurden, u.a. dazu genutzt, dass mehr Produkte auf den Markt
gebracht werden wie z.B. bei der Ausweitung des papierbasierten Medienan-
gebots in den 1980er und 1990er Jahren durch Fortschritte in der digitalen
Technik (Berkhout/Hertin 2004). Werden andererseits die Kostensenkungen
mittels Preissenkungen an die Kunden weitergegeben, führt dies in der Regel
zu höherem Konsum.

IKT-EINSATZ UND TRANSPORTE

IKT-Anwendungen im Verkehrsbereich (Telematik) sind ebenso facetten-
reich wie ihre Auswirkungen auf die Veränderung der Verkehrsflüsse, Trans-
portmittelwahl und die resultierenden Umweltwirkungen (z.B. Halbritter et
al. 2002; Golob/Regan 2001; zu indirekten Verkehrswirkungen siehe Seite
259ff). Eine Vielzahl an Telematik-Anwendungen kann zur besseren Planung, Steuerung und Kontrolle von Transporten beitragen wie Routenpla-
nung und -optimierung, GPS-gestützte Navigationshilfen, elektronische Ver-
kehrsmaut oder die elektronische Verkehrslenkung.

Bezüglich Telearbeit, d.h. die elektronisch gestützte Arbeit in erster Linie in
der häuslichen Umgebung, bestehen Erwartungen an größere Transport- und
Umweltbelastungsreduktionen, da insbesondere das Pendeln zur Arbeitsstelle entfällt. Allerdings zeigt eine Reihe von Studien (Überblick in Lyons
2002; Golob/Regan 2001; Kuhndt et al. 2003), dass noch unklar ist, ob Telearbeit überhaupt Effekte auf Einsparung von Fahrten haben wird, da beispielsweise die eingesparten Fahrzeiten zur Arbeitsstelle zu anderen privaten
Fahrzwecken verwendet werden. Oft wird der durch Telearbeit freiwerdende
Büroraum nicht effizient genutzt, sodass kaum Energieeinsparungen anfallen
(James 2004). Aus der sozialen Perspektive werden als Probleme vor allem
die Isolierung der Telearbeiter oder die als mangelhaft wahrgenommenen
Aufstiegschancen angesehen (Zigmane 2004).

Für den Bereich persönlicher Reisen kommt etwa Mokhtarian (2003) nach der Analyse theoretischer und empirischer Studien zum Schluss, dass als »Netto«-Ergebnis gegenläufiger Wirkungen die Telekommunikation das Reiseaufkommen sogar weiter steigern kann, was vor allem auf die langfristigen, komplementären Effekte von Telekommunikation und Reiseverhalten zurückzuführen ist. Als Beispiel wird das Internet genannt, das zu einem vorher nicht da gewesenen Austausch über Kontakte, Aktivitäten, Attraktionen oder Orte und zu mehr Reisen führte. Auch beim Ersatz von Dienstreisen durch Videokonferenzen besteht derzeit noch ein geringes Substitutionsaufkommen. Zwar ist von erheblichen Potenzialen in ökologischer und ökonomischer Hinsicht die Rede, deren Verwirklichung hängt jedoch von einer breiten Palette von Faktoren ab (Arnfalk / Kogg 2003).

INFORMATIONSORIENTIERTER IKT-EINSATZ IM UMWELTSCHUTZ

Viele IKT-Anwendungen, wie vernetzte Sensoren, Monitoringgeräte etc., können sich auch positiv auf die Erreichung ökologischer Ziele einer nachhaltigen Entwicklung auswirken, indem sie entscheidungsrelevante Informationsdienstleistungen nicht nur über Verteilungen von natürlichen Ressourcen, Zustände von Umweltressourcen und Ökosystemen, sondern vor allem auch über die Umwelteffekte von wirtschaftlichen Aktivitäten liefern (vgl. z. B. Hiessl in diesem Band). Dabei wird erwartet, dass mit einer verbesserten Informationsgrundlage die Planung, Steuerung und Kontrolle von Prozessen und deren Umweltwirkungen optimiert wird (z. B. optimierter Düngereinsatz bei satellitengestützter Bodenerkundung). Ferner dient die computerbasierte Simulation nicht nur dem besseren Design von Produkten (z. B. reduziertes Abfallaufkommen), sondern auch dem besseren Verständnis komplexer Zusammenhänge in Ökosystemen und anthropogener Einflüsse. Eine Reihe von Vermittlungsleistungen (Intermediäre), die zur Verbesserung der Nutzung von Ressourcen, Materialien, Produktions- oder Transportkapazitäten dienen, basieren auf dem Einsatz komplexer IuK-Technologien, insbesondere internetgestützter Anwendungen, da sie erst die kostengünstige Informationssammlung und -vermittlung über derartige Nutzungsoptionen ermöglichen. Hierbei ist z. B. auf web-basierte Fracht- oder Recyclingbörsen zu verweisen (z. B. Fichter 2000, 2001).

FALLBEISPIEL »UBIQUITOUS COMPUTING«

Insbesondere die Miniaturisierung sowie Leistungs- und Kapazitätssteige-
rungen vor allem in der Mikroelektronik, Mikrosystemtechnik, Nanotechnologie, bei elektronischen Etiketten, Positionierungssystemen oder in der
Mobilkommunikation fördern den Trend zur »allgegenwärtigen« Verbreitung von zum Teil vernetzten Kleinstcomputern und Sensoren. Dieser Ent-
wicklungstrend wird derzeit unter den Begriffen »Pervasive Computing«,
»Ubiquitous Computing«, »Disappearing Computing« oder »Ambient Intelligence« diskutiert (Weiser 1991; Cas 2002; Pfaff/Skiera 2002; Saha/Muk-
herjee 2003; Stone 2003; Hilty et al. 2003; Bohn et al. 2004; ISTAG 2001,
2002). In der funktionalen Aufwertung und Anreicherung von Mobilfunkge-
räten, Automobilen und einigen Haushaltsgeräten mit Prozessoren hat sich
dieser Trend bereits ansatzweise realisiert.

Zukünftig – und größtenteils noch visionär – sollen Menschen mit intelli-
genten Schnittstellen umgeben sein, hinter denen Computer- und Netzwerk-
technologien stehen, die in einer bunten Fülle von Dingen des alltäglichen
Lebens wie Möbel, Kleidung, Fahrzeuge, Materialien (z. B. auch Wandan-
striche) eingebettet sind. Ziel ist die Schaffung einer Umgebung, die unauf-
fällig, unsichtbar (bis man sie braucht) und nahtlos integriert und koordiniert verschiedenste Computerleistungen, fortgeschrittene Netzwerke und
angepasste Schnittstellen anbietet. Eine derartige IKT-Umgebung soll die
spezifischen Charakteristika von Personen und Situationen erkennen, ihnen
Hilfestellungen in unterschiedlichsten Lebenslagen anbieten, lästige (Routi-
ne-) Aufgaben abnehmen (Formulare ausfüllen, Informationen selektieren
etc.), intelligent auf Bedürfnisse der Nutzer reagieren und sogar stellvertre-
tend für die Nutzer in Dialoge eintreten können (ISTAG 2001, 2002).

Viele Anwendungen des Ubiquitous Computing dienen der besseren Kontrolle, Steuerung und Regelung von maschinellen Prozessen, Material- und
Warenströmen oder menschlichen Aktivitäten, die Effizienzsteigerungen in
allen Anwendungsbereichen (Wohnung und sonstige private Bereiche, Betrieb, Logistik, Handel, Verkehr, Gesundheitswesen etc.) zum Ziel haben.
Werden Anwendungen des Ubiquitous Computing zur Effizienzsteigerung
eingesetzt, kann es zu einer gleichzeitigen Verbesserung der Ressourcenproduktivität kommen (siehe oben).

Die Dimensionen positiver und negativer ökologischer Auswirkungen des
Ubiquitous Computing sowie ihre »Netto«-Wirkungen sind bisher allerdings nicht abzuschätzen. Bisher scheint nicht nur die Energieversorgung der
massenhaften Verbreitung von Geräten und Infrastruktur ein ungelöstes
Problem, sondern es ist auch noch unklar, ob durch die schiere Anzahl und
voraussichtlich kürzere Nutzungsdauer der Geräte, die durch das Ubiquitous

Computing benötigt werden, mögliche Material- und Energieeinsparungen pro Stück mehr als kompensiert werden (*Rebound-Effekte*) (Erdmann/Köhler 2003; Berkhout/Hertin 2004). Ferner werden die Auswirkungen auf die Gesundheit durch die nichtionisierende Strahlung der Mobilfunknetze insbesondere beim Tragen von Geräten des Ubiquitous Computing am oder im Körper problematisiert (Würtenberger et al. 2003; Behrendt et al. 2003). Des Weiteren kann die angedachte massenhafte Einbettung miniaturisierter elektronischer Komponenten in Alltagsdingen zu Schwierigkeiten bei der Trennung im Recycling und in der Entsorgung führen. Zudem werden häufig umweltbedenkliche Materialien eingesetzt (Schauer 2003).

Mit Anwendungen des Ubiquitous Computings können Preissetzungen von Nutzungen entsprechend der von den Objekten erkannten Nutzer, Nutzungsumgebungen oder Nutzungsformen möglich werden, was eine Preisdifferenzierung entsprechend der individuellen Zahlungsbereitschaft oder entsprechend den tatsächlichen Nutzungsformen, -häufigkeiten oder -zeiten ermöglichen würde (z. B. Versicherungsprämien entsprechend des elektronisch ermittelten Fahrverhaltens). Durch die exakte Ermittlung von Objektnutzern und -nutzungen können auch die tatsächlichen Nutzungen von Umweltressourcen detailliert erfasst und entsprechend einer exakteren Bepreisung unterzogen werden (z. B. Ermittlung und Übermittlung des exakten Abfallgewichts). Ferner kann auch die Steuerung von Umweltnutzungen über die verbesserte Kontrolle der Einhaltung von Umweltnutzungsrechten verbessert werden (z. B. Esty 2001).

Weitere Aspekte des Ubiquitus Computing bzw. der Ambient Intelligence, die in einem mittelbaren Zusammenhang zur nachhaltigen Entwicklung stehen (können), sind die noch fehlende Interoperabilität der Komponenten, Auswirkungen und Nebeneffekte der notwendigen Standardisierung, unklare Auswirkungen auf den Datenschutz und den Schutz der Privatsphäre, Wirkungen des direkten und indirekten Zwangs zur Nutzung, Fragen der Autonomie der Systeme und der Kontrollierbarkeit durch den Nutzer sowie unklare Fragen der Zugriffsrechte der Nutzer auf die erworbenen Produkte (z. B. auf die Software-Komponenten) (z. B. Behrendt et al. 2003; Adamowsky 2003; Bohn et al. 2004).

VERÄNDERUNGEN VON WERTSCHÖPFUNGSKETTEN UND ORGANISATIONSFORMEN

Die vollständige Digitalisierung betrieblicher Geschäftsabläufe ermöglicht die Automatisierung der Datenerstellung und -auswertung ebenso wie die Integration aller Daten nicht nur innerbetrieblich, sondern auch in Kooperationen mit Zulieferern und Abnehmern oder sogar entlang weiter Teile der

Wertschöpfungskette (»E-Commerce« und »Supply Chain Management«).
Die Integration von Anwendungen über Unternehmensgrenzen hinweg über
mehrere Stufen von Wertschöpfungsketten (z. B. im elektronischen Handel)
dient vor allem der Produktivitätssteigerung durch die bessere Kontrolle und
Steuerung von Prozessen sowie Material- und Warenströmen, z. B. durch verbesserte Lagerhaltung, Reduktion von Überschussmengen, bedarfsgerechte
Produktion oder kundenindividuelle Massenfertigung. Beiträge zur Erhöhung der Ressourcenproduktivität sollen sich aus verbesserter Prozesssteue-
rung und dadurch Einsparung von Prozessschritten sowie einer effizienteren
Gestaltung der Logistik, insbesondere durch die Verringerung der Lagerbe-
stände und -flächen, bessere Auslastung der Liefertouren oder weniger Fehl-
mengen, verbesserte Verkehrslenkung und verbesserten Verkehrsmix ergeben. Auch die gezieltere Orientierung an elektronisch übermittelten Kunden-
bedürfnissen und damit Materialeinsparungen tragen hierzu bei. Allerdings
konnte die Verbesserung der Ressourcenproduktivität durch IKT-Einsatz sowohl in innerbetrieblichen Abläufen als auch in Kooperationen entlang der
Wertschöpfungskette nur in Einzelfällen nachgewiesen werden und darf
nicht verallgemeinert werden (Behrendt 2002a, 2002b).

Auswirkungen des IKT-Einsatzes auf Verkehrsaufkommen und Verkehrsströme, die durch Veränderungen der Wertschöpfungsketten hervorgerufen
werden, sind in den letzten Jahren vor allem im Rahmen der Verkehrswirkungen des elektronischen Handels diskutiert worden (z. B. BMVBW 2001;
Lenz 2002; Klaus et al. 2002). Nimmt man beim elektronischen Handel
zwischen Unternehmen an, dass durch die Verringerung der Transaktionskosten mehr direkt zwischen Produzenten und weiterverarbeitenden Unternehmen gehandelt würde, die Sammel- und Verteilfunktion des Großhandels
mithin abnimmt, kann man auf ein steigendes Transportaufkommen schließen (Klaus et al. 2002). Auch hier müssen gegenläufige Effekte berücksichtigt und in ihren »Netto-« Wirkungen bilanziert und bewertet werden wie
beispielsweise Umweltentlastungen einer zentralisierten Lagerhaltung einerseits und daraus folgendem gestiegenem Transportaufkommen andererseits
(Matthews/Hendrickson 2003).

Zudem sind mit der Effizienzsteigerung durch die elektronische Vernetzung
auch eine Reihe von Reboundeffekten zu berücksichtigen. Beispielsweise
wird argumentiert, dass die Nutzung von Telekommunikation nicht nur die
Nachfrage nach physischen Transporten anregen kann (Marvin 1997), sondern oft wird auch nur eine partielle Substitution in der Inanspruchnahme
von Verkehrsleistungen erreicht. Es besteht die Annahme, dass der globale
Charakter moderner IuK-Technologien, insbesondere des Internets mit weltweit einheitlichen Kommunikationsstandards, zur weiteren räumlichen Aus-

weitung der Handelstätigkeiten und der Zunahme der Transporte beigetragen hat. Ferner wird argumentiert, dass in der Regel mit dem IKT-Einsatz die Lagerumschlagshäufigkeit steigt und kürzere Lieferfrequenzen benötigt werden, wodurch die Zahl der Transporte steigen kann und mehr »Just-in-Time« Lieferungen oder schnellere Transportträger wie Luftfracht benötigt werden können. Einsparungen durch bessere Kapazitätsauslastungen können durch höhere Umschlagshäufigkeit überlagert werden (Behrendt et al. 2002a, 2002b).

VERÄNDERUNGEN IM UMGANG MIT DATEN, INFORMATION UND WISSEN

Informations- und Kommunikationstechnologien werden eingesetzt, um den Umgang mit Daten, Informationen und Wissen zu verändern. Damit sind Auswirkungen auf die Bedingungen einer nachhaltigen Entwicklung mindestens immer dann gegeben, wenn

- sich dadurch die Bedingungen zur nachhaltigen Entwicklung des Sach-, Human- und Wissenskapitals verändern,
- sich die Voraussetzung für die individuelle und gesellschaftliche Entwicklung, die individuellen Chancen der selbstständigen Existenzsicherung und Einkommenserzielung sowie für die Chancengleichheit im Hinblick auf Bildung, Beruf und Information verändern oder
- wenn die Möglichkeiten des Erhalts des kulturellen Erbes und der kulturellen Vielfalt verändert werden (zu den Regeln siehe Kopfmüller et al. 2001).

Bisher sind Fragen des Umgangs mit Daten, Informationen und Wissen nur ansatzweise mit Konzepten einer nachhaltigen Entwicklung in Verbindung gebracht worden (z. B. Kornwachs/Berndes 1999; Ott 1999; Kuhlen 2004). Ein einfaches Übertragen von ressourcenökonomischen Konzepten einer nachhaltigen Entwicklung aus dem Bereich natürlicher Ressourcen in den Bereich der Ressourcen Information und Wissen ist allein deshalb nicht möglich, weil Informationen und Wissen als Güter völlig verschiedene Charakteristika haben (z. B. Dasgupta/David 1994). Wählt man ein integratives Nachhaltigkeitskonzept als Grundlage, müsste ein darauf aufbauendes Konzept einer nachhaltigen Wissensverteilung nicht nur Fragen der intergenerativen und intragenerativen Gerechtigkeit beantworten, sondern auch eine globale Ausrichtung haben und die Wechselwirkungen auf die anderen Dimensionen einer nachhaltigen Entwicklung berücksichtigen. Dabei sind verschiedene Funktionen von Daten, Information und Wissen zu berücksichtigen, die unter anderem umfassen:

- Information und Wissen als Basis für Innovationen und andere kreative

Leistungen und letztendlich die Möglichkeit der Erhaltung des gesellschaftlichen Produktivitätspozentials,

– Informationen und Wissen im Sinne des Human- und Wissenskapitals als
  Grundvoraussetzung der individuellen, selbstständigen Einkommenserzielung, d. h. als Bildung, als Inputfaktor für informations- und wissens-
  basierte beruflichen Tätigkeiten, als Fertigkeiten bzw. als implizites Wissen (»tacit knowledge«),

– Informations- und Wissensgüter als Kulturgüter (kulturelle Vielfalt) oder

– Informationen als Grundlage der Teilhabe an der politischen Entschei-
  dungsfindung (siehe S. 262 f).

Mit den jüngsten IKT-Entwicklungen haben sich die Formen der Produktion, der Verbreitung, des Zugangs und der Nutzung von Informationen sowie des Human- und Wissenskapitals drastisch verändert. Grundlegend erleichtern sie die Kodifizierung von Informationen und Wissen, einschließlich
des impliziten Wissens, wodurch Verbreitung und Nutzung effizienter erfolgen können (z. B. Balconi 2002). Neuere Informations- und Kommunikationstechnologien tragen dazu bei, dass große Mengen an Informationen effizient produziert und räumlich verbreitet werden können. Sie verbessern die
Möglichkeiten der kreativen Interaktion (z. B. bei der kooperativen virtuel-
len Gestaltung und Forschung oder durch die Computersimulation), sie ermöglichen die Auswertung und Analyse der Inhalte großer Datenbestände
und die Bildung großer dezentraler Systeme zur Datensammlung und -aus-
wertung und des Austauschs von Erkenntnissen (Antonelli / Geuna / Steinmueller 2000; Steinmueller 2002; David / Foray 2003).
Ferner ermöglicht die durch IKT geförderte Kodifizierung bzw. digitale Speicherung von Information und Wissen nicht nur die vernetzte Nutzung, sondern auch ausgeklügelte technische Zugangsregelungen wie beispielsweise
bei den Zugangsregelungen zu Online-Datenbanken oder Informationsprodukten, die mit Systemen des Managements digitaler Rechte, so genannte
»Digital Rights Management (DRM)« Systemen, ausgestattet sind. Sie haben
das Potenzial, die Zugangs- und Nutzungsmöglichkeiten von Informations-
und Wissensgütern einschneidend zu verändern (z. B. Bechtold 2002).
Gegenwärtig werden auf internationaler und nationaler Ebene Anstrengungen unternommen, neuartige IKT-Infrastrukturen einzurichten, die die
vernetzte Nutzung von Daten, Informationen und Wissen und die elektro-
nisch-basierte Kooperation in öffentlicher und privater Forschung und Entwicklung (F&E) sowie (eher zukünftig) im Privatbereich verbessern sollen.
Von ihnen kann erwartet werden, dass sie die Bedingungen verändern, unter
denen sich das Human- und Wissenskapital einer Gesellschaft entwickelt

oder unter denen Daten, Informationen und Wissen als Basis für Innovationen genutzt werden können. Im Allgemeinen sind elektronische Kooperation bzw. Vernetzung dann vorteilhaft, wenn die jeweils beste im Netz verfügbare Ressource genutzt werden kann, ebenso wenn komplementäre Funktionen, Leistungsmerkmale und sonstige vernetzte Ressourcen zu neuen Leistungsbündeln kombiniert werden können. Potenziell wird damit auch die Konzentration auf Kernkompetenzen ermöglicht. Da vernetzte Kombinationen von Ressourcen häufig schneller zusammengesetzt oder gelöst werden können als die Kombination innerhalb komplexer Organisationen, gilt sie als flexibler im Hinblick auf veränderte Rahmenbedingungen. Nachteile der Vernetzung sind die geringere Sicherheit über die Qualität der vernetzten Leistungen, da hohe Transaktionskosten der Leistungsbeurteilung bestehen. Dies bedeutet einen hohen Suchaufwand nach passenden Ressourcen sowie einen hohen Aufwand bei der Kontrolle und Vergütung der vernetzt erbrachten Leistungen.

Im Wissenschaftsbereich haben mit der Digitalisierung und der Vernetzung tiefgreifende Veränderungen wissenschaftlicher Tätigkeiten und Ergebnisse stattgefunden, die nicht nur elektronische Publikations-, sondern auch Kooperationsformen betreffen. Beispielsweise werden in den jüngsten Programmen der »cyberinfrastructure« (USA) oder »eScience« (digitally enhanced science) (UK, D) neben der Einrichtung einer geeigneten elektronischen Infrastruktur auch Kooperationsformen anvisiert, die durch eine gemeinsame Entwicklung und einen organisationsübergreifenden, offenen Austausch computergestützter Ressourcen (z.B. Computerleistung, Speicherplatz, wissenschaftliche Instrumente, Daten oder Expertise) gekennzeichnet sein sollen. Grid Computing-Infrastrukturen bilden dabei das Kernelement der eScience (Hey/Trefethen 2002; De Roure/Gil/Hendler 2004) und sollen in technisch-konsistenter Weise Austausch und Integration der räumlich verteilten, heterogenen Ressourcen ermöglichen (Foster et al. 2001; Johnston 2002; Baxevanidis et al. 2003). Neben den technischen Herausforderungen sind auch geeignete Institutionen zu schaffen bzw. Regeln zu entwickeln, die für einen erfolgreichen organisationsübergreifenden Austausch beispielsweise den Ressourcenzugang, die Ressourcenallokation, die Anreize zur Ressourcenbereitstellung, die Kompensation für die Nutzung, die Nutzungsabrechnung oder intellektuelle Eigentumsfragen regeln.

Sowohl im Kontext des World Wide Web also auch des Grid Computing wird angestrebt, dass die in den Netzwerken verfügbaren Informationen, Daten und anderen Ressourcen unterschiedlichster Herkunft auch für Maschinen (Agenten) lesbar, automatisch auffindbar, austauschbar, verknüpfbar und integriert verarbeitbar sein sollen. Dies scheint allein schon deshalb angebracht, um die immensen Daten- und Informationsmengen ansatzweise handhabbar zu machen. Um dies zu erreichen, ist die Standardisierung der formalen Beschreibung der Ressourcen grundlegend notwendig, ebenso wie die Verknüpfung der unterschiedlichen formalen Beschreibungssprachen untereinander (oft beschrieben als »semantisches Web«) (Berners-Lee/ Hendler/Lassila 2001; Ding et al. 2002). Allerdings stellen die Entwicklung, Einigung und Anwendung bestimmter Beschreibungen und Beschreibungsverknüpfungen über verschiedene Disziplinen hinweg sowie die Anreize zur semantischen Aufbereitung der Ressourcen noch nicht gelöste Herausforderungen dar.

POTENZIALE DER IKT FÜR GESELLSCHAFTLICHE PARTIZIPATION

Zu den zentralen Elementen nachhaltiger Entwicklung gehört die Forderung nach Partizipation: »Allen Mitgliedern einer Gesellschaft muss die Teilhabe an den gesellschaftlich relevanten Entscheidungsprozessen möglich sein« (Kopfmüller et al. 2001, S. 251). Dies impliziert die Forderung, Möglichkeiten der Teilhabe zu erhalten, zu erweitern und zu verbessern. Partizipation besteht dabei einerseits in rechtlich und institutionell verbürgten Partizipationsrechten im engeren Sinn wie Staatsbürgerrechten des aktiven und passiven Wahlrechts, Zugang zu öffentlichen Ämtern und Kommunikationsrechten wie Meinungs- und Versammlungsfreiheit. Andererseits sind Bestand und Weiterentwicklung der Gesellschaft auch auf freiwilliges, informelles Engagement der Bürger angewiesen, damit Öffentlichkeit entsteht. Diese bildet sowohl ein Forum, in dem Interessen und Meinungen zu Wort kommen als auch eine Arena, in der um Macht und Einfluss gestritten wird. Demokratie in diesem erweiterten Sinne (Barber 1984) gehört zur zentralen gesellschaftlichen Praxis von Zivilgesellschaften. IuK-Techniken haben, da sie die Kommunikationsmöglichkeiten der Bürger betreffen, stets Auswirkungen auf die Formierung von Öffentlichkeit und andere Möglichkeiten der Meinungsbildung und -verbreitung. Bereits Radio und Fernsehen hatten erhebliche Auswirkungen in diesem Bereich. Das Internet mit seinen Charakteristiken der

– preisgünstigen, entfernungsunabhängigen und schnellen Informationsbereitstellung
– Möglichkeit interaktiver Online-Kommunikation
– sich einer zentralen Kontrolle widersetzenden Binnenstruktur

ist von Anfang an auf großes Interesse vor dem Hintergrund der Partizipationsdiskussion und der Kritik am repräsentativen Demokratiemodell gestoßen. Schlüsselbegriffe sind hierbei Netzöffentlichkeit, Legitimation und De-

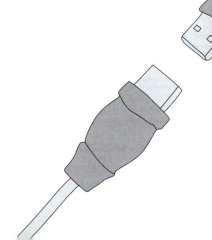

liberation, aber auch Mobilisierung und gesellschaftliche Selbstorganisation. Neue Online-Kommunikationstechniken sollen neue Formen direkter politischer Beteiligung ermöglichen und die Austauschmöglichkeiten zwischen Wählern und Politikern revolutionieren. Als weitreichendes politisches Ziel wurde z. B. die Schaffung einer elektronischen Agora vorgeschlagen, die intermediäre Institutionen (z. B. Parteien) und Politikvermittlung überflüssig machen sollte. Partizipation via Internet sollte die »Strong Democracy« (Barber 1984) realisieren und Defizite der repräsentativen Demokratien beheben, einerseits im Rahmen nationaler politischer Systeme, andererseits aber auch zur Etablierung von gänzlich neuen Formen transnationaler Öffentlichkeit (wie sie sich zum Teil bei Aktionen global agierender NGOs andeuten).

Neben dieser Hoffnung auf eine Reform etablierter Demokratieformen von innen setzen andere Autoren auf neue Formen virtueller Vergemeinschaftung »von unten« (*Cyberdemocracy,* Dyson 1999). Im Mittelpunkt steht die Idee, durch die durch IuK-Technik möglich gewordene *Many-to-Many*-Kommunikation Kommunikationshierarchien abzubauen und durch eine neue Verständigungspraxis zu ersetzen. Computernetzwerke werden hierbei als ein Instrument zur Bildung von Sozialkapital betrachtet, d. h. von Normen, Interaktionsnetzwerken und Vertrauensbeziehungen, die es den Menschen erleichtern, ihre Handlungen zum wechselseitigen Nutzen zu koordinieren und gefühlsmäßige Gemeinschaftsbindungen zu entwickeln. Auf diese Weise könnte es zu neuen delokalisierten Formen der Beteiligung kommen. Die ohne die modernen IuK-Techniken nicht denkbare Netzwerkgesellschaft (Castells 2001) soll in diesem Ansatz die staatsorientierte Gesellschaft ablösen.

Die anfängliche Begeisterung für die Potenziale des Internets für mehr aktive Partizipation hat mittlerweile einer Ernüchterung Platz gemacht. Zwar zeigen empirische Untersuchungen, dass in bestimmten Schichten und zu bestimmten Themen Kommunikation im Internet eine wichtige Rolle spielt, vor allem zur raschen Mobilisierung bei NGOs oder in politischen Kampagnen. Die technikdeterministische These, dass die breite Verfügbarkeit des Internet eine neue politische Partizipationskultur zur Folge haben würde, hat sich jedoch bislang nicht bestätigt. Gegenwärtige Überlegungen in Richtung auf eine »digitale Demokratie« (Siedschlag et al. 2002) versuchen, realistischere Einschätzungen der Beiträge der IuK-Techniken zur Partizipation mit der Erforschung der fördernden und hemmenden Faktoren ihrer Umsetzung zu verbinden.

SCHLUSSFOLGERUNGEN FÜR DIE TECHNIKGESTALTUNG

In den Darstellungen hat sich vor allem gezeigt, dass mit dem Einsatz von Informations- und Kommunikationstechniken oft gleichzeitig positive und negative Auswirkungen auf die verschiedenen Dimensionen einer nachhaltigen Entwicklung verbunden sind, die häufig von der spezifischen Art und Weise der Anwendung bestimmt werden. Von daher sollen Analysen zur Nachhaltigkeitsrelevanz von IuK-Technik idealerweise in die Gestaltung dieser Technik, ihrer Nutzungsweisen und ihrer Entsorgung eingehen. »Gestaltung« ist ein vielschichtiger Begriff, der entsprechende Aktivitäten in Forschung und Entwicklung zur Auslegung der Leistungsmerkmale technischer Produkte, Verfahren und Systeme, Aspekte der Produktion und Fertigung, der Marktdiffusion und des Vertriebs, der Nutzungsmöglichkeiten und der Nutzungsumgebungen bis hin zu Fragen der Entsorgung umfasst. Gestaltung bezieht sich also nicht nur auf die ingenieurtechnische Auslegung von IuK-Produkten und Systemen, sondern auch auf gesellschaftliche Verhältnisse wie z. B. die politischen Rahmenbedingungen der Nutzung (Regulierung, Förderung), ökonomische Fragen (z. B. Wettbewerbsverhältnisse und Innovationsgeschwindigkeit) und gesellschaftlich-kulturelle Aspekte (z. B. Kommunikationsverhältnisse, Chancengleichheit und Partizipationsmöglichkeiten).

Wenn innovative IuK-Techniken (auch) unter Nachhaltigkeitsaspekten gestaltet werden sollen, d. h. wenn positive Beiträge zu einer nachhaltigen Entwicklung optimal ausgenutzt und negative Beiträge vermieden werden sollen, dann ist prospektives Wissen über die zu erwartenden nachhaltigkeitsrelevanten Folgen erforderlich. Eine prospektive Analyse und Bewertung von IuK-Technik unter Nachhaltigkeitsaspekten benötigt eine Gesamtbilanz der nachhaltigkeitsrelevanten Folgen von IuK-Technik in ihrer Entwicklung, ihrer gesellschaftlichen Nutzung und ihrer Entsorgung (Fleischer/Grunwald 2002). Technische Produkte und Systeme sind von sich aus weder nachhaltig noch nicht nachhaltig. Sie akkumulieren vielmehr positive und negative Nachhaltigkeitsbeiträge auf dem gesamten »Lebensweg«, der von den primären Rohstofflagerstätten über Transporte und Verarbeitungsprozesse bis zu ihrer Nutzung und deren direkten und indirekten Folgen reicht, und der schließlich mit der Entsorgung endet.

Für eine Nachhaltigkeitsbewertung von IuK-Technik ist daher der gesamte Lebenszyklus der technischen Produkte und Systeme entscheidend. Klassische Lebenszyklusanalysen (LCA), in denen die nachhaltigkeitsrelevanten ökologischen Wirkungen eines technischen Produkts erfasst werden, sind zu ergänzen um eine Betrachtung der weiteren nachhaltigkeitsrelevanten Aspekte auf dem Lebensweg (dies sind z. B. ökonomische, soziale oder politisch-institutionelle Aspekte). Insbesondere ist Nachhaltigkeit von IuK-Techniken nicht zu erfassen und zu bewerten ohne Berücksichtigung ihrer gesellschaftlichen Akzeptanz und Nutzung, ihrer Einflüsse auf Zugangschancen, Kommunikationsverhältnisse und Machtstrukturen sowie entsprechender Konsum- und Verhaltensmuster – allgemein gesagt, ohne Berücksichtigung ihrer »gesellschaftlichen Einbettung« (Majer 2002).

Die Forschung zu prospektiven Methoden der Wissensgewinnung in den vergangenen Jahrzehnten hat gezeigt, dass Wissen des genannten Typs nur mit hohen Unsicherheiten zu erhalten ist. Die Offenheit der Zukunft, die Entscheidungsabhängigkeit und Unvorhersehbarkeit vieler Entwicklungen sowie die systemischen Korrelationen vieler Einflussfaktoren machen Prognosen mit dem Anspruch auf Zuverlässigkeit weitgehend unmöglich (Grunwald/ Langenbach 1999). Daher hat sich die Rede von Nachhaltigkeitspotenzialen der IuK-Techniken eingebürgert. Potenziale sind hypothetisch, mit mehr oder weniger Realitätsgehalt. Über ihre Realisierung wird erst in konkreten Innovationsprozessen und deren Folgen entschieden.

Nachhaltigkeitspotenziale zu realisieren, ist keine technische, sondern vielmehr eine soziale, politische und ökonomische sowie allgemeingesellschaftliche Angelegenheit von erheblicher Komplexität. Diese Situation wirft die folgenden Fragen auf: (1) Unter welchen Umständen und Unsicherheiten ist mit der Realisierung der Nachhaltigkeitspotenziale zu rechnen? (2) Wo können gezielte Gestaltungsbemühungen ansetzen, um die Realisierung zu fördern? (3) Im Falle negativer Potenziale: Wie kann ihrer Realisierung entgegengesteuert werden? Eine Gestaltung von IuK-Techniken unter Nachhaltigkeitsaspekten würde danach, allgemein gesprochen, folgende Schritte umfassen:

–   Analyse der (positiven und negativen) Nachhaltigkeitspotenziale von IuK-Techniken bereits in möglichst frühen Entwicklungsstadien,
–   Untersuchung und Bewertung des Grades und der Ausprägung ihres Realitätsgehaltes und der enthaltenen Unsicherheiten,
–   Identifikation der für eine Realisierung der positiven oder die Vermeidung der negativen Nachhaltigkeitspotenziale entscheidenden Faktoren,
–   Ableitung von Handlungsstrategien zur Gestaltung der IuK-Techniken im Hinblick auf nachhaltige Entwicklung,
–   Fortführung und Konkretisierung dieses mehrstufigen Prozesses im Verlaufe der weiteren Entwicklung unter Berücksichtigung des jeweils neu hinzu kommenden Wissens (z. B. über Marktentwicklungen).

Die Gestaltung von neuen IuK-Techniken unter Nachhaltigkeitsaspekten kann daher nur als ständiger Lernprozess erfolgen, orientiert an dem normativen Leitbild der Nachhaltigkeit (Fleischer/Grunwald 2002), in dem über

Gestaltungsziele, Realisierungsoptionen und die zukünftige »Einbettung« der IuK-Techniken in die Gesellschaft beraten wird. Es kommt darauf an, im Rahmen einer »reflexiven Technikgestaltung« die eigentliche Entwicklung von Technik mit der Reflexion ihrer hypothetischen Folgen – insbesondere der Nachhaltigkeitspotenziale – zu verbinden (Coenen/Grunwald 2003, Kap. 7.6). Das Bild einer »nachhaltigeren« IuK-Technik bzw. ihrer realen Beiträge zu einer nachhaltigen Entwicklung bildet sich dabei allmählich, Schritt für Schritt, heraus.

LITERATUR

Adamowsky, N.: Totale Vernetzung – totale Verstrickung?, in: Aus Politik und Zeitgeschichte, B 42/2003, S. 3 – 5, 2003.

Antonelli, C.; Geuna, A.; Steinmueller, E.: Information and communication technologies and the production, distribution and use of knowledge, in: International Journal of Technology Management, Vol. 20, Nos. 1/2, pp. 72 – 94, 2000.

Arnfalk, P.; Kogg, B.: Service transformation. Managing a shift from business travel to virtual meetings, in: Journal of Cleaner Production, Vol. 11, No. 8, pp. 859 – 872, 2003.

Balconi, M.: Tacitness, codification of technological knowledge and the organisation of industry, in: Research Policy, Vol. 31, No. 3, pp. 357 – 379, 2002

Barber, B.R.: Strong Democracy. Participatory Politics for a New Age. Berkeley, CA u.a.O., 1984.

Barthel, C.; Lechtenböhmer, S.; Thomas, S.: GHG Emission Trends of the Internet in Germany, 2001, in: Langrock, T.; Ott, H.E.; Takeuchi, T. (Hg.): Japan and Germany. International Climate Policy and the IT Sector, Wuppertal Institut für Klima, Umwelt, Energie; Wuppertal Spezial 19, Wuppertal, S. 55 – 70, 2001.

Bartolomeo, M.; dal Maso, D.; de Jong, P.; Eder P.; Groenewegen, P.; Hopkinson, P.; James, P., Nijhuis, L.; Örninge, M.; Scholl, G.; Slob, A.; Zaring, O.: Eco-efficient producer services – what are they, how do they benefit customers and the environment and how likely are they to develop and be extensively utilised?, in: Journal of Cleaner Production, Vol. 11, No. 8, pp. 829 – 837, 2003.

Baxevanidis, K.; Davies, H.; Foster, I.; Gagliardi, F.: Grids and research networks as drivers and enablers of future Internet architectures, in: Computer Networks, Vol. 40, No. 1, pp. 5 – 17, 2002.

BDI – Bundesverband der Industrie; FhG – Fraunhofer-Gesellschaft: Forschen für die Internet-Gesellschaft: Trends, Technologien, Anwendungen.

Ergebnisse einer gemeinsamen Initiative des Bundesverbands der Deutschen Industrie und der Fraunhofer-Gesellschaft, hrsg. von W. Wahlster / C. Weyrich im Auftrag des Feldafinger Kreises, 2003.

Bechtold, S.: Vom Urheber- zum Informationsrecht. Implikationen des Digital Rights Management, München, 2002.

Behrendt, S.; Hilty, L.M.; Erdmann, L.: Nachhaltigkeit und Vorsorge – Anforderungen der Digitalisierung an das politische System, in: Aus Politik und Zeitgeschehen, B 43/2003, S. 13–20, 2003.

Behrendt, S.; Jonuschat, H.; Heinze, M.; Fichter, K.: Literaturbericht zu den ökologischen Folgen des E-Commerce. Gutachten für den Deutschen Bundestag vorgelegt dem Büro für Technikfolgen-Abschätzung beim Deutschen Bundestag (TAB). Institut für Zukunftsstudien und Technologiebewertung, Sekretariat für Zukunftsforschung und Borderstep – Institut für Nachhaltigkeit und Innovation. Berlin und Dortmund, 2002a.

Behrendt, S.; Würtenberger, F.; Fichter, K.: Falluntersuchungen zur Ressourcenproduktivität von E-Commerce. Gutachten für den Deutschen Bundestag vorgelegt dem Büro für Technikfolgen-Abschätzung beim Deutschen Bundestag (TAB). Institut für Zukunftsstudien und Technologiebewertung und Borderstep – Institut für Nachhaltigkeit und Innovation. Berlin, 2002b.

Berkhout, F.; Hertin, J.: De-materialising and re-materialising: digital technologies and the environment, in: Futures, Vol. 36, No. 8, pp. 903–920, 2004

Berners-Lee, T.; Hendler, J.; Lassila, O.: The Semantic Web, in: Scientific American, May 2001.

Binswanger, M.: Technological progress and sustainable development: what about the rebound effect?, in: Ecological Economics, Vol. 36, No. 1, pp. 119–132, 2001.

BMBF – Bundesministerium für Bildung und Forschung: IT-Forschung 2006. Förderprogramm Informations- und Kommunikationstechnik, Bonn, 2002.

Bohlin, E.; Frotschnig, A.; Pestel, R.: Leitartikel, in: IPTS Report, Sonderausgabe Informationsgesellschaft und Nachhaltigkeit, Vol. 32, 1999.

Bohn, J.; Coroam, V.; Langheinrich, M.; Mattern, F.; Rohs, M.: Social, economic, and ethical implications of ambient intelligence and ubiquitous computing. Zürich: ETH Zürich, Institute for Pervasive Computing, 2004.

BSI – Bundesamt für Sicherheit in der Informationstechnik: Kommunikations- und Informationstechnik 2010+3: Neue Trends und Entwicklungen in Technologien, Anwendungen und Sicherheit, Ingelheim, 2004.

Campino, I.; Clement, R.; Desler, J.; Hemkes, B.; Hilty, L.M.; Klee, B.; Kollmann, H.; Malley, J.; Matschullat, J.; Müller-Tappe, S.; Nehm, F.;

Paetz, A.; Radermacher, F.J.; Rampacher, H.; Röscheisen, H.; Ruddy, T.; Sander, H. P.; Schabronath, J.; Scheinemann, I.; Schreiber, D.; Seelen, M.; Wagner, B.: Nachhaltige Entwicklung und Informationsgesellschaft, hrsg. v. Forum Info 2000 – Arbeitsgruppe 3. Bonn, 1998.

Cas, J.: UC – Ubiquitous Computing oder Ubiquitous Control? In: Britzelmaier, B.; Geberl, S.; Weinmann, S. (Hrsg.): Der Mensch im Netz – Ubiquitous Computing. Stuttgart u.a.O., S. 45 – 52, 2002.

Castells, M.: The Rise of the Network Society. Oxford, 2000.

Coenen, R., Grunwald, A. (Hrsg.): Nachhaltigkeitsprobleme in Deutschland. Analyse und Lösungsstrategien. Berlin, 2003.

Dasgupta, P.; David, P. A.: Toward a new economics of science, in: Research Policy, Vol. 23, No. 5, pp. 487 – 521, 1994.

David, P.A.; Foray, D.: Economic Fundamentals of the Knowledge Society, in: Policy Futures In Education – An e-Journal, Vol. 1, No. 1, Special Issue: Education and the Knowledge Economy, pp. 20 – 49, 2003.

Ding, Y.; Fensel, D.; Klein, M.; Omelayneko, B.: The semantic web: yet another hip?, in: Data and Knowledge Engineering, Vol. 41, No. 2/3, pp. 205 – 227, 2002.

Dyson, E.: Release 2.1. Die Internet-Gesellschaft. Spielregeln für unsere digitale Zukunft, München, 1999.

EIU – Economist Intelligence Unit (2004): Reaping the benefits of ICT Europe's productivity challenge, London u. a. O, 2004.

Enquete-Kommission »Schutz des Menschen und der Umwelt«: Konzept Nachhaltigkeit – Vom Leitbild zur Umsetzung. Abschlußbericht der Enquete-Kommission »Schutz des Menschen und der Umwelt – Ziele und Rahmenbedingungen einer nachhaltig zukunftsverträglichen Entwicklung«. Deutscher Bundestag, Drucksache 13/11200 vom 26.06.1998.

Enquete-Kommission »Zukunft der Medien in Wirtschaft und Gesellschaft«: Deutschlands Weg in die Informationsgesellschaft. Schlußbericht der Enquete-Kommission »Zukunft der Medien in Wirtschaft und Gesellschaft – Deutschlands Weg in die Informationsgesellschaft«, Deutscher Bundestag, Drucksache 13/11004 vom 22.06.1998.

Erdmann, L.; Köhler, A.: Auswirkungen auf die Umwelt. In: Hilty, L. et al.: Das Vorsorgeprinzip in der Informationsgesellschaft. Auswirkungen des Pervasive Computing auf Gesundheit und Umwelt. Bern: TA-Swiss – Zentrum für Technikfolgen-Abschätzung, S. 181 – 234, 2003.

Esty, D.C.: Digital Earth: Saving the Environment, in: OECD Observer, 16 Nov. 2001.

European Commission, DG Information Society: IST 2003 – The Opportunties ahead, Brussels, 2003.

Fichter, K.: Nachhaltige Unternehmensstrategien in der Internet-Ökonomie, in: Schneidewind, U.; Truscheit, A.; Steingräber, G. (Hrsg.): Nachhaltige Informationsgesellschaft – Analyse und Gestaltungsempfehlungen aus Management und institutioneller Sicht, Marburg, S. 75–81, 2000.

Fichter, K.: Umwelteffekte von E-Business und Internetökonomie – Erste Erkenntnisse und umweltpolitische Schlussfolgerungen. Arbeitspapier für das Bundesministerium für Umwelt, Naturschutz und Reaktorsicherheit (BMU), Berlin, 2001.

Fleischer, T.; Grunwald, A.: Technikgestaltung für mehr Nachhaltigkeit – Anforderungen an die Technikfolgenabschätzung. In: A. Grunwald (Hrsg.): Technikgestaltung für eine nachhaltige Entwicklung. Von konzeptionellen Überlegungen zur konkreten Umsetzung. Edition Sigma, Berlin, 2002.

Foster, I.: The Grid: A New Infrastructure for 21st Century Science, Physics Today, 2002.

Foster, I.; Kesselman, C.; Tuecke, S.: The Anatomy of the Grid, Enabling Scalable Virtual Organizations, in: International Journal of High Performance Computing Applications, Vol. 15, No. 3, pp. 200–222, 2001.

Gard, D. L.; Keoleian, G. A.: Digital versus Print. Energy Performance in the Selection and Use of Scholarly Journals, in: Journal of Industrial Ecology, Vol. 6, No. 2, pp. 115–132, 2003.

Golob, T. F.; Reagan, A. C.: Impacts of information technology on personal travel and commercial vehicle operations: research challenges and opportunities, in: Transportation Research Part C, Vol. 9, No. 2, pp. 87–121, 2001.

Grunwald, A.; Langenbach, C.: Die Prognose von Technikfolgen. Methodische Grundlagen und Verfahren, in: Grunwald, A. (Hrsg.): Rationale Technikfolgenbeurteilung. Konzeption und methodische Grundlagen, Berlin, S. 93–131, 1999.

Haisken-DeNew, J. B.; D'Ambrosio, C.: ICT and Socio-Economic Exclusion, RWI: Diskussionspapier No. 3, Rheinisch-Westfälisches Institut für Wirtschaftsforschung, Essen, 2003.

Halbritter, G.; Bräutigam, R.; Fleischer, T.; Fulda, E.; Georgiewa, D.; Klein-Vielhauer, S.; Kupsch, C.: Verkehr in Ballungsräumen. Mögliche Beiträge von Telematiktechniken und -diensten für einen effizienteren und umweltverträglicheren Verkehr, Beiträge zur Umweltgestaltung, Bd. A 149, Berlin, 2002.

Hargittai, E.: Second-Level Digital Divide: Differences in People's Online Skills, in: First Monday, Vol. 7, No. 4, 2002.

Hey, T.; Trefethen A. E.: The UK e-Science Core Programme and the Grid, in: Future Generation Computer Systems, Vol. 18, No. 8, pp. 1017–1031, 2002.

Hilty, L.; Behrendt, S.; Binswanger, M.; Bruinik, A.; Erdmann, L.; Fröhlich, J.; Köhler, A.; Kuster, N.; Som, C.; Würtenberger, F.: Das Vorsorgeprinzip in der Informationsgesellschaft. Auswirkungen des Pervasive Computing auf Gesundheit und Umwelt, TA-Swiss – Zentrum für Technikfolgen-Abschätzung, Bern, 2003.

Hilty, L. M.; Ruddy, T.: Resource Productivity in the Information Age, in: Indicators of Sustainable Development, Futura, Vol. 21, No. 2, pp. 76 – 84, 2002.

Hoffman, D. L.; Novak, T. P.: The Growing Digital Devide: Implications for an Open Research Agenda, in: Brynjolfsson, E.; Kahin, B. (Hrsg.): Understanding the Digital Economy. Data, Tools, and Research. Cambridge, MA und London, UK, S. 245 – 260, 2000.

Hornung, A., Seifert, H., Vehlow, J.: Nachhaltige Entsorgung von Abfällen aus dem Elektro- und Elektronikbereich. In: A. Grunwald (Hrsg.): Technikgestaltung für eine nachhaltige Entwicklung. Berlin, S. 375 – 386, 2002.

Hutter, M.: Der »Digital Divide« – ein vorübergehender Zustand. In: Kubicek, H.; Klumpp, D.; Fuchs, G.; Roßnagel, A. (Hg.): Internet@Future. Technik, Anwendungen und Dienste der Zukunft. Jahrbuch Telekommunikation und Gesellschaft 2001. Heidelberg, S. 362 – 370, 2001.

ISTAG – Information Society Technologies Advisory Group, European Commission: Scenarios for Ambient Intelligence in 2010, Luxembourg, 2001.

ISTAG – Information Society Technologies Advisory Group, European Commission: Strategic Orientations and Priorities for IST in FP6, Luxembourg, 2002.

James, P.: Is Teleworking Sustainable? An Analysis of its Economic, Environmental, and Social Impacts, Final Report of the European project SUSTEL – Sustainable Teleworking Project, published by the European Commission, DG Information Society, Brussels, 2004.

Johnston, W. E.: Computational and Data Grids in Large-Scale Science and Engineering, in: Future Generation Computer Systems, Vol. 18, No. 8, pp. 1085 – 1100, 2002.

Jokinen, P.; Malaska, P.; Kaivo-oja, J.: The Environment in an Information Society, in: Future, Vol. 30, No. 6, pp. 485 – 498, 1998.

Klaus, P.; König, S.; Pilz, K.; Voigt, U.: Auswirkungen des elektronischen Handels (E-Commerce) auf Logistik und Verkehrsleistung – Verknüpfungen betriebswirtschaftlicher und volkswirtschaftlicher Informationen; Gutachten für den Deutschen Bundestag vorgelegt dem Büro für Technikfolgen-Abschätzung beim Deutschen Bundestag; Deutsches Institut für Wirtschaftsforschung (DIW) und Fraunhofer Anwendungszentrum für Verkehrslogistik und Kommunikationstechnik (AVK), Berlin und Nürnberg, 2002.

Kopfmüller, J.; Brandl, V.; Jörissen, J.; Paetau, M.; Banse, G.; Coenen, R.; Grunwald, A.: Nachhaltige Entwicklung integrativ betrachtet. Konstitutive Elemente, Regeln, Indikatoren. Berlin, 2001.

Kornwachs, K.; Berndes, S. (Hrsg.): Wissen für die Zukunft. Abschlußbericht an das Zentrum für Technik und Gesellschaft, PT – 3/1999, Brandenburgische Technische Universität Cottbus, Zentrum für Technik und Gesellschaft, Lehrstuhl für Technikphilosophie, Cottbus, 1999.

Krings, B.-J.: Auswirkungen der Informationstechnologien auf die Arbeitswelt, in: Nachrichten – Forschungszentrum Karlsruhe, 4/2004, 2004.

Kubicek, H.: Gibt es eine digitale Spaltung? Kann und soll man etwas dagegen tun? in: Kubicek, H; Klumpp, D.; Fuchs, G.; Roßnagel, A. (Hrsg.): Internet@Future. Technik, Anwendungen und Dienste der Zukunft; Jahrbuch Telekommunikation und Gesellschaft 2001, Heidelberg, S. 371–377, 2001.

Kuhlen, R.: Wissenökologie, in: R. Kuhlen; T. Seeger; D. Strauch (Hrsg.): Grundlagen von Information und Dokumentation, München u. a. O., 2004.

Kuhndt, M.; von Geibler, J.; Türk V.; Moll, S.; Schallaböck, K. O.; Steger, S.: Virtual dematerialisation: ebusiness and factor X, Final Report of the Digital Europe Project, Wuppertal, 2003.

Laitenberger, J.: Ordnungspolitik für die Informations- und Wissensgesellschaft. Die strategische Orientierung der Politik der EU, in: Kubicek, H; Klumpp, D.; Fuchs, G.; Roßnagel, A. (Hrsg.): Internet@Future. Technik, Anwendungen und Dienste der Zukunft. Jahrbuch Telekommunikation und Gesellschaft 2001. Heidelberg, S. 100–109, 2001.

Laitner, J. A.: Information Technology and U.S. Energy Consumption Energy Hog, Productivity Tool, or Both?, in: Journal of Industrial Ecology, Vol. 6, No. 2, pp. 13–24, 2003.

Latzer, M.; Schmitz, S. W.: Die Ökonomie des eCommerce. New Economy, Digitale Ökonomie und realwirtschaftliche Auswirkungen, Marburg, 2002

Lenz, B.: Ansätze zur Messung der verkehrlichen Wirkungen von e-Business (B2C), in: Deutsche Verkehrswissenschaftliche Gesellschaft e.V. (DVWG) (Hg.): Verkehrliche Wirkungen von e-Business; DVWG; Bergisch-Gladbach, S. 166–180, 2002.

Löbbe, K.; Dehio, J.; Graskamp, R.; Janßen-Timmen, R.; Moos, W.; Rothgang, M.; Scheuer, M.: Wachstums- und Beschäftigungspotentiale der Informationsgesellschaft bis zum Jahre 2010. Rheinisch-Westfälisches Institut für Wirtschaftsforschung (RWI), Essen, 2000.

Lyons, G.: Internet: investigating new technology's evolving role, nature
and effects on transport, in: Transport Policy, Vol. 9, No. 4, pp. 335–346,
2002.

Majer, H.: Eingebette Technik – Die Persektiven der ökologischen Ökonomik, in: Grunwald, A. (Hrsg.): Technikgestaltung für eine nachhaltige Entwicklung, Berlin, S. 37–63, 2002.

Marvin, S.: Environmental Flows. Telecommunications and Dematerialisation of Cities, in: Futures, Vol. 29, No. 1, pp. 47–65, 1997.

Matthews, H.S.; Hendrickson, C.T.: The Economic and Environmental
Implications of Centralized Stock Keeping, in: Journal of Industrial Ecology,
Vol. 6, No. 2, pp. 71–81, 2003.

Mokhtarian, P.L.: Telecommunications and Travel. The Case for Complementarity, in: Journal of Industrial Ecology, Vol. 6, No. 2, pp. 43–57, 2003.

OECD – Organisation for Economic Co-operation and Development:
Seizing the Benefits of ICT in a Digital Economy, Paris, 2003.

Orwat, C.; Petermann, T.; Riehm, U.: Elektronischer Handel und Nachhaltigkeit. In: A. Grunwald (Hrsg.): Technikgestaltung für eine nachhaltige Entwicklung. Berlin, S. 245–275, 2002.

Ott, K.: Läßt sich das Nachhaltigkeitskonzept auf Wissen anwenden? In:
K. Kornwachs (Hrsg.): Nachhaltigkeit des Wissens, Zukunftsdialoge im VDI,
Unterwegs zur Wissensgesellschaft, 4. Workshop, Konstanz, 6.–7. Oktober
1999, hrsg. von Brandenburgische Technische Universität Cottbus, Zentrum
für Technik und Gesellschaft, Lehrstuhl für Technikphilosophie, Cottbus,
1999.

Paetau, M.; Dippoldsmann, P.: Nachhaltige Kommunikationsverhältnisse
und IuK-Technik. In Coenen, R., Grunwald, A. (Hrsg.): Nachhaltigkeitsprobleme in Deutschland. Analyse und Lösungsstrategien. Berlin, S. 405–418,
2003.

Paschen, H.; Wingert, B.; Coenen, Chr.; Banse, G.: Kultur – Medien –
Märkte. Medienentwicklung und kultureller Wandel. Studien des Büros für
Technikfolgen-Abschätzung beim Deutschen Bundestag, Bd. 12, Berlin, 2002

Pfaff, D.; Skiera, B.: Ubiquitous Computing – Abgrenzung, Merkmale und
Auswirkungen aus betriebswirtschaftlicher Sicht. In: Britzelmaier, B.; Geberl,
S.; Weinmann, S. (Hrsg.): Der Mensch im Netz – Ubiquitous Computing.
Stuttgart u. a. O., S. 25–37, 2002.

Saha, D.; Mukherjee, A.: Pervasive Computing: A Paradigm for the 21st
Century. IEEE Computer Vol. 36, No. 3, S. 25–31, 2003.

Schaefer, C.; Weber, Ch.: Mobilfunk und Energiebedarf, in: Energiewirtschaftliche Tagesfragen, Vol. 50, No. 4, S. 237–241, 2000.

Schauer, T.: The Sustainable Information Society – Vision and Risk. Ulm, 2003

Schneidewind, U.: Nachhaltige Informationsgesellschaft – eine institutionelle Annäherung, in: Schneidewind, U.; Truscheit, A.; Steingräber, G. (Hrsg.): Nachhaltige Informationsgesellschaft. Analyse und Gestaltungsempfehlungen aus Management- und institutioneller Sicht, Marburg, S. 15–35, 2000.

Selwyn, N.: Apart from technology: understanding people's non-use of information and communication technologies in everyday life, in: Technology in Society, Vol. 35, No. 1, pp. 99–116, 2003.

Siedschlag, A.; Rogg, A.; Welzel, C.: Digitale Demokratie. Willensbildung und Partizipation per Internet, Opladen, 2002.

Spitz, A.: IT Capital, Job Content and Educational Attainment, Diskussionspapier No. 03–04, Zentrum für Europäische Wirtschaftsforschung, Mannheim, 2004.

Steinmueller, E.: Knowledge-based economies and information and communication technologies, in: International Social Science Journal, Vol. 54, No. 171, pp. 141–153, 2002.

Stone, A.: The Dark Side of Pervasive Computing. IEEE Pervasive Computing Vol. 2, No. 1, S. 4–7, 2003.

Türk, V.; Alakeson, V.; Kuhndt, M.; Ritthoff, M.: The environmental and social impacts of digital music. A case study with EMI. Report of the Digital Europe Project, 2003.

Weiser, M.: The computer for the 21st century. Scientific American Vol. 265, No. 3, S. 66–75, 1991.

Würtenberger, F.; Köhler, A.; Bruinink, A., Fröhlich, J.: Auswirkungen auf die Gesundheit. In: Hilty, L. et al.: Das Vorsorgeprinzip in der Informationsgesellschaft. Auswirkungen des Pervasive Computing auf Gesundheit und Umwelt, TA-Swiss – Zentrum für Technikfolgen-Abschätzung, Bern, S. 139–180, 2003.

Zarsky, L.; Roht-Arriaza, N.; Brottem, L.: Dodging Dilemmas? Environmental and Social Accountability in the Global Operations of California-Based High Tech Companies. Berkley, CA, 2002.

Zigmane, E.: Impact of ICT on Sustainable Development, edited by European Commission, DG Information Society, eWork Programme, Brüssel, 2004.

〉

n der Nachhaltigkeit

eit – eine ethische Perspektive

en Randbedingungen
erspektive

ntwicklung

LTIGKEITSINNOVATIONEN
TEMISCHER PERSPEKTIVE

〉 〉〉

en Umweltpolitik

NACHHALTIG-KEITSINNO-VATIONEN IN SYSTEMISCHER PERSPEKTIVE

Rainer Walz und Stefan Kuhlmann

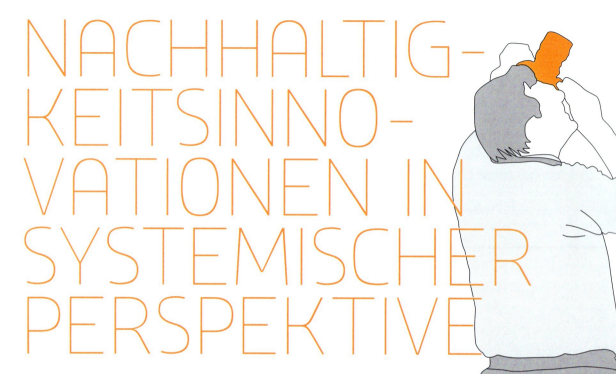

EINFÜHRUNG

Seitdem der Begriff »nachhaltige Entwicklung« Eingang in die politische Debatte gefunden hat, kommt dem Aspekt der ökologischen Nachhaltigkeit als einem der wesentlichen Problembereiche ein besonderer Stellenwert zu. Gleichzeitig nimmt das heuristische Konzept der Innovationssysteme einen wichtigen Rang in der Innovationsforschung ein. Es dürfte sinnvoll sein, diesen Ansatz auch im Rahmen der Nachhaltigkeitsdiskussion heranzuziehen. (Lundvall et al. 2002; Freeman 2002). Dieser Beitrag befasst sich daher im Wesentlichen mit der Wechselbeziehung zwischen Nachhaltigkeit und Innovation sowie mit der Bedeutung, die der Anwendung des Innovationssystemansatzes zukommt.

Das Konzept der Nachhaltigkeit verdankt seine vorrangige Stellung hauptsächlich der internationalen politischen Debatte, die seit Anfang der siebziger Jahre des vergangenen Jahrhunderts stattfindet. Seinen Durchbruch erfuhr der Begriff »nachhaltige Entwicklung« im Schlussbericht der World Commission on Environment and Development (WCED 1987). Der WCED-Bericht setzte einen Prozeß in Gang, der insbesondere zur Agenda 21 der Rio-Konferenz von 1992 und zur Erklärung von Johannesburg im Jahr 2002 führte. Darüber hinaus wird inzwischen auf allen Regierungsebenen von nachhaltiger Entwicklung gesprochen, so z. B. in der EU (Strategie der nachhaltigen Entwicklung [die Erklärung von Göteborg]), in der Bundesregierung (z. B. die deutsche Strategie der Nachhaltigkeit) sowie auf Landes- oder Regionalebene (z. B. der Umweltplan Baden-Württembergs). Aber auch in der Wissenschaft wird lebhaft darüber diskutiert, welchen Stellenwert die Nachhaltigkeit innerhalb des Wirtschaftssystems einnehmen soll (Pearce 1994; Walz 2002). Es wurden die Konzepte der schwachen, der starken und der kritischen Nachhaltigkeit entwickelt, die sämtlich die ökologische Seite der Nachhaltigkeit hervorheben, sich jedoch hinsichtlich der Bedeutung der Opportunitätskosten für die Erreichung der ökologischen Nachhaltigkeit unterscheiden. Alles in allem wird die Bedeutung des Begriffs Nachhaltigkeit sowohl in der Politik als auch in der Wirtschaft heftig diskutiert. Allerdings konnte bisher noch keine Einigkeit über ein in sich stimmiges Gesamtsystem erzielt werden. Dennoch ist der politischen und der volkswirtschaftlichen Sichtweise eines gemeinsam: die Einsicht, dass es insbesondere die Umweltprobleme sind – wobei andere Probleme nicht unbedingt ausgeschlossen werden – die im Hinblick auf Nachhaltigkeit gelöst werden müssen. Die Auswirkungen auf die soziale und die wirtschaftliche Dimension dürfen allerdings nicht außer acht gelassen werden. Damit rücken die Strategien für eine ökologische Nachhaltigkeit und die sich daraus ergebende Wechselbeziehung zwischen dieser ökologischen Nachhaltigkeit und dem wirtschaftlichen Wachstum direkt ins Blickfeld.

Diese Arbeit gibt zunächst einen kurzen Überblick über die Wechselbeziehung zwischen Innovation, wirtschaftlicher Entwicklung und Umwelt. Wir untersuchen das von der umweltbezogenen Innovationsforschung vorgebrachte Argument, wonach der Konflikt zwischen Umwelt und Wirtschaftswachstum durch unterschiedliche Innovationsstrategien abgemildert oder gar vermieden werden könnte. Ferner präsentieren wir Argumente für einen Ansatz, der auf dem Denken in Innovationssystemen fußt und Nachhaltigkeits- und Innovationspolitiken integriert. Ein Abschnitt befasst sich mit den Möglichkeiten und Grenzen einer Innovationspolitik aus systemischer Sicht. Ferner betrachten wir die internationale Perspektive im Hinblick auf die wachsende Globalisierung und auf Probleme der Nord-Süd-Beziehungen. Wir stellen drei verschiedene Szenarien vor, die deutlich machen sollen, welche unterschiedlichen Rollen die Innovationen als Grundlage für eine nachhaltige Entwicklung in den Ländern des Südens spielen. Ausgehend von dieser Analyse ziehen wir erste Schlussfolgerungen und fassen die offenen Fragen zusammen, die noch der Lösung harren.

INNOVATIONSSTRATEGIEN FÜR EINE NACHHALTIGE ENTWICKLUNG
NACHHALTIGKEITSSTRATEGIEN –
VOM ADDITIVEN UMWELTSCHUTZ ZUR SYSTEMINNOVATION

Bei der Definition des Begriffs »nachhaltige Entwicklung« muss man die sozialen und wirtschaftlichen Komponenten mit einbeziehen. Wir brauchen neue Modelle für eine unter Umweltschutzgesichtspunkten akzeptable Wirtschaft, die nicht nur vom ökologischen Standpunkt her wünschenswert, sondern auch (und zwar für Unternehmen und für Verbraucher) wirtschaftlich attraktiv sind. Nur so haben sie eine Chance auf Verwirklichung. Grundsätzlich gibt es vier unterschiedliche Strategien für den Umweltschutz (Böhm/Walz 1995; Walz et al. 2001; Walz 2002):

- der umfassendere Einsatz von umweltfreundlichen Technologien (sowohl Maßnahmen des additiven Umweltschutzes als auch integrierte Produktionstechnologien): das herkömmliche Modell,
- das Schließen von Materialkreisläufen,
- die Integration von Produktpolitik und Produktanwendung und
- die Weiterentwicklung ganzer Sektoren in Richtung auf nachhaltige Systeme.

Es konnte nachgewiesen werden, dass der erhöhte Einsatz von umweltfreundlichen Technologien die Umwelt erheblich entlastet. Darüber hinaus verbuchen zahlreiche Anbieter dieser Technologien wirtschaftlichen Erfolg, z. B. in den USA oder in Deutschland. Das grundsätzliche Problem bei diesem Modell ist, dass der größere Einsatz umweltfreundlicher Technologien allein nicht die Effizienzsteigerung mit sich bringt, die für eine im Hinblick auf den Umweltschutz nachhaltige Wirtschaft erforderlich wäre (Moors, Mulder 2002; Lustosa 2001). Dies gilt insbesondere, wenn man bedenkt, dass die Grenzkosten um so mehr steigen, je mehr man den Schadstoffausstoß verringert.

Wir kennen bereits eine Reihe von Beispielen für geschlossene Materialkreisläufe in der Produktion. Sie stellen eine wirtschaftlich interessante Möglichkeit dar (einschl. Nutzungskaskade). Auch die derzeitigen Anstrengungen zur Einrichtung einer Recyclingwirtschaft beruhen auf diesem Modell. Es stößt an seine Grenzen, weil die Rückumwandlung von Produkten in Rohmaterialien und in Nebenprodukte, die wieder in den Herstellungsprozess eingeführt werden, immer noch einen verhältnismäßig weiten »Kreislauf« darstellt. Unter dem Gesichtspunkt der Nachhaltigkeit aber sollte dieser Kreislauf möglichst eng sein, d. h. auf möglichst hohem Niveau stattfinden, und mit einem Minimum an zusätzlichem Transportbedarf verbunden sein.

Die Erweiterung der Produktionsverantwortung zur Produktverantwortung, die in einer Reihe von Gesetzen in einigen OECD-Ländern ihren Niederschlag gefunden hat, bewirkt auch eine grundsätzliche Veränderung des Modells der »integrierten Produktpolitik«. In diesem Zusammenhang bedeutet ein umweltfreundliches Management nicht nur den passiven Schutz der Umwelt (z. B. durch die Einhaltung von Vorschriften), sondern es bietet den Unternehmen auch die Möglichkeit, neue Innovations- und Geschäftsstrategien zu entwickeln. Diese strategische Neuorientierung kann durch einen Wandel sowohl in der Umweltpolitik als auch im Verbraucherverhalten ermöglicht und gefördert werden. Und eben diese unternehmerischen Innovationsstrategien sind dafür ausschlaggebend, mit welcher Dynamik das Ziel einer nachhaltigen Volkswirtschaft auf der Grundlage einer teilregulierten Marktwirtschaft verfolgt wird (Dyllick, Hockerts 2002; Ekins 1998; Dormann, Holliday 2002; Dewick e.a. 2002; Moors, Vergragt 2002, Majer 2002).

Die jüngste dieser Strategien besteht in der Neuausrichtung ganzer Sektoren und Systeme auf die Nachhaltigkeit. Die damit verbundene Verschiebung der Priorität von einem einzelnen »ökologischen« Produkt auf den Verbrauch insgesamt führt zur Vision eines Systems der Nachhaltigkeit sowohl in der Produktion als auch im Verbrauch und somit zu weitreichenden Strukturänderungen in der Wirtschaft. Die Debatte schreitet voran, insbesondere in bezug auf bestimmte Sektoren. Typische Beispiele für diese Strategie wären ein Sektor nachhaltige Energie, der sich durch einen wesentlich effizienteren Energieverbrauch auszeichnet und einen erheblich höheren Anteil der Energie aus erneuerbaren Ressourcen bezieht, oder ein Sektor nachhaltige Wasserversorgung, der sich dezentraler Technologien für die Wasserversorgung und die Abwasserbehandlung bedient.

Es ist festzuhalten, dass diese vier Strategien über unterschiedliche Potenziale und einen unterschiedlichen Grad an Komplexität verfügen. Einerseits bieten sich durch die Umsetzung der Strategien einer Integration von Produktpolitik und Produktanwendung oder gar einer Neuausrichtung ganzer Sektoren auf Nachhaltigkeit zusätzliche unternehmerische Möglichkeiten. Andererseits nimmt die Innovationskomplexität zu. Denn erstens ist nicht nur der Produktionsprozess betroffen, sondern so gut wie alle Geschäftsbereiche eines Unternehmens werden tangiert. Zweitens erfordern diese Veränderungen auch eine Koordination innerhalb der gesamten Wertschöpfungskette, und sie berühren selbst die Verbraucher. Drittens gehen die notwendigen Veränderungen über das technologische System hinaus, weil sie auch grundlegende Veränderungen des Sozialsystems mit sich bringen.

Abbildung 1:
INNOVATIONSKOMPLEXITÄT VON NACHHALTIGKEITSSTRATEGIEN

Increasing complexity

Environmentally acceptable technologies · Closing material cycles · Integration product policy and product use · system innovation

End-of-pipe · Integrated

KOEVOLUTION VON TECHNOLOGISCHEN UND SOZIALEN SYSTEMEN

In der Literatur über Innovation ist das Konzept der Koevolution von Subsystemen bestens bekannt. Dieses Konzept ist der Schlüssel zum Verständnis des Zusammenspiels zwischen Innovation und ökologischer Nachhaltigkeit und zur Entwicklung geeigneter Politiken. Kemp, Rotmans (2001, S. 1–2) fassen diese Tatsache in folgende Worte: »Der Umweltpolitik war bisher kein Erfolg im Hinblick auf Verhaltensänderung und gesellschaftlichen Wandel beschieden, die eine Veränderung sowohl in der Technologie als auch im Verhalten nach sich ziehen würden. Es besteht Einmütigkeit darüber, dass die in der Transport-, Energie- und Landwirtschaft eingeschlagenen Wege nicht zu Nachhaltigkeit führen, aber die Alternativen sind unklar oder werden von Fachleuten als unbefriedigend bewertet. Es besteht ein Konflikt zwischen den kurzfristigen Zielen der Politik und den für die Nachhaltigkeit erforderlichen langfristigen Veränderungen. Was wir brauchen sind umfassendere Lösungen, die mit einer Veränderung der Wertschöpfungsketten, der Produkt-Dienstleistungs-Systeme sowie unserer Verbrauchs- und Lebensgewohnheiten einhergehen.« (Siehe auch Kemp und Soete, 1992, Weaver et al. 2000, Ashford et al. 2001.)

Den Verfassern zufolge überschreitet die Systeminnovation die Grenzen einzelner Länder oder Kontinente und erfordert mehr als die Anwendung effizienterer Herstellungsverfahren und »grüner« Produkte. Oder, wie Freeman (2002, S. 209) es ausdrückt: »Die überall auf der Welt wachsenden Umweltprobleme bedingen womöglich andere wirtschaftliche und politische Entwicklungen als die des 20. Jahrhunderts. Die Entwicklung umweltfreundlicher Technologien und deren Verbreitung auf dem gesamten Globus setzt sicher ein höheres Maß an Kooperation innerhalb der Gesellschaft und eine Umorientierung bezüglich institutioneller Veränderungen und der Ansammlung von Wissen voraus.« Dieser Wandel lässt sich voraussichtlich nicht leicht von den Industrien und Unternehmen allein verwirklichen. Die zeitliche Dimension der Systeminnovation wird sich über mindestens eine Generation, wenn nicht mehrere, erstrecken und ist somit vom Standpunkt der Politik aus recht langfristig. Abbildung 2 verdeutlicht die zeitliche und die geographische Dimension der Systeminnovation (im Vergleich zu anderen Veränderungen).

Betrachtet man die oben diskutierten Strategien, so wird deutlich, dass insbesondere die Integration von Produktpolitik und Produktanwendung und die Neuausrichtung ganzer Sektoren auf Nachhaltigkeit viel Zeit erfordern. Daraus ergibt sich, dass die Schaffung von Systemen nachhaltiger Innovationen eher einen langfristigen Prozess darstellt als ein kurzfristig zu erreichendes politisches Ziel.

Abbildung 2:
ZEITLICHE UND RÄUMLICHE DIMENSION VON NACHHALTIGKEITSSTRATEGIEN

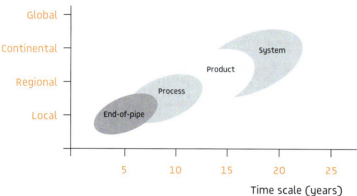

(Source: Vellinga / Herb 1999)

BEDEUTUNG DER INNOVATIONSSYSTEME

Innovation, sozial oder technologisch, ereignet sich in Gesellschaft und Wirtschaft immer wieder, teils spontan, teils gezielt betrieben (siehe zum Folgenden auch Kuhlmann 2004; Smits / Kuhlmann 2004). Dabei wechseln Inhalte, Orte, Akteure und Tempo. Innovation kann gewünscht oder abgelehnt, erleichtert oder gehemmt werden. Joseph Schumpeter (1934) definierte Innovation als »kreative Zerstörung« durch Herstellung »neuer Kombinationen« zuvor unverbundener Ideen, Wissensgebiete, Technologien oder Märkte. Erfolgreiche Innovation erfordert, so betrachtet, Grenzüberschreitungen. Grenzen zu überwinden ist nicht leicht: Konfrontiert mit komplexen, unübersichtlichen modernen Umwelten sind wir geneigt zu vereinfachen und unseren kognitiven Horizont einzuschränken (»bounded rationality«). Dass jenseits der Grenzen unerwartete Erkenntnisse und Möglichkeiten schlummern, ahnen wir zwar – doch sie aufzuspüren erscheint uns risikoreich, die Folgen nicht absehbar. Wissenschaftler, Unternehmer und Akteure politischer Arenen entwickeln häufig einen »Tunnelblick«: Innerhalb ihrer eingeschränkten Perspektive, in ihrer speziellen Arena, sind sie Experten, doch fehlt ihnen der Einblick in andere Arenen. Die empirische Innovationsforschung konnte zeigen, dass Wissen und auch viele Innovationen sich überwiegend »pfadgebunden« entwickeln (vgl. Utterback 1994). Das gilt ebenfalls für die Instrumente ihrer politische Förderung und Regulation, die zumeist inkrementell, selten radikal sind.

Soziologische Untersuchungen belegen jedoch, dass es häufig Grenzgänger sind, die gleichzeitig in verschiedene Welten und Rationalitäten eintauchen, neue Kombinationen entdecken und Innovationen ermöglichen (vgl. Burt 2003). Die jüngere Innovationsforschung versucht, diese Spannung zwischen dem grenzgängerischen Charakter von Innovationsprozessen und dem Tunnelpfad zu überbrücken, indem sie eine Systemperspektive eröffnet: Das Konzept des »Innovationssystems« ist ein heuristischer Versuch, all jene gesellschaftlichen Teilsysteme, Akteure und Institutionen im Zusammenhang zu analysieren, die auf irgendeine Weise an der Entstehung von Innovationen mitwirken, tatsächlich oder potenziell.

Innovationssysteme – nationale, regionale, sektorale – umfassen nach international akzeptiertem Verständnis die »Kulturlandschaft« all jener Institutionen, die wissenschaftlich forschen, Wissen akkumulieren und vermitteln, die Arbeitskräfte ausbilden, die Technologie entwickeln, die innovative Produkte und Verfahren hervorbringen sowie verbreiten; hierzu gehören auch einschlägige regulative Regimes (Standards, Normen, Recht; Blind 2004) sowie die staatlichen Investitionen in entsprechende Infrastrukturen (vgl. Freeman 1987; Lundvall 1992; Edquist 1997). Innovationssysteme erstrekken sich also über Schulen, Universitäten, Forschungsinstitute, industrielle Unternehmen, politisch-administrative Instanzen sowie die Netzwerke zwischen diesen Akteuren. Sie sind »hybrid« und repräsentieren damit einen Ausschnitt der Gesellschaft, der – wie in Abbildung 3 schematisch dargestellt – weit in andere Bereiche hinein strahlt: Innovationssysteme prägen die Modernisierungsprozesse einer Gesellschaft entscheidend mit.

Dabei gleicht kein Innovationssystem dem anderen, ebenso wenig wie eine Gesellschaft der anderen. Leistungsfähige Innovationssysteme entfalten ihre besonderen Profile und Stärken nur langsam, im Laufe von Jahrzehnten oder sogar Jahrhunderten (z. B. Faber/Hesen 2004). Sie beruhen auf spezifischen Machtstrukturen und Kooperationsbeziehungen zwischen den Institutionen der Wissenschaft und Technik, der Industrie sowie des politischen Systems. Sie ermöglichen die Ausprägung eines für das jeweilige System charakteristischen Spektrums von verschiedenartigen, unverwechselbaren Rollendefinitionen der beteiligten Institutionen und Akteure, bringen eigene Verhandlungsarenen und Regelwerke hervor und fördern gegenseitige Verhaltenserwartungen – zusammengefasst: die besondere Governance des Systems (leider gibt es für diesen politikwissenschaftlichen Begriff kein ähnlich prägnantes deutsches Wort). Zur Governance gehören außerdem besondere interinstitutionelle Instanzen, welche den Austausch der Akteure im Innovationsgeschehen vereinfachen und verstetigen, aber auch hemmen und blockieren können.

Die Governance eines Innovationssystems ist eine entscheidende Variable seiner Leistungsfähigkeit – erstarrt sie, dann »klemmt« das System.

Dies gilt auch für die systemischen Voraussetzungen von Nachhaltigkeitsinnovationen. Eine jeweils spezifische Interdependenz ökonomischer, technologischer und politischer Faktoren prägt die Wahrscheinlichkeit und das Ergebnis von Innovationen. Die Konzepte »Innovationssystem« und »Governance« bilden daher eine leitende Heuristik für die Analyse von Nachhaltigkeitsinnovationen.

Abbildung 3:
INNOVATIONSSYSTEM

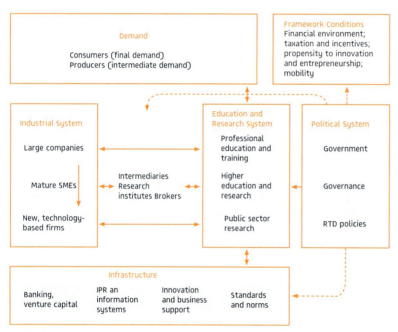

Quelle: Kuhlmann / Arnold 2001

NOTWENDIGKEIT EINER NACHHALTIGKEITSPOLITIK

Die Notwendigkeit, die ökonomischen Dimensionen mit zu berücksichtigen, hat die Debatte über die Beziehung zwischen wirtschaftlichem Wachstum und Umwelt neu entfacht. Dieser Neuauflage der Debatte, die in den 90er Jahren des vergangenen Jahrhunderts begann, wurde hohe Aufmerksamkeit in Form der Environmental Kuznets Curve (EKC) zuteil. Nach der EKC-Hypothese wächst im ersten Stadium der wirtschaftlichen Entwicklung die Belastung der Umwelt in stärkerem Maße als des Nationaleinkommen. Darauf folgt eine zweite Phase, in welcher zwar die Umweltbelastung noch immer steigt, aber langsamer als das Bruttoinlandsprodukt. Dagegen sinkt die Umweltbelastung in den weiteren Phasen der wirtschaftlichen Entwicklung.

Die empirischen Belege für die EKC-Hypothese kommen zu keinem eindeutigen Ergebnis. Die unterschiedlichen empirischen Ergebnisse offenbaren, dass die der Beziehung zwischen der Verbesserung der Umwelt und dem wirtschaftlichen Wachstum zugrundeliegenden Antriebskräfte der Erklärung bedürfen. Bisher liegen folgende Erklärungen vor (siehe Neumayer 1998; de Bruyn/Heintz 1999):

– Verhaltensänderungen: Die Qualität der Umwelt gilt als hohes Gut, d. h. die Einkommenselastizität liegt hier über 1. Daraus folgt, dass mit wachsendem Einkommen die Menschen bereit sind, einen höheren Anteil davon für die Erhaltung der Umwelt zu verwenden.
– Institutionelle Veränderungen: Die Steigung der EKC wird häufig einer verfehlten Politik zugeschrieben, wie z. B. der Subventionierung von Ressourcen, wie beim Brennstoff- oder Wasserverbrauch. Mit steigendem Einkommen verringert sich die Notwendigkeit der Subventionierung, und gleichzeitig werden umweltbezogene Vorschriften erlassen.
– Technologische Veränderungen: Innerhalb einer wachsenden Wirtschaft ist es eher wahrscheinlich, dass der Kapitalstock durch neue, umweltfreundlichere Technologien ersetzt wird. Darüber hinaus machen höhere Einkommen weitere Forschungs- und Entwicklungsprojekte im Hinblick auf umweltfreundliche Technologien möglich.
– Strukturänderungen: Der strukturelle Aufbau einer Volkswirtschaft ändert sich im Verlauf der wirtschaftlichen Entwicklung. Solange Landwirtschaft und Schwerindustrie vorherrschen, ist die Umweltbelastung hoch. Da aber mittlerweile die dienstleistungsorientierten Sektoren auf dem Vormarsch sind, nimmt die Umweltbelastung augenscheinlich ab. Dieser Erklärung liegt die Wahrnehmung zugrunde, dass Wirtschaftwachstum nicht gleichbedeutend ist mit einem erhöhten Output an Material, sondern mit einem Zuwachs an Wert. Daraus ließe sich eine Entkopplung des Wirtschaftswachstums vom Materialausstoß folgern.

Die Bedeutung dieser Faktoren wurde in verschiedenen Studien untersucht, darunter eine Analyse der Gliederung der Veränderungen der Umweltbelastung in die drei Faktoren Wirtschaftswachstum, strukturelle Veränderung und technologische Veränderung (siehe Walz et al. 1992; Rose 1999). Diese

Studien untermauern die Bedeutung der technologischen Veränderung als wesentlicher Faktor einer Verringerung der Umweltbelastung. Dagegen ist die strukturelle Veränderung nur schwer exakt zu messen. Als intersektorale strukturelle Veränderung lässt sie sich kaum von der technologischen Veränderung unterscheiden. Daraus folgt, dass die wichtige Rolle, die die technologische Veränderung spielt, womöglich – zumindest teilweise – der intersektoralen Veränderung zuzuschreiben ist. Darüber hinaus findet die strukturelle Veränderung in Form einer Veränderung sowohl der Nachfrage als auch der sektoralen Verflechtungen im Produktionsprozess statt. Somit ist es kaum verwunderlich, dass der empirische Nachweis ihrer Bedeutung für das Anwachsen der Umweltbelastung nicht einheitlich ist.

Die Debatte über die Hauptfaktoren der EKC wurde vor allem innerhalb der Umweltökonomie ausgetragen. Vom Standpunkt der Innovationsforschung lässt sich jedoch noch eine weitere Argumentationslinie bezüglich der Hauptfaktoren ausmachen. Selbstverständlich sind die technologischen und – bis zu einem gewissen Grad – die strukturellen Veränderungen von der Innovationsdynamik in den einzelnen Ländern abhängig. Somit liegt wohl die schlüssige Erklärung für die unterschiedlichen Ergebnisse in den einzelnen Ländern in den unterschiedlichen Innovationssystemen, wie z. B. auf Landes-, Sektor- oder Technologieebene. Selbst institutionelle und kulturelle Faktoren (die die Einkommenselastizität der Umweltschutzausgaben beeinflussen) können in die Heuristik der Innovationssysteme einbezogen werden, wenn man bedenkt, wie wichtig die gleichzeitige Entwicklung der technologischen und der sozialen Systeme ist. Zusammenfassend lässt sich sagen, dass die Beziehung zwischen Wirtschaftswachstum und ökologischer Nachhaltigkeit eindeutig vom vorherrschenden Innovationssystem abhängt.

Die EKC-Hypothese bietet eine einfache Lösung für »Umweltoptimisten«, die keinen Bedarf an weiteren Politiken sehen. Von diesem Standpunkt aus stellen die Probleme der ökologischen Nachhaltigkeit nicht viel mehr dar als die Phase des Übergangs einer Volkswirtschaft in einen Zustand kontinuierlich wachsenden wirtschaftlichen Wohlergehens. Allerdings weist diese Argumentation einige Schwächen auf:

– Selbst wenn die Belastungsgrenzen der Umwelt nur für eine Übergangsfrist überschritten werden, könnte dies irreversible und weltweite Auswirkungen haben. Dies trifft insbesondere auf solche Umweltprobleme zu, die auf der Prioritätenliste für ökologische Nachhaltigkeit ganz oben rangieren.

– Die empirischen Ergebnisse deuten darauf hin, dass die EKC-Hypothese eher für kurzfristige Umweltprobleme mit eng begrenzten lokalen Auswirkungen zutrifft. Aber diese Hypothese findet keine starke empirische Unterstützung, insbesondere im Hinblick auf die Probleme, die unter dem Aspekt der ökologischen Nachhaltigkeit von höchster Brisanz sind.

– Die unterschiedlichen empirischen Ergebnisse zeigen deutlich, dass die Verringerung der Umweltbelastung, dargestellt durch die fallende Linie der EKC, durchaus keine »natürliche« Entwicklung darstellt, sondern von Faktoren abhängt, wie z.B. der technologischen Entwicklung und strukturellen Veränderungen, die (teilweise) durch die Politik beeinflusst werden können.

– Die regulatorischen Rahmenbedingungen stellen einen wesentlichen Faktor innerhalb der Innovationssysteme dar. Ausgehend von der Tatsache, dass die Umweltverschmutzung externe Kosten des Marktsystems darstellt, kann angenommen werden, dass staatliche Politiken eine sehr wichtige Rolle spielen, wenn es darum geht, den Innovationsprozess auf die ökologische Nachhaltigkeit hin zu lenken.

Zusammenfassend lässt sich sagen, dass nicht viel dafür spricht, die Fragen der ökologischen Nachhaltigkeit allein dem Markt zu überlassen. Vielmehr sind Politiken notwendig, die Strategien für nachhaltige Innovationen fördern. Daraus ergibt sich die grundsätzliche Frage über die Rolle und die Möglichkeiten von Innovationspolitiken aus systemischer Perspektive.

INNOVATIONSPOLITIK IN SYSTEMISCHER PERSPEKTIVE

Die Analyse von Innovationssystemen deckt Pfadabhängigkeiten und strukturelle Verkrustungen auf, zeigt aber auch neue Kombinationen bzw. verpasste Chancen. Inspiriert davon findet die Systemperspektive neuerdings Eingang in die Innovationspolitik: Erste praktische Erfahrungen mit »systemischen Politikkonzepten« (zum Folgenden Kuhlmann 2004; Smits/Kuhlmann, 2004; Edler et al. 2003) – etwa in den Niederlanden und Skandinavien – zeigen, dass der bewusste Versuch, Akteure unterschiedlicher Arenen zusammenzuführen, zwar Missverstehen und Konflikte mit sich bringt, aber auch kreatives Potenzial birgt. Im Folgenden werden Mängel konventioneller Innovationspolitik und anschließend Ansätze systemischer Konzepte skizziert.

INNOVATIONSPOLITIK HEUTE – HÄUFIG KURZSICHTIG UND ENG

Zu den typischen Mängeln nicht-systemischer Innovationspolitik gehören die folgenden (vgl. Jacobsson/Johnson 2000): Es gibt wenig explizite Artikulationskanäle für die Nachfrage nach Innovationen; lokal begrenzte Suchprozesse verhindern die Wahrnehmung von Chancen jenseits der eigenen

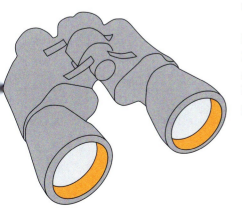

Arena; zu schwache Netzwerke verhindern den kreativen Austausch von Wissen; zu starke Netzwerke stabilisieren die Dominanz nicht lernfähiger Akteure und manövrieren sich in Innovations-Sackgassen; enge rechtliche Rahmenbedingungen begünstigen ineffektive Technologien; Kapitalmärkte agieren risiko-avers; ein Mangel an Kommunikationsmöglichkeiten und Foren behindert innovationsbereite Avantgarden.

Zwar zwangen die fortschreitende Internationalisierung der Märkte sowie deren Umwälzungen infolge neuer technologischer Regimes nationale und regionale Innovationssysteme immer wieder zu Anpassungsreaktionen – so etwa als die Industriestaaten, auch Deutschland, nach dem Zweiten Weltkrieg und verstärkt seit den 1960er und 1970er Jahren mit dem Siegeszug der »Hochtechnologien« ein breites Spektrum technologie- und innovationspolitischer Interventionen entwickelten und ein »technology race« in Gang setzten. Das Spektrum entsprechender Instrumente der Forschungs- und Innovationspolitik wurde immer weiter ausdifferenziert (siehe Tabelle 1): Es reicht von der institutionellen Förderung von Forschungseinrichtungen über verschiedene Formen finanzieller Anreize zur Durchführung von Forschung und experimenteller Entwicklung in öffentlichen oder industriellen Forschungslaboratorien bis zur Gestaltung einer »innovationsorientierten« Infrastruktur einschließlich der Institutionen und Mechanismen des Technologietransfers. In Deutschland beherrschten diese Instrumente die Praxis der Forschungs- und Technologiepolitik in den vergangenen drei Jahrzehnten. Als weitere Instrumente sind auch Steuerungsversuche der öffentlichen Nachfrage, Maßnahmen der Aus- und Fortbildung und die regulativen Möglichkeiten der Ordnungspolitik zu nennen.

Tabelle 1:

INSTRUMENTE IM ENGEREN VERSTÄNDNIS	INSTRUMENTE IM WEITEREN VERSTÄNDNIS
1. Institutionelle Förderung	4. Aus- und Fortbildung
– Großforschungseinrichtungen	– Schulen
– Max-Planck-Gesellschaft	– Hochschulen
– Fraunhofer-Gesellschaft	– Unternehmen
– Hochschulen	
– Andere Einrichtungen	
	5. »Diskursive« Maßnahmen
2. Finanzielle Forschungs- und Innovationsanreize	– Evaluation von Innovationspolitik
	– Technikfolgenabschätzung
– Forschungsprogramme und Verbundprojekte	– Langfristvisionen
– Innovationsprogramme (Indirekte Förderung)	– *Awareness*-Maßnahmen
– Risikokapital	
3. Sonstige Infrastruktur und Technologietransfer	6. Öffentliche Nachfrage
– Information und Beratung für KMU	7. Benachbarte Politikfelder
– »Demonstrationszentren«	– Industrie- und Wettbewerbspolitik
– »Technologiezentren«	– Regulative Politik, z. B. Beeinflussung der privaten Nachfrage
– Kooperation, Netzwerke	– Sozialpolitik

Doch am Beginn des 21. Jahrhunderts erleben die nationalen, regionalen und sektoralen Innovationssysteme umwälzende Erschütterungen: Der wachsende Sog »globalisierender« Wirtschaftsbeziehungen wirft eingeschliffene »lokale« Arbeitsteilungen zwischen Industrieunternehmen, Ausbildungs- und Forschungsinstitutionen sowie Verwaltung und Politik durcheinander und entwertet viele ihrer traditionellen Stärken. Dabei bringt Globalisierung keine Gleichschaltung nationaler Innovationssysteme, die letztlich ihre Aufhebung zur Folge hätte. Die verschiedenen Innovationskulturen reagieren vielmehr sehr unterschiedlich, was sie teils in Krisen führt, teils stabilisiert, teils auch ungeahnte, neuartige Chancen im veränderten globalen Kontext freilegt. Die originären Innovationsakteure in Industrie und Wissenschaft können die erforderlichen Anpassungs- und Integrationsleistungen der Innovationssysteme nicht immer allein und aus eigener Kraft erbringen: Hier sind auch die vermittelnden, ordnenden und umverteilenden Kapazitäten politischer Systeme und der Institutionen staatlicher Politik gefragt – die politische Governance muss lernen und flexibel reagieren. Hierbei hat die staatliche Politik wichtige Aufgaben und Gestaltungsmöglichkeiten:

– Sie kann den wirtschaftlichen Akteuren »lokale« Rahmenbedingungen bereitstellen, die vor Ort und weltweit wettbewerbsfähiges Wirtschaften erleichtern; dies fordern Unternehmen, aber auch Arbeitnehmervertreter. Sie soll die Innovationsfaktoren Bildung und Forschung international wettbewerbsfähig machen, soll innovationsfreundliche regulative Rahmenbedingungen schaffen und soll hinreichende sozialpolitische Leistungen zur Sicherung des sozialen Friedens in der Gesellschaft erbringen.

– Dabei konkurrieren in globalem Maßstab viele »lokale« politische Systeme miteinander, was die Chancen politischer Beeinflussung oder gar Steuerung internationaler industrieller Forschungs- und Technologieverbünde und multinationaler Unternehmen erschwert. Hier tut sich ein Governance Gap oberhalb nationaler oder regionaler politischer Systeme auf, welches deren staatliche Politik allein nicht überwinden kann. Zusehends entstehen deshalb neben den klassischen, nationalen auch transnationale quasistaatliche Governance-Mechanismen, etwa im Rahmen der Europäischen Union, die der Politik möglicherweise neue Chancen bieten, die von vielen Akteuren aber noch erkannt, institutionell verarbeitet und mit klassischen nationalen Staatsfunktionen in Einklang gebracht werden müssen.

Gemessen an solchen Herausforderungen ist die heutige innovationspolitische Governance in Deutschland und anderen OECD-Ländern jedoch von ernsten strukturellen Schwächen gekennzeichnet (vgl. Smits/Kuhlmann 2004):

– Horizontale Innovationsthemen finden keine Plattform: Heterogene politische Arenen bleiben unverbunden, etwa die der Forschungspolitik, der Gesundheitspolitik oder der Agrarpolitik – jeweils fest im Griff organisierter Interessengruppen, blind für aussichtsreiche Innovationspotentiale.

– Explizite »Innovationspolitik« wird von den Ministerien lediglich in einem engen Spektrum spezifischer Maßnahmen zur Förderung technologischer Innovation in und durch kleine und mittlere Unternehmen betrieben.

– Das »lineare« Innovationsmodell dominiert die etablierten innovationspolitischen Konzepte (in Ministerien, bei Unternehmen und Forschungseinrichtungen, bei Banken, bei Beratern).

– Ein hohes Maß an institutioneller Fragmentierung und gegenseitiger Blockierung der vielfältigen politischen Verwaltungen verhindert Austausch, verbindliche Kooperation und gemeinsames Lernen. Versuche der Reform und Neuverteilung politischer Verantwortung scheitern als Folge institutioneller Verkrustungen.

– Gegenüber den Herausforderungen und Chancen der entstehenden »Mehr-Ebenen-Governance« im Rahmen der europäischen Integration, insbesondere im Bereich von Forschung und Innovation, herrscht weitgehend Ignoranz.

ANSÄTZE HORIZONTALER UND SYSTEMISCHER POLITIKINSTRUMENTE

Eine systemische Innovationspolitik und entsprechende Governance verlangen demgegenüber neue Flexibilität und Lernfähigkeit der Politikmacher und ihrer Partner in Gesellschaft, Wirtschaft und Wissenschaft (vgl. Smits/Kuhlmann 2004; Jacobsson/Johnson 2000), insbesondere:

– die Förderung unterschiedlicher Innovationspfade, ein breites Portfolio von Technologien, die Sicherstellung von Varietät;

– die Stärkung von Kommunikation und Austausch, das Management von Schnittstellen, die Stärkung von Nutzer-Hersteller-Kooperationen, eine Unterstützung der Bildung neuer Netzwerke (Neue Kombinationen) und die Auflösung verkrusteter (kreative Zerstörung);

– die Beobachtung der Auseinandersetzungen zwischen Protagonisten neuer Lösungen und Technologien und den Verteidigern traditioneller Konzepte sowie die Förderung avantgardistischer Akteure;

– die Stimulation von Lernprozessen, die Erzeugung von Aufmerksamkeit und Interesse für innovative Konzepte, eine Erleichterung der Artikulation von gesellschaftlichen Bedürfnissen und marktlicher Nachfrage;

– eine sorgsame Abwägung der hemmenden oder fördernden Effekte regulativer staatlicher Maßnahmen sowie Prüfung der Möglichkeiten von gesellschaftlicher Selbstregulation, z.B. in Form der Standardisierung (Blind 2004) im Zusammenspiel mit staatlicher Regulierung (z.B. »New Approach« auf europäischer Ebene);

– den Aufbau und die Nutzung einer Infrastruktur für »strategische Intelligenz« (Kuhlmann 2003), die Lern- und Entscheidungsprozesse unterstützt: hierzu gehören Verfahren »partizipativer« (vielfältige Akteure einschließender) Vorausschau (foresight) künftiger wünschbarer Entwicklungen in Gesellschaft, Wissenschaft und Technologie; konstruktives Technology Assessment; lernorientierte Verfahren der Evaluation und des Benchmarking innovationsrelevanter politischer Maßnahmen sowie der Abschätzung von Regulationsfolgen (regulatory impact assessment);

Nicht zuletzt verlangt eine nachhaltigkeitsorientierte Innovationspolitik eine Langzeitperspektive auf erforderlichen institutionellen Wandel, das heißt auch »langen Atem«.

POLITIKINNOVATIONEN FÜR EINE NACHHALTIGE ENTWICKLUNG

Eine Politik zur Förderung von Nachhaltigkeitsinnovationen muss auch die sich aus der Globalisierung ergebende Veränderung der Grundvoraussetzungen für das Gestalten von Politik berücksichtigen (Kuhlmann/Meyer-Krahmer 2001). Die Globalisierung zeichnet sich offensichtlich aus durch

- die Verteilung der Produktionsstandorte auf verschiedene Länder in Abhängigkeit von den Produktionsmöglichkeiten (qualifizierte Arbeitskräfte, Lieferanten-Hersteller-Netzwerke, Kosten und sonstige komparative Vorteile),
- das Streben nach Systemkompetenz durch die weltweite Akquisition von Forschung und Entwicklung sowie die Ausrichtung auf die Verbesserung der (nationalen) Innovationssysteme und der dazugehörigen Institutionen,
- die Internationalisierung der Märkte, die sich durch die Suche nach Märkten mit hoher Einkommens- und niedriger Preiselastizität der Nachfrage unter den Bedingungen des freien Welthandels bestimmt.

Unter diesem Gesichtspunkten besteht die Attraktivität eines Landes oder Kontinents nicht so sehr in vergleichbaren, statischen Wettbewerbsfaktoren, wie Kosten und Löhne, sondern vielmehr in ihrer »dynamischen Effizienz«. Somit ist die Förderung und Organisation eines Lernprozesses im Bereich der komplexen Innovationen (wie z.B. Mautsysteme, Kreislaufwirtschaftskonzept, integrierte Produktpolitik) eine der vordringlichsten Aufgaben einer Politik der nachhaltigen Innovationen. Das Innovationssystem, das als erstes in der Lage ist, diese komplexen Lösungen zu erarbeiten, verschafft den beteiligten Unternehmen Wettbewerbsvorteile und ist für ausländische Investoren attraktiver. Die Untersuchung von Jungmittag, Meyer-Krahmer, Reger (1999) hat gezeigt, dass Nachfragefaktoren bei den Entscheidungen der Unternehmen eine immer größere Rolle spielen. Allerdings wird im Falle der nachhaltigen Innovationen die Bedarfsseite stark von der Umweltpolitik beeinflusst. So gewinnt das komplexe Zusammenspiel zwischen Innovation und umweltpolitischen Instrumenten mehr und mehr an Bedeutung.
Eine interessante Debatte wurde in der Vergangenheit über die Veränderung von Governance-Strukturen geführt. Einer der Hauptpunkte dabei war die Diskussion der Folgen einer Einschränkung der staatlichen Steuerungsfähigkeit, verursacht sowohl durch einen asymmetrischen Informationsfluss zwischen Politik und regulierten Industrien einerseits und die Begrenzung des

Spielraums für nationale Politik unter Globalisierungsbedingungen aufgrund der wachsenden Bedenken hinsichtlich der nationalen Wettbewerbsfähigkeit andererseits. Somit kann der Staat nicht mehr als der führende Akteur angesehen werden, sondern muss als ein Akteur unter vielen anderen gelten.

Diese Veränderung in den Governance-Strukturen macht deutlich, wie nötig neue politische Ansätze sind, wenn man den Herausforderungen der Nachhaltigkeit begegnen will. Die Kernfragen dabei sind: neue und kosteneffiziente politische Instrumente, die es der Politik ersparen, jeden Einzelfall zu regeln, die Berücksichtigung der politischen Ökonomie der Politik und der Zeitfenster für die Möglichkeit zu handeln sowie die Notwendigkeit der Einführung von Nachhaltigkeitspolitiken auf internationaler Ebene. Ein anschauliches Beispiel sowohl für die Möglichkeiten als auch für die Schwierigkeiten bei der Herbeiführung einer solchen Veränderung der Governance ist die Klimaschutzpolitik:

- Die Vorrangigkeit des Problems der Nachhaltigkeit muss stärker betont werden. Daraus ergibt sich, dass mittelfristige Nachhaltigkeitsziele gesetzt werden müssen, an denen sich alle Akteure hinsichtlich der auf sie zukommenden Herausforderungen orientieren können. Typische Beispiele dafür, wie diese Ziele die politische Debatte formen und die Innovationsbestrebungen der beteiligten Akteure beeinflussen, sind das nationale CO_2-Reduktionsziel in Deutschland sowie das EU-burden sharing der Kyoto-Ziele.

- Im Sinne der politischen Ökonomie muss sich die Anzahl der eine bestimmte Politik unterstützenden Organisationen erhöhen und der Widerstand seitens der Verlierer einer solchen Politik verringern. Daraus ergibt sich, dass die Bildung von Koalitionen sowie eine Gestaltung der Politik, die von den Hauptakteuren akzeptiert wird, die politischen Voraussetzungen für jegliche Nachhaltigkeitspolitik darstellen. Für beides gibt es typische Beispiele innerhalb der Debatte über die Ökosteuer: Einerseits die Verbindung des ökologischen Ziels mit dem Streben nach Reduzierung der Arbeitskosten und anderseits die Berücksichtigung des Widerstands der Hauptakteure durch besondere Vorschriften für energieintensive Sektoren.

- Beträchtliche Anstrengungen wurden unternommen, um »neue« politische Instrumente in der Klimapolitik anzuwenden. Es besteht ein breiter Konsens dahingehend, dass sich die herkömmlichen ordnungsrechtlichen Instrumente nur schwer auf den von der Industrie verursachten CO_2-Ausstoß anwenden lassen. Andererseits haben auch Versuche mit anderen Instrumenten, wie z.B. freiwilligen Vereinbarungen, die Grenzen eines derartigen Ansatzes aufgezeigt (Rennings et al. 1997). Daher besteht die

Tendenz, marktwirtschaftliche Instrumente einzusetzen, wie z.B. die Öko-steuer, feste Einspeisungsgebühren oder handelbare Quoten für erneuer-bare Energien und vor allem der Emissionshandel.

– Auch der Emissionshandel verdeutlicht die Herausforderungen und Schwierigkeiten dieser politischen Innovationen. Es müssen nicht nur die Probleme der politischen Ökonomie gelöst werden, sondern die Einfüh-rung dieses Instruments stellt sowohl die Regierung als auch die Unter-nehmen vor neue Fragen hinsichtlich der Umsetzung. Es ist also dringend erforderlich, sich frühzeitig darauf einzustellen, und dem Staat fällt die Aufgabe zu, diesen Prozess voranzutreiben. In Baden-Württemberg z.B. ist man diese Herausforderung durch die Erstellung von Leitfäden für den Umgang mit den neuen »Kyoto-Instrumenten« und mit der Durchführung einer Simulationsanalyse gemeinsam mit den vom Emissionshandel be-troffenen Unternehmen (Betz et al. 2001; Schleich et al. 2002) angegan-gen.

Zusammenfassend lässt sich Folgendes sagen: Der Wandel in der Rolle des Staates setzt voraus, dass die Politikphasen »Agenda Setting« und Zielset-zung innerhalb der Politik an Bedeutung zunehmen. Ferner sind politische Innovationen unerläßlich, die einerseits den Detaillierungsgrad der einzelnen Eingriffe seitens der Politik verringern, aber andererseits dennoch feste Rahmenbedingungen für die Erreichung der Nachhaltigkeitsziele schaffen. Neue, innovative Instrumente, wie z.B. der Emissionshandel, müssen neben bereits vorhandenen, sich mit den neuen in Wechselwirkung befindenden Instrumenten eingeführt werden. Die neuen Instrumente müssen also an den bisher bestehenden institutionellen und instrumentellen Kontext angepasst werden. Die Politik unterliegt hier einer gewissen Pfadabhängigkeit, die die Einführung neuer Instrumente einschränkt und es erforderlich macht, nach Übergangsstrategien zu suchen. Möglicherweise könnten der Ansatz der In-novationssysteme und die Ansätze des »Transition Managements« für kom-plexe technologische Systeme – z.B. die Schaffung von Nischen zur Vorbe-reitung eines Pfadwechsels – auch für die künftige Untersuchung innovativer politischer Instrumente interessant sein.

INNOVATION UND NACHHALTIGKEIT IM NORD-SÜD KONTEXT
TECHNOLOGIETRANSFER –
EIN TUNNEL DURCH DIE ENVIRONMENTAL KUZNETS CURVE?

Die Diskussion der EKC-Hypothese lässt stark daran zweifeln, dass Umweltprobleme nur ein Übergangsproblem darstellen. Betrachtet man beispielsweise die zur Stabilisierung der Treibhausgaskonzentration erforderliche Verringerung des CO_2-Ausstoßes, so ist offensichtlich, dass dieses Ziel nicht erreicht wird, falls die prognostizierte Steigerung des Energieverbrauchs in den wirtschaftlich aufholenden Ländern eintritt. Eine Politik des Abwartens bis zur Erreichung des Umkehrpunkts auf der EKC missachtet also die kritischen Schwellenwerte der Nachhaltigkeit (Abbildung 4).

Eines der Szenarien für die Beschäftigung mit diesem Problem kann als »Tunnel durch die EKC« oder »Leapfrogging« (Munashinghe 1999) bezeichnet werden. Es wird argumentiert, dass die wirtschaftlich aufholenden Länder den höchsten Punkt auf ihrer EKC womöglich auf einem viel niedrigeren Niveau der Umweltbelastung als die hochentwickelten Länder realisieren können. Die Entwicklungsländer könnten aus den bisherigen Erfahrungen der Industrienationen lernen und einen »strategischen Tunnel« durch die EKC legen. Es ist klar, dass die technologische Entwicklung in diesem Zusammenhang eine sehr wichtige Rolle spielt. Die aufholenden Gesellschaften können für ihre Entwicklung auf den modernsten Technologien aufbauen, die den bereits entwickelten Ländern nicht zur Verfügung standen, als sie die Phase der höchsten Umweltbelastung durchschritten. Somit kommt in diesem Szenarium dem Technologietransfer bei der Versöhnung zwischen Nachhaltigkeit und Wirtschaftswachstum in den Ländern des Südens eine Schlüsselrolle zu.

Dieses Konzept beinhaltet jedoch eine Reihe von Problemen:
- Der Nachweis für das Vorhandensein einer EKC in den Ländern des Nordens steht insbesondere hinsichtlich der für die ökologische Nachhaltigkeit höchst relevanten Probleme auf schwachen Füßen. Demnach kann eine simple Übertragung der technologischen Strukturen des Nordens keine Garantie für die ökologische Nachhaltigkeit sein.
- Eines der Haupthindernisse bei den Bemühungen, wirtschaftlich aufzuholen, stellt der Mangel an Kapital dar. Deshalb ist es für die aufholenden Länder schwierig, sich die neuesten Technologien gleichzeitig auf allen Sektoren zunutze zu machen. Eine erfolgversprechende Strategie muss sich vielmehr auf den Einsatz der modernen Technologie in den Sektoren konzentrieren, die für den Aufholprozess eine vorrangige Stellung einnehmen (so standen bisher Wachstumsmärkte, wie z.B. Kommunikations-

und Informationstechnologien als Schlüsselsektoren für die wirtschaftliche Entwicklung im Vordergrund). Bei den Sektoren, die für den Erfolg auf dem Weltmarkt keine so große Rolle spielen, können sich aufholende Länder eher auf die durchschnittliche Technologie beschränken. Dieses Argument stimmt mit ersten empirischen Ergebnissen überein, die einen erheblichen Anstieg in der Nachfrage nach gebrauchten Schwerindustrietechnologien mit überdurchschnittlichen Emissionsfaktoren aufzeigen (Nachhaltigkeitsrat 2003).

– Die Auswirkungen einer Verringerung der Umweltbelastung in den späteren Phasen der EKC hängen von der Veränderung im Gefüge einer Volkswirtschaft ab, in der die Schwerindustrie an Bedeutung verliert. Allerdings könnte dieser Effekt zum Teil auch auf einem internationalen Spezialisierungsprozess beruhen, der zu einer Verlagerung der Schwerindustrie in die Länder des Südens führt. So könnte die EKC auch nur schlicht eine Illustration der Verlagerung der umweltintensiven Industrien von Ländern mit hohem Einkommensniveau auf solche mit niedrigerem Einkommensniveau sein, was im ersten Fall zu einer fallenden und im zweiten Fall zu einer ansteigenden EKC führt (de Bruyn/Heintz 1999). Sollte die EKC-Hypothese tatsächlich auf einem solchen Umverteilungseffekt beruhen, kann sie nicht als Paradigma für den Süden dienen, da aufgrund des Fehlens die Nachhaltigkeit begünstigender struktureller Effekte die technologische Weiterentwicklung nicht in der Lage sein wird, die Auswirkungen des Wirtschaftswachstums auf die Umweltbelastung auszugleichen.

Neben der offenen Frage, ob das Konzept des »Tunnels« zu einer ausreichenden Verringerung der Umweltbelastung zugunsten der ökologischen Nachhaltigkeit führt, birgt dieser Ansatz noch weitere Probleme. Das Konzept geht mehr oder weniger davon aus, dass die Verbesserung auf dem Technologietransfer und der Verbreitung von (meist importierten) Technologien beruht. Damit sind die Länder des Südens noch immer (womöglich mehr denn je) von den im Norden entwickelten Technologien abhängig, sie müssen sie kaufen – und tragen dadurch möglicherweise zu für sie nachteiligen Veränderungen der Terms of Trade bei. Dieses Konzept zementiert bestehende Strukturen technologischer Abhängigkeiten zwischen dem Norden und dem Süden.

Abbildung 4:

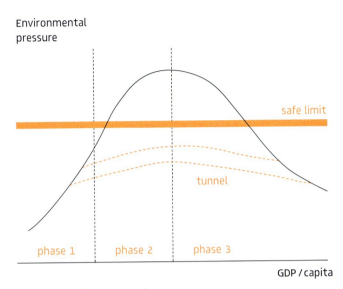

(Source: According to Munasinghe 1999)

ABBAU TECHNOLOGISCHER ABHÄNGIGKEITEN – FÜHRENDE MÄRKTE FÜR NACHHALTIGKEITSINNOVATIONEN IN DEN LÄNDERN DES SÜDENS?

Die Mängel im Szenarium des Tunnels durch die EKC führen zur Frage, ob der Süden überhaupt eine Chance auf größere Unabhängigkeit hat. Ein anderes Szenarium geht deshalb davon aus, dass die südlichen Länder sich selbst für nachhaltige Innovationen engagieren und mit dem Norden um die führende Rolle bei der Entwicklung nachhaltiger Innovationen konkurrieren.

Es bleibt die Frage offen, ob überhaupt einige der südlichen Länder gute Chancen haben, mit einer solchen Strategie erfolgreich zu sein. Selbstverständlich sind die herkömmlichen Nachfragesituationen, welche die Bildung eines Lead-Markts begünstigen, wie z. B. eine hohe Einkommenselastizität und eine niedrige Preiselastizität, nur schwer zu erfüllen. Andererseits besteht aufgrund der vorhandenen Probleme ein Zwang zum Handeln, der womöglich – im Zusammenspiel mit einer mehr politikgetriebenen Nachfrage – einige der Unzulänglichkeiten der Nachfragesituation ausgleichen kann. Ein weiterer Faktor könnte die Tatsache sein, dass die Länder des Südens einige der wesentlichen Anforderungen für die technische Umsetzbarkeit bestimmter Nachhaltigkeitsinnovationen erfüllen (beispielsweise natürliche Bedingungen wie Sonneneinstrahlung oder Windverhältnisse als Voraussetzung für erneuerbare Energien). Wenn kurzfristige Lernprozesse zwischen Anbietern und Verbrauchern von besonderer Bedeutung für die beteiligten Technologien sind, könnte dies eine Verlagerung der Produktion in diese Länder begünstigen. Eine weitere Chance könnte darin liegen, für die Nachhaltigkeitsinnovationen förderliche Regulierungen und Politiken zu schaffen und das Innovationssystem dadurch so weiterzuentwickeln, dass es besonders im Hinblick auf die für die Nachhaltigkeit wichtigen Faktoren immer besser wird. Allerdings setzt eine solche Politik ein viel größeres Verständnis für das Funktionieren eines technologischen Innovationssystems für Nachhaltigkeitskonzepte voraus – eine Forschungsaufgabe, die es noch zu lösen gilt. Eine weitere Kernfrage ist das Verhalten der Länder des Nordens. Angesichts der unterschiedlichen Ausgangspunkte besteht für die südlichen Länder nur dann eine Chance, die Führung bei der Entwicklung von Nachhaltigkeitsinnovationen zu erlangen, wenn die Länder des Nordens die mit der Aufgabe der nachhaltigen Entwicklung verbundenen unternehmerischen Möglichkeiten aus dem Auge verlieren.

HEMMNISSE FÜR SYSTEMINNOVATIONEN –
IN DEN LÄNDERN DES SÜDENS LEICHTER ZU ÜBERWINDEN?

Ein drittes Szenarium baut auf den für die komplexen Innovationsstrategien in Richtung Nachhaltigkeit unerlässlichen Veränderungen auf. Hier handelt es sich nicht um inkrementelle Innovationen entlang bereits eingeschlagener Wege, sondern vielmehr um grundlegende Innovationen, die zu einem ganz anderen Entwicklungsweg führen. Damit jedoch diese Strategien umgesetzt werden können, müssen verschiedene Hindernisse aus dem Weg geräumt werden. Ein Haupthindernis für diese grundlegenden Innovationen ist die Pfadabhängigkeit. Dieses dritte Szenarium beschreibt verschiedene »Lock-in«-Situationen, die zur Pfadabhängigkeit führen. Es geht davon aus, dass diese Lock-in-Situationen im Süden womöglich weniger stark ausgeprägt sind als im Norden.

Es gibt verschiedene Lock-in-Situationen, die zur Pfadabhängigkeit führen können:
– Technologischer Lock-in, der einen Wandel von einem technologischen Paradigma zu einem anderen behindert,
– Politischer Lock-in, wenn die politische Durchsetzungsfähigkeit der Verlierer wesentlich stärker ist als die derjenigen, die von den Innovationen profitieren,

– Sozialer Lock-in, wenn die sozialen Subsysteme sich nicht mit dem Potenzial des technologischen Subsystems mitentwickeln.

Im Hinblick auf die ökologische Nachhaltigkeit tritt der technologische Lock-in im Norden am offensichtlichsten in den großen Energie- und Wasserinfrastrukturen zu Tage. Beide Systeme zeichnen sich durch zentrale Leitungsnetze und die sich daraus ergebenden monopolistischen Bottlenecks mit Skalenerträgen und versunkenen Kosten aus. Der Zeithorizont dieser beiden Industrien ist ein sehr weiter, die Reinvestitionszyklen umfassen Jahrzehnte. Bis vor kurzem zumindest hat die wirtschaftliche Regulierung diese beiden Industriezweige geschützt. In beiden Fällen eröffnet jedoch die technologische Entwicklung das Potenzial für das Beschreiten neuer Wege durch den Einsatz dezentraler Technologien (z. B. erneuerbare Energien als Eckpfeiler eines nachhaltigen Energiesystems, dezentrale Wasserversorgung und Abwasserbehandlung).

Allerdings führen in beiden Fällen die ökonomische Logik und das Problem der Sicherung einer kontinuierlichen Versorgung auch während der Phase des Übergangs vom einen Weg zum anderen zu einem Lock-in im bestehenden technologischen Paradigma. Eine mögliche Lösung für die Bewältigung eines solchen Übergangs und für einen Lernprozess besteht in der Schaffung von technologischen Nischen für die neuen Paradigmen (Kemp et al. 1998; Smith 2002). Dabei könnten allerdings Länder mit einem weniger entwickelten System mehr Chancen haben, relativ große Nischen aufzutun, die sowohl ein schnelleres Wachstum als auch einen besseren Lerneffekt ermöglichen und so zur Bewältigung der Lock-in-Situation beitragen. Tatsächlich deuten im Fall der dezentralen Wassersysteme bestimmte Aktivitäten darauf hin, dass dieser technologische Weg auch in den Ländern des Südens in Erwägung gezogen wird (siehe Inter-American Development Bank 2002; World Bank et al. 2002).

Der zweite Lock-in betrifft die politische Ökonomie zwischen den Verlierern und den Gewinnern. Die neuen Innovationsstrategien verändern das traditionelle Bild der politischen Ökonomie der Umwelt erheblich, das bisher durch den Gegensatz zwischen den Umweltschützern auf der einen und der Industrie auf der anderen Seite geprägt war. Im Gegensatz dazu zeichnet sich die neue politische Ökonomie der Nachhaltigkeitsinnovationen durch Gewinner und Verlierer innerhalb der Wirtschaft aus. Der Logik der kollektiven Aktion und Regulierung folgend (Olson 1965; Peltzman 1976) bestimmen sowohl die Organisationsbedingungen für die Schaffung einer Lobby als auch die Durchsetzungsfähigkeit jeder Lobby über das politische Ergebnis. Erste empirische Fallstudien haben ergeben, dass die Verlierer von Nachhaltigkeitsstrategien deutlich bessere Möglichkeiten haben, sich in einer Lobby zusammenzuschließen als die Gewinner (Walz 2000, Walz 2002). Sollte dieses Bild tatsächlich in den Ländern des Nordens das vorherrschende Muster sein, aber nicht in denen des Südens (zumindest nicht so stark), so könnte es womöglich politisch eher gelingen, den Widerstand der Verlierer im Süden zu mäßigen.

Die dritte Lock-in-Situation betrifft die Hindernisse bei der Koevolution von Subsystemen. Die Notwendigkeit von Veränderungen der soziotechnischen Systeme im Gleichklang mit den Veränderungen der einzelnen (technischen) Komponenten wurde bereits hervorgehoben. Neben neuen Erkenntnissen, anderen Regeln und manchmal auch neuen Organisationen hängt diese Veränderung auch von den in einer Gesellschaft geltenden kulturellen und sozialen Werten ab. Innovationsstrategien, wie z.B. der Verkauf von Dienstleistungen an Stelle von Produkten (z. B. Car-Sharing) werden durch den Lebensstil und durch soziale Normen behindert, nach welchen der Status einer Person davon abhängt, dass sie bestimmte Produkte besitzt. Die Kultur ist eindeutig ein Faktor innerhalb nationaler Innovationssysteme. Allerdings bleibt die Frage offen, ob bestimmte Länder oder Kulturen Vorteile im Hinblick auf die Koevolution von Subsystemen in Richtung Nachhaltigkeit haben.

ZUSAMMENFASSUNG UND SCHLUSSFOLGERUNGEN

Dieser Beitrag hat sich mit der Wechselbeziehung zwischen Innovation und Nachhaltigkeit sowie der Notwendigkeit, die Systeme für Nachhaltigkeitsinnovationen weiterzuentwickeln, befasst. Die Untersuchung hat folgende wichtige Ergebnisse erbracht:

– Eine kritische Analyse der Hypothese der Environmental Kuznets Curve (EKC) deckt auf, dass sie im Wesentlichen auf technologischen und strukturellen Veränderungen fußt. Vom Standpunkt der Innovationsforschung hängt die Größenordnung dieser Faktoren von den (nationalen und/oder technologischen) Innovationssystemen ab.

– Es liegen verschiedene Innovationsstrategien für Nachhaltigkeit vor. Diese reichen von eher herkömmlichen Ansätzen, wie z.B. »End-of-pipe«- und integrierten Technologien, bis hin zu neuen Produktkonzepten und Systeminnovationen, die einerseits neue Geschäftsmöglichkeiten eröffnen, andererseits den Schwerpunkt auf die Lerneffekte und die Koevolution der sozialen und technologischen Subsysteme legen.

– Aufgrund der bisherigen Erkenntnisse erscheint es nicht ratsam, die Probleme der ökologischen Nachhaltigkeit allein dem Markt zu überlassen. Vielmehr sind Politiken notwendig, die Strategien der Nachhaltigkeitsinnovationen fördern. Dies macht eine Integration von Umwelt- und Innovationspolitik erforderlich.

- Die Konzepte »Innovationssystem« und »Governance« bilden eine leitende Heuristik für die Analyse von Nachhaltigkeitsinnovationen.
- Eine systemische, nachhaltigkeitsorientierte Innovationspolitik und entsprechende Governance verlangen die parallele Förderung unterschiedlicher Innovationspfade, die Stärkung von Kommunikation und Austausch zwischen heterogenen Akteuren, das Management von interinstitutionellen Schnittstellen, die Stärkung von Nutzer-Hersteller-Kooperationen, eine Unterstützung der Bildung neuer Netzwerke (neue Kombinationen), die Auflösung verkrusteter Netzwerke (kreative Zerstörung) sowie – nicht zuletzt – eine Langzeitperspektive auf institutionellen Wandel, das heißt auch »langen Atem«.
- Angesichts der Globalisierung erlangt die Etablierung von Lead-Märkten mehr und mehr an Bedeutung. Die Förderung und Organisation der hierzu erforderlichen Lernprozesse im Umfeld komplexer Innovationen ist eine der herausragenden Aufgaben einer solchen Politik. Das Innovationssystem, dem es als erstes gelingt, diese komplexen Lösungen zu schaffen, verhilft den beteiligten Unternehmen zu Wettbewerbsvorteilen und erscheint ausländischen Investoren attraktiver. Gleichzeitig sind politische Innovationen auch im Hinblick auf umweltpolitische Instrumente erforderlich.
- Bisher ergibt sich für die Länder des Südens noch kein klares Bild. Die verschiedenen Szenarien weisen auf unterschiedliche Wege für Innovation und Nachhaltigkeit in der wirtschaftlichen Entwicklung dieser Länder hin. Das Szenarium des »Tunnels durch die EKC« baut auf den Technologietransfer. Das Szenarium der Lead-Märkte im Süden eröffnet für diese Länder die Chance auf eine Rolle, die mehr Gleichberechtigung verspricht. Es bleibt jedoch unklar, ob der Druck zu handeln und politische Maßnahmen ungünstige Nachfragebedingungen in den Ländern des Südens ausgleichen können. Ferner muss weiteres Wissen darum, wie die Systeme der Nachhaltigkeitsinnovationen funktionieren, gesammelt werden. Schließlich könnten bestehende Pfadabhängigkeiten in den Ländern des Nordens denen des Südens Möglichkeiten eröffnen, abhängig davon, ob Lock-in-Situationen in den letzteren tatsächlich weniger schwerwiegend sind. Dies erscheint plausibel im Hinblick auf den technologischen Lock-in in bestimmten Schlüsselsektoren (wie Wasser und Energie). Allerdings bleibt die Frage offen, ob dies auch für politische und soziale Lock-in-Situationen gilt.

Zusammenfassend lässt sich sagen, daß die Bewältigung des Problems der Nachhaltigkeit ein umfassendes Konzept von Innovationssystemen erfordert (siehe Lundvall et al. 2002). Innerhalb eines solchen Rahmens wird es dann möglich sein, die komplexe Wechselbeziehung zwischen den Strategien zur Nachhaltigkeitsinnovation, den erforderlichen Lernprozessen und der Schaffung der notwendigen Kompetenz sowohl in den Ländern des Nordens als auch in denen des Südens zu untersuchen. Darüber hinaus ist dieses Konzept offen für die Integration der unterschiedlichen disziplinären Ansätze, derer es bedarf, damit die künftigen Herausforderungen einer Versöhnung zwischen Nachhaltigkeit und Wirtschaftswachstum analysiert werden können. Obgleich noch viele ungelöste Fragen im Raum stehen, muss man eines im Auge behalten: Die Herausforderungen der nachhaltigen Entwicklung eröffnen neue Innovationsfelder. Ob nun ein Land wie Baden-Württemberg, das durch eine hohe Abhängigkeit vom Export gekennzeichnet ist, davon auf lange Sicht profitiert, das hängt davon ab, inwieweit seine Unternehmen in der Lage sind, sich die Vorteile zu verschaffen und zu sichern, die Pioniere auf einem Gebiet üblicherweise haben. Auf jeden Fall tragen Maßnahmen, welche die Schaffung von Lead-Märkten für Nachhaltigkeitsinnovationen in Gang setzen, die notwendige Koevolution der sozialen Systeme begünstigen und einen frühzeitigen Anstoß für innovative politische Governance-Strukturen geben zur erfolgreichen Weiterentwicklung der Innovationssysteme in Richtung Nachhaltigkeit bei.

LITERATUR

Arocena, R.; Sutz, J.: Knowledge, innovation, and learning: systems and policies in the north and in the south, in: Cassiolato, J. E.; Lastres, H. M. M.; Maciel, M. L. (eds.): Systems of Innovation and Development, Edward Elgar, Cheltenham, pp. 291–310, 2003.

Ashford, N.; Hafkamp, W.; Prakke; F.; Vergragt, P.: Pathways to Sustainable Industrial Transformation: Cooptimising Competitiveness, Employment and Environment, Ashford Associates, Cambridge, MA., 2001.

Betz, R. et al: Flexible Instrumente im Klimaschutz, Study of Fh-ISI, Ministry of Transport and Environment Baden-Württemberg, Stuttgart, 2001.

Blind, K.: The Economics of Standards: Theory, Evidence, Policy, Cheltenham, 2004.

Böhm, E.; Walz, R.: Neue Zielsetzungen der Umweltpolitik und deren Konsequenzen für den künftigen Technologiebedarf. In: Fricke, Werner (Hrsg.): Jahrbuch Arbeit und Technik 1994. Bonn, 1994, S. 202–211.

Burt, Ronald S.: Social Origins of Good Ideas, Chicago, 2003.

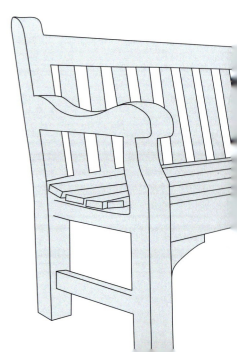

Carlsson, B.; Jacobsson, S.; Holmen, M.; Rickne, A.: Innovation systems: analytical and methodological issues, in: Research Policy Vol. 31, pp. 233–245, 2002.

Bruyn, S. M. de; Heintz, R. J.: The Environmental Kuznets Curve hypothesis, in: van den Bergh, C. J. M. (ed): Handbook of Environmental Economics, Edward Elgar, Cheltenham, pp 656–677, 1999.

Dewick, P.; Green, K.; Miozzo, M.: Technological Change, Industry Structure and Environment, Tyndall Centre Working Paper No. 13, 2002.

Dormann, J.; Holliday, Ch. (Hrsg.): Innovation, Technology, Sustainability & Society, Genever: World Business Council for Sustainable Develoment Project, 2002.

Dyllick, T.; Hockerts, K.: Beyond the Business Case for Corporate Sustainability, in: Business Strategy and the Environment Vol. 11.2, pp 130–141, 2002.

Edler, J. et al.: New Governance for Innovation. The Need for Horizontal and Systemic Policy Co-ordination. Report on a workshop of the Six Countries Programme – the Innovation Policy Network, Karlsruhe, 2003.

Edquist, Ch. (Hrsg.): Systems of Innovation. Technologies, Institutions and Organizations, London / Washington, 1997.

Ekins, P.: The Kuznets Curve for the environment and economic growth: examining the evidence, in: Environment and Planning A Vol. 29, pp 805–830, 1997.

Faber, J., Hesen, A. B.: Innovation capabilities of European nations. Cross-national analyses of patents and sales of product innovations. In: Research Policy 33 (2004) 193–207, 2004.

Freeman, C.: Technology Policy and Economic Performance: Lessons from Japan, London, 1987.

Freeman, C.: Continental, national and subnational innovation systems – complementarity and economic growth, in: Research Policy, Vol. 31, pp. 191–211, 2002.

Inter-American Development Bank: Water Resources in Latin American and the Carrabean: Issues and Options, Orlando San Martin, February 2002.

Jacobsson, S.; Johnson, A.: The diffusion of renewable energy technology: an analytical framework and key issues for research, in: Energy Policy, Vol. 28, Issue 9, S. 625–640, 2000.

Jungmittag, A.; Meyer-Krahmer, F.; Reger, G.: Globalisation of R&D and Technology Markets – Trends, Motives, Consequences, in Meyer-Krahmer, F. (ed.) Globalisation of R&D and Technology Markets: Consequences for National Innovation Policies, Physica, Berlin / Heidelberg, pp 37–78, 1999.

Kemp, R.; Soete, L.: The Greening of Technological Progress: An Evolutionary Perspective, in: Futures Vol. 24 (5), pp 437–457, 1992.

Kemp, R.; Rotmans, J.: The Management of the Co-Evolution of Technical, Environmental and Social Systems, Garmisch-Partenkirchen, 2001.

Kemp, R.; Schot; J.; Hoogma, R.: Regime Shifts to Sustainability through Processes of Niche Formation. The Approach of Strategic Niche Management, in: Technology Analysis and Strategic Management, vol. 10, No. 2, pp. 175–195, 1998.

Kuhlmann, S.: Evaluation as a Source of »Strategic Intelligence«, in: Shapira, Ph./Kuhlmann, S. (eds.): Learning from Science and Technology Policy Evaluation: Experiences from the United States and Europe, Cheltenham, S. 352–379, 2003.

Kuhlmann, S.: Innovationspolitik in systemischer Perspektive – Konzepte und internationale Beispiele. In: Steinmeier, Frank-Walter/Machnik Matthias (Hg.): Made in Germany '21, Hamburg (Hoffmann & Campe Verlag), 343–358, 2004.

Kuhlmann, S.; Arnold, E.: RCN in the Norwegian Research and Innovation System, Background Report No. 12 in the Evaluation of the Research Council of Norway, Oslo, 2001.

Kuhlmann, S.; Meyer-Krahmer, F.: Internationalisation of Innovation, Interdependence and Innovation Policy for Sustainable Development, in G. Sweeney (ed.) Innovation, Economic Progress and the Quality of Life, Cheltenham, Edward Elgar Publishing, 2001.

Lundvall, B.-A. (Hrsg.): National Systems of Innovation: Towards a Theory of Innovation and Interactive Learning, London, 1992.

Lundvall, B.-A.; Johnson, B.; Andersen; E. B., Dalum, B.: National Systems of Production, Innovation and competence building, in: Research Policy, Vol. 31, pp. 213–231, 2002.

Lustosa, M. C. J.: Innovation and Environment under an Evolutionary Perspective: Evidences form Brazilian Firms, Conference paper, Nelson and Winter conference, Aalborg, 2001.

Majer, H.: Eingebettete Technik – Die Perspektive der ökologischen Ökonomik, in A. Grunwald (Hrsg.), Technikgestaltung für eine nachhaltige Entwicklung, Edition Sigma, 2002.

Meyer-Krahmer, F.; Kuntze, U.: Bestandsaufnahme der Forschungs- und Technologiepolitik, in: Grimmer, K. et al. (Hg.): Politische Techniksteuerung – Forschungsstand und Forschungsperspektiven, Opladen, S. 95–118, 1992.

Moors, E. H. M.; Mulder, K. F.: Industry in Sustainable Development: The Contribution of Regime Changes to Radical Technical Innovation in Industry, International Journal of Technology, Policy and Management, 2002.

Moors, E.H.M.; Vergragt, P.J.: Technology Choices for Sustainable Industrial Production: Transitions in Metal Making, International Journal of Innovation Management, Vol. 6, No. 3, pp. 277–299, 2002.

Munasinghe, M.: Growth-oriented economic policies and their environmental impacts. In: van den Bergh, C.J.M. (ed): Handbook of Environmental Economics, Edward Elgar, Cheltenham, pp. 678–708, 1999.

Nachhaltigkeitsrat: The export of Second-Hand Goods and the Transfer of Technology, Berlin, May 2003.

Neumayer, E.: Is Economic Growth the Environment's Best Friend? In: Zeitschrift für Umweltökonomie und Umweltrecht 1998, No. 2, s. 161–176, 1998.

Olson, M.: The logic of collective action: Public goods and the theory of groups, Cambridge, Mass., 1965.

Pearce, D.W. et al.: The Economics of Sustainable Development, in: Annual Review of Energy and Environment, S. 457–474, 1994.

Peltzman, S.: Toward a more general theory of regulation, in: Journal of Law and Economics, Vol. 19, 1976, S. 211–240, 1976.

Rennings, K. et al.: Voluntary agreements in Environmental Protection – Experience in Germany and Future Perspectives, in: Business Strategy and the Environment, Vol. 6, pp. 245–263, 1997.

Rose, A.: Structural decomposition analysis in: van den Bergh, C.J.M. (ed): Handbook of Environmental Economics,Edward Elgar, Cheltenham, pp. 656–677, 1999.

Schleich, J. et al.: Simulation eines Emissionshandels für Treibhausgase in der baden-württembergischen Unternehmenspraxis, Study for Ministry of Transport and Environment Baden-Württemberg, Fh-ISI, Karlsruhe, 2002.

Schumpeter, J.A.: The Theory of Economic Development, Cambridge, 1934

Smith, A.: Transforming technological regimes for sustainable development: a role for appropriate technologies? SPRU Working Paper Series, University of Sussex, Falmer/Brighton, 2002.

Smits, R.; Kuhlmann, S.: The rise of systemic instruments in innovation policy. In: Int. J. Foresight and Innovation Policy (IJFIP), Vol. 1, Nos. 1/2, 2004, 4–32.

Utterback, J.: Mastering the Dynamics of Innovation, Harvard, 1994

Vellinga, P.; Herb, N.: International human dimensions programme (IHDP) on global environmental change and industrial transformation. Amsterdam Free University, Institute for Environmental Studies, Amsterdam, 1999.

Walz, R.: Winners and losers of a CO_2-reduction policy and their impact on the politics of climate change: a case study for Germany. In: Maxwell,

J. W./von Hagen, J. (Hrsg.): Empirical Studies of Environmental Policies, Kluwer-Verlag, Dordrecht und Boston, S. 79–98, 2000.

Walz, R.: Nachhaltige Entwicklung in Deutschland. Operationalisierung, Präzisierung der Anforderungen und Politikfolgenabschätzung. Habilitationsschrift, Universität Freiburg, 2002.

Walz, R. et al.: Arbeitswelt in einer nachhaltigen Wirtschaft, UBA-Texte 44/01, Berlin, 2001.

Walz, R.; Gruber, E.; Hiessl, H; Reiß, T.: Neue Technologien und Ressourcenschonung. ISI, Karlsruhe, 1992.

WCED (World Commisson on Environment and Development): Our Common Future, Oxford University Press, Oxford, 1987.

Weaver, P.; Jansen, L.; Grootveld, G.; Vergragt, P.: Sustainable Technology Development. Sheffield: Greenleaf Publishing, 2000.

World Bank; Vice Ministry of Basic Services Bolivia; Swedish International Development Cooperation Agency: Condominial Water and Sewerage Systems: El Alto Bolivia Pilot Project, World Bank Water and Sanitation Program, Lima, Peru, 2002.

INNOVATIONSOR

07 AUFGABEN EINER
TIERTEN UMWELTPOLITIK ⟩ ⟫

AUFGABEN EINER INNOVATIONS- ORIENTIERTEN UMWELTPOLITIK

Andreas Troge

Die öffentliche Debatte über Innovationen in Deutschland mutet manchmal schon ein wenig bizarr an: Vertreter aus Wirtschaft, Politik und Verbänden geißeln in den Massenmedien und auf vielerlei Veranstaltungen die Umweltpolitik als Bremsklotz für jedwede Innovation in Deutschland. Es gebe zu viel Regulierung, zu wenig Risikobereitschaft, zu wenig Raum für Eigeninitiative. Die Worte, die der BDI-Präsident Michael Rogowski fand, waren eindeutig: »Anstatt den Unternehmen ein hohes Maß an Eigenverantwortung und einen Handlungsspielraum für nachhaltiges Wirtschaften zuzugestehen, wird immer mehr reguliert.«

Die Risiken – etwa neuer Technologien wie der Bio- oder Nanotechnologie – würden von Umweltschützern zu sehr betont. Die Chancen blieben unerwähnt. Und da, wo reguliert werde, schwächten die Umweltschützer nur die Wettbewerbsfähigkeit der Unternehmen auf einem härter werdenden globalen Markt – Beispiel: die Neuorientierung der Chemikalienpolitik in Europa mit vielen zusätzlichen Auflagen.

In anderen Rundfunkkanälen und auf anderen Veranstaltungen jedoch sind es die selben Vertreter aus Wirtschaft, Politik und Verbänden, die die Innovationskraft deutscher Unternehmen in die Mikrofone loben: die Vorreiterrolle bei den erneuerbaren Energien, den hohen Standard der Automobiltechnologie, Deutschlands Top-Position beim Anlagenbau. Dass dies so ist, liegt zu einem Gutteil auch an der anspruchsvollen Umwelt- und Gesundheitsschutzpolitik, die Deutschland seit über 25 Jahren macht. Erwähnt wird dies nur selten.

Nun fragt sich der verwirrte Beobachter: Was stimmt den nun? Ist der Umweltschutz ein Innovationskiller oder ein Innovationsmotor? Ich meine, dass sich selbst die größten Kritiker des Umweltschutzes bei emotionsloser Betrachtung nur diesem Urteil anschließen können: Unter dem Strich betrachtet, hat die Umweltpolitik in Deutschland wohl deutlich mehr Impulse für Innovationen gesetzt, als diese zu verhindern.

Die Debatte um den Innovationsstandort Deutschland ist nicht neu. Wir haben sie in regelmäßigen Abständen immer wieder erlebt, insbesondere in Zeiten, in denen Deutschland wirtschaftlich in schwierigem Fahrwasser war und die Konjunktur stagnierte. Wie in Wellenbewegungen kommt das Thema Innovationen immer wieder auf die politische Tagesordnung. Warum ist das so? Ein Grund dafür ist sicherlich der Begriff selber: »Innovation«. Er hat etwas schillerndes, für die Politik geradezu magisches, an sich. Wörtlich übersetzt bedeutet »Innovation« Erneuerung oder Veränderung und meint damit die Entwicklung neuer Ideen, Techniken, Verfahren, Produkte. Der Begriff »Innovation« ist ohne Zweifel eindeutig positiv besetzt. Und genau diese Deutung des Innovationsbegriffs macht ihn auch für die Politik so interessant.

Innovation – welcher Politiker kann dazu schon Nein sagen? Wer ist nicht gerne innovativ und damit an der Spitze der Bewegung im Kampf um die Modernität des Standortes Deutschland? Sich für Innovationen einzusetzen, gilt als fortschrittlich und zukunftsorientiert. Das kommt zweifelsohne bei Wählerinnen und Wählern an. Die potenzielle Kehrseite ist, dass man Innovationen politisch so gut instrumentalisieren kann. Man erklärt manch alten Hut, manche Entwicklung, die schon bei etwas näherem Hinsehen ausgesprochen zweifelhaft erscheint, schnurstracks zur Innovation – und schon fließen Fördergelder und gibt es schöne PR-Termine für Politik und Unternehmen. Innovation und politisches Machen – diese beiden Begriffe sind eng miteinander verbunden; dies birgt die Gefahr, dass Innovationen einen Beigeschmack von Beliebigkeit bekommen. Der Begriff Innovation ist mit positiven Emotionen verbunden – eine rationale, nüchterne Betrachtung ist zwar nicht unmöglich, eine emotionale Inbeschlagnahme aber einfacher.

Es gibt in diesem Punkt sogar eine gewisse Parallelität zum Begriff Nachhaltigkeit, wie er derzeit benutzt und interpretiert wird. Jeder kann sich seine Definition von Nachhaltigkeit basteln. Verbindliches fehlt, was zählt ist die emotionale Anteilnahme.

Kurzum: Alles und jedes kann im Grunde innovativ sein – oder dazu erklärt werden. Neu ist gut – die möglichen negativen Folgen der Veränderungen oder Erneuerungen schauen wir uns nachher an. Eine nüchterne Betrachtung und Abwägung findet nicht statt.

Sollte an dieser Stelle der Eindruck entstanden sein, der Autor habe etwas gegen Innovationen, so ist dieser Eindruck eindeutig falsch. Ohne Zweifel: Innovationen sind der Antriebsmotor von Gesellschaft und Wirtschaft. Ohne Neuerungen und Veränderungen zementieren sich Zustände, erstarren Gesellschaften und erodieren letztlich. Klar ist auch, dass es keine Innovation, keinen Fortschritt ohne ein gewisses Risiko gibt. Das müssen Gesellschaften aushalten können.

Doch die inflationäre Nutzung des Begriffs Innovation nutzt seine Strahlkraft ab. Innovation taugt nicht als Lokomotive einer Politik, die nach dem Motto »Volle Kraft voraus, ganz egal wohin – Hauptsache wir fahren« über die Gleise jagt. Innovation ohne Ziel verfehlt letztlich seine Wirkung. Und diese Ziele muss die Politik setzen und sie den Menschen auch deutlich machen, klar darstellen: Innovation X soll dazu beitragen dieses und jenes zu erreichen oder zu verbessern. Dazu später mehr.

Was können nun Umweltschützer und Umweltpolitiker aus den Innovationsdebatten der Vergangenheit und Gegenwart lernen? Erstens: Sie sollten in der gegenwärtigen Innovationsdebatte mutiger sein. Zugegebenermaßen haben es Umweltschützer zur Zeit nicht einfach: Die Vorstandsvorsitzenden und

Aufsichtsräte verschiedener Unternehmen stempeln die Deutschen und insbesondere die Umweltschützer nicht selten als »innovationsfeindlich« ab. Da werden Umweltschützer von BASF-Chef Jürgen Hambrecht im SPIEGEL zu »Gutmenschen«, die »die Industrie mit erhobenem Zeigefinger zum Schlechtmenschen« erklären. Und weiter: »Wenn wir nur die Umwelt in den Vordergrund stellen, dann werden wir am Ende auch keine Gewinne mehr haben, und wir werden auch die Menschen nicht mehr beschäftigen können«. Diese Argumentation hatte man eigentlich seit Ende der siebziger Jahre für überholt geglaubt. Ist es wirklich so einfach? Wird hier nicht dem Umweltschutz eine Rolle zugesprochen, die er nicht hatte und hat – die des mächtigen Stoppers? Sind die Kosten des Umwelt- und Gesundheitsschutzes für die Wirtschaft wirklich unzumutbar? Haben eine intakte Umwelt und gesunde Menschen keinen wirtschaftlichen Wert? Schließlich: Glauben die Wirtschaftsvertreter wirklich, dass der Umweltschutz eines der halbwegs bedeutsamen Probleme der Wirtschaftsentwicklung hierzulande ist? Oder ist man hier besonders forsch, weil man in anderen Politikfeldern den weitaus massiveren Widerstand fürchtet – etwa beim Arbeits- und Tarifrecht, die eine deutlich größere Veränderungsbereitschaft sowohl vom Einzelnen als auch in der Gesellschaft fordern?

Um nicht einseitig zu erscheinen: Wir sollten darüber reden, wo im Umweltschutz unnötig reguliert wird, wo wir weniger Gesetze und Verordnungen brauchen – aber ohne auf elementaren Umwelt- und Gesundheitsschutz zu verzichten. Missachten wir, dass die natürlichen Lebensgrundlagen Basis unseres Lebens und Wirtschaftens sind, wird es uns – im wahren Sinne des Wortes – teuer zu stehen kommen, die erwartbaren Umwelt- und Gesundheitsschäden zu beheben. Das ist keine Ideologie, das ist Ökonomie.

Was also ist für die Umweltschützer zu tun, um aus der kommunikativen Defensive zu kommen? Ich meine, dass vor allem die Erfolge der innovationsorientierten Umweltschutzpolitik der Vergangenheit selbstbewusster und deutlicher kommuniziert werden sollten. Salopp formuliert: Das Licht sollte auf, nicht unter den Scheffel gestellt werden. Die Lebensbedingungen der Menschen sind hierzulande besser geworden, der Umweltschutz hat nicht unerheblich zur Wertschöpfung in Deutschland beigetragen und hält immerhin weit über eine Million Menschen in Arbeit.

Trotz aller angebrachten Kritik an der Kritik der Umweltpolitik brauchen wir aber ein Umdenken in der professionellen Umweltschutz-Szene. Selbstkritik ist hier gefragt. Wir brauchen vor allem neue Kommunikationsstrategien und -formen. Es sollte in der Kommunikation mehr Gewicht auf den individuellen und wirtschaftlichen Nutzen sowie die Chancen, die Umwelt-

und Gesundheitsschutz bieten, gelegt werden. Überspitzt gesagt: Nicht nur Warnungen und Betonung der Risiken – mehr Gewicht auf positive Visionen und Wirkungen des Umweltschutzes. Wie wäre es etwa mit folgender Vision? Deutschland wird bis 2015 Weltmarktführer bei der Nutzung erneuerbarer Energien und rationeller Energienutzung. Wäre dies angesichts der wirtschaftlichen Entwicklung in den Schwellenländern und des zu intensivierenden Klimaschutzes nicht attraktiv?

Nun sind der Blick zurück mit einer selbstbewussten Darstellung der Erfolgsbilanz sowie der Entwurf von Visionen das eine. Das andere ist die Frage, was man jetzt, im Moment, tun kann und muss. Besonders wichtig für eine zeitgemäße, innovationsorientierte Umweltpolitik ist, dass sie klare Ziele mit festen Zeitvorgaben formuliert. Die zentrale Frage muss sein: Was wollen wir bis wann erreichen? An zweiter Stelle kommt dann erst die Frage: Wie wollen wir dies erreichen? Dies scheint manchem selbstverständlich, plant man doch durchaus sein eigenes Leben nach diesen Fragen. Für die Politik ist dies keineswegs selbstverständlich, was freilich auch den kurzen Wahlzyklen mit einem mittlerweile permanenten Wahlkampf geschuldet ist. Was interessiert die Entwicklung in acht, zehn Jahren, wenn in zwei Jahren eine große Wahl bevorsteht? Dieses Dilemma der Politik lässt sich vermutlich nicht auflösen – auch nicht für die Umweltpolitik.

Betrachten wir die Umweltpolitik der vergangenen zwanzig Jahre. Die sah in vielen Bereichen wie folgt aus: Es wurde ein irgendwie und irgendwo definiertes oder gewolltes Ziel vorformuliert. Kaum war der Ziel-Entwurf auf dem Tisch, wurden eifrige Instrumentendebatten geführt. Ergebnis: Ein klares Ziel wurde in der Regel nicht festgelegt, geschweige denn ein Zeitkorridor. Eine der bedeutendsten Ausnahmen war sicherlich das Klimaschutzziel der Bundesregierung von Anfang der 90er Jahre, den Ausstoß an klimaschädlichem Kohlendioxid bis 2005 im Vergleich zu 1990 um 25 % zu verringern. Diese Zielsetzung hat Deutschland nicht nur zu einer Lokomotive für den internationalen Klimaschutz gemacht – ohne dieses Ziel wären sicherlich die Ziele der Europäischen Union nie zustande gekommen. In Deutschland hat sich überdies das Thema Klimaschutz in nahezu allen Bereichen von Politik und Wirtschaft etabliert, wird als Ziel ernst genommen und daran fast allerorten gearbeitet. Dass Deutschland das selbst gesetzte Ziel möglicherweise nicht ganz erreichen wird, ist ausgesprochen bedauerlich, aber keine Katastrophe. Ohne ein formuliertes Ziel wäre nie so viel für den Klimaschutz getan worden. Das Klimaschutzziel ist und bleibt ein Plädoyer für eine klare Umweltpolitik.

Die Autoren der vorangegangenen Beiträge haben für einige wichtige Themenfelder deutlich gemacht, welche innovative Kraft eine mutige, sachorientierte Umweltpolitik haben kann. An erster Stelle sind hier sicherlich die energiebezogenen sowie die verkehr- und transportbezogenen Techniken zu nennen. Energie und Verkehr gehören zu den wichtigsten umweltpolitischen Themen der kommenden Jahre in Deutschland, Europa und weltweit. So hängen nahezu die gesamten Anstrengungen, die in Deutschland, Europa und weltweit zum Schutz des Klimas gemacht werden, an den Feldern Energie und Verkehr. Kaum weniger wichtig sind die Fragen, wie wir generell mit Ressourcen und Rohstoffen sorgsamer umgehen, wie wir deren Raubbau und die sinnlose Verschwendung stoppen. Die Bereitstellung sauberen Trinkwassers nimmt dabei eine besondere Stellung ein.

Wie wir es mit unseren Ressourcen halten – diese Frage hat im Übrigen nicht nur eine umweltpolitische Dimension. Sie ist auch unter dem Blickwinkel der internationalen Sicherheit von Bedeutung. Konflikte um Rohstoffe, Energie und Wasser sind keineswegs utopisch. Es gibt sie in einzelnen Regionen der Welt schon – etwa im Nahen Osten oder in Afrika. Sie können zu einer elementaren Bedrohung für das ohnehin fragile sicherheitspolitische Gleichgewicht in vielen Regionen der Erde werden.

Wie sieht es nun aus mit der Innovationsfähigkeit für den Schutz von Umwelt und Gesundheit in Deutschland? Es ist nicht so, dass man die Menschen, Unternehmen und Forschungseinrichtungen in Deutschland dazu bekehren müsste, sich mit neuen Entwicklungen – auch im und für den Umwelt- und Gesundheitsschutz – zu befassen. In dem Bewusstsein etwa, dass der Schutz der Umwelt – einschließlich der natürlichen Ressourcen – mehr ist als »Ökospinnerei«, forschen und entwickeln schon heute viele Unternehmen, Forschungseinrichtungen und Universitäten an innovativen Lösungen. Das hat in der Regel wenig mit sentimentaler Weltverbesserungsphantasie zu tun, sondern mit der Übernahme von Verantwortung in einer enger zusammenrückenden Welt sowie mit klaren wirtschaftlichen Interessen. Die Entwicklung umweltfreundlicher Techniken – etwa im Bereich der Energiegewinnung oder der rationellen Energienutzung – ist auch ein Wettbewerbsvorteil gegenüber anderen Ländern. Der deutsche Anlagenbau gehört auch im Umweltschutz zu den besten und leistungsstärksten der Welt.

Viele Unternehmen und Forschungseinrichtungen wissen, dass der Umwelt- und Gesundheitsschutz ein Feld ist, auf dem es sich lohnt, zu forschen und zu entwickeln. Aufgabe des Staates muss es sein, diese Arbeiten zu stärken und zu forcieren.

Was kann die Politik tun, um Innovationspotenziale in Deutschland zu fördern und zu nutzen? In Zeiten, da die politischen Weichen in der Europäischen Union in Brüssel oder – im weiter betrachteten Rahmen – durch die Welthandelsorganisation WTO gestellt werden, muss der Blick der Politik natürlich über den deutschen Tellerrand hinausgehen. Aber dies bedeutet nicht, dass man im nationalen Rahmen quasi zur Tatenlosigkeit verdammt wäre. Im Gegenteil: die folgenden sechs Punkte sind meines Erachtens für eine innovationsorientierte Politik im Umwelt- und Gesundheitsschutz in Deutschland von zentraler Bedeutung:

1. Innovationen müssen Ziele haben – auch langfristige, verlässliche Ziele.
2. Deutschland und Europa dürfen im Umweltschutz nicht nachlassen. Vielmehr müssen Innovationen und das Leitbild »Nachhaltige Entwicklung« verknüpft werden.
3. Konsequente Forschungs- und Bildungspolitiken sind der Schlüssel für ein innovationsfreundliches Klima.
4. Eine innovationsorientierte Umweltpolitik sollte die staatliche und private Innovationsforschung auf Umwelt- und Nachhaltigkeitsverträglichkeit begleiten.
5. Innovationen sollten nicht nur technisch definiert werden.
6. Innovationen sollten von der Politik nüchtern und rational betrachtet werden.

Im Folgenden sollen diese Punkte noch erläutert werden:

1. Innovationen brauchen Ziele – auch langfristige, verlässliche Ziele. Diese sind verständlich und eindeutig zu kommunizieren. Vor allem die Politik muss klare Ziele definieren und die Frage beantworten, bis wann und mit welchen Zwischenschritten diese Ziele erreicht werden sollen. Das gilt auch für die Umweltpolitik. Nur so wird sie erstens glaubwürdig und schafft zweitens für Unternehmen und Forschungseinrichtungen Richtungs- und Planungssicherheit. Beide wissen, wohin die Reise geht, können sich darauf einstellen und z. B. nach diesen Vorgaben investieren oder Forschung planen.

2. Deutschland und Europa dürfen im Umweltschutz nicht nachlassen. Falls wir bestehende Standards im Umwelt- und Gesundheitsschutz ohne Not kippen oder herunterfahren und neue Standards von Beginn an interpretationsoffen formulieren, dann ist dies kein Anreiz, innovativ zu werden. Die Latte, über die etwa die Ingenieure bei der Entwicklung neuer Techniken springen müssen, kann schon ordentlich hoch sein. Über kurz oder lang werden sie diese überspringen. Beispiele dafür gibt es genug: Die anspruchsvolle deutsche Gesetzgebung in der Luftreinhaltung, die europäischen Abgasstandards bei Pkw und Lkw und so weiter. Selbstverständlich ist dabei, dass die Politik im Setzen von Standards auch das Machbare im Auge behält. Dies war eigentlich auch immer der Fall. Die Umsetzung innovativer Technikkonzepte zur Vermeidung und Verringerung von Umweltbelastungen in der Industrie ist in den vergangenen Jahrzehnten immer auch an einen anspruchsvollen

rechtlichen Rahmen gekoppelt gewesen. Das bedeutet natürlich, dass es eines effektiven und effizienten Umweltrechts bedarf, das dem Innovationspotenzial des Umweltschutzes Rechnung trägt, es unterstützt und fördert. Um dies zu erreichen, muss man in Deutschland auch die Frage der Gesetzgebungskompetenzen, der Aufteilung dieser Kompetenzen zwischen Bund und Ländern, stellen. Derzeit gibt es im Grundgesetz für die Gesetzgebung im Umweltschutzbereich keinen einheitlichen Kompetenztitel. Vielmehr ist die Gesetzgebungskompetenz auf unterschiedliche Kompetenztitel verteilt, die einzelne Umweltmedien und Umweltgüter erfassen. Dabei unterfallen die Kompetenztitel teils der konkurrierenden Gesetzgebung, teils der Rahmengesetzgebung. Speziell für die Themen Wasserhaushalt, Naturschutz und Landschaftspflege besteht nur eine Rahmengesetzgebungskompetenz. Dies führt dazu, dass z. B. im Gewässerrecht – neben die bundesrechtlichen Regelungen – das Recht von 16 Ländern tritt. Das Recht wird hierdurch unübersichtlich und der Vollzug wird schwierig. Außerdem besteht die Gefahr des »Ökodumping«, des Unterbietens von Umwelt- und Gesundheitsstandards im Wettbewerb der Länder.

Besondere Probleme treten zudem bei der Umsetzung europarechtlicher Vorgaben auf. Die medienübergreifenden Vorgaben können derzeit nicht in jedem Fall einheitlich durch Bundesrecht umgesetzt werden. Das verhindert oder erschwert eine zeitgerechte Umsetzung und führt dazu, dass eine konsistente, qualitativ ausreichende und vollständige Umsetzung in Frage gestellt ist. Die Lösung dieser Probleme liegt in der Schaffung einer einheitlichen konkurrierenden Bundesgesetzgebungskompetenz für den Umweltschutz.

Unabhängig von solchen Detailfragen, ist es sinnvoll, die Innovationsdebatte eng mit dem Nachhaltigkeitsprozess in Deutschland und international zu verbinden.

Beide Begriffe – Innovation ebenso wie nachhaltige Entwicklung – haben mittlerweile für viele den Beigeschmack des Beliebigen. Dies kann man aufbrechen, indem man beide Begriffe zusammenführt und verknüpft. Die Ziele der Nachhaltigkeit sind bekannt – in Deutschland etwa im Rahmen der nationalen Nachhaltigkeitsstrategie. Wie können diese Ziele durch Innovationen – seien es technische oder gesellschaftliche Erneuerungen und Veränderungen – erreicht werden? Diese spannende Frage eröffnet Synergien – für die Nachhaltigkeit ebenso wie für die Innovationsdebatte. Nachhaltigkeit kann der Innovationsdebatte eine Richtung geben.

3. Konsequente Forschungs- und Bildungspolitiken sind der Schlüssel für ein innovationsfreundliches Klima. Sie brauchen größeres Gewicht und klare Ziele. Die Forschungspolitik kann und muss Innovationen fördern. Hier kommt es auf die Schwerpunktsetzung bei der Förderung an. Ein Nebenein-

ander unzähliger Schwerpunkte verwirrt, und so ist es gut, dass die Bundesregierung begonnen hat, die Umwelt- und Nachhaltigkeitsforschung zusammenzufassen. Das Rahmenprogramm »Forschung für die Nachhaltigkeit« stellt zwischen 2005 und 2009 jährlich rund 160 Millionen Euro für vier Handlungsfelder bereit: Konzepte für mehr Nachhaltigkeit in Industrie und Wirtschaft, nachhaltige Nutzungskonzepte für Regionen, Konzepte für nachhaltige Nutzung natürlicher Ressourcen und gesellschaftliches Handeln für Nachhaltigkeit.

Ebenso wichtig – vielleicht nicht sogar wichtiger – ist die Bildungspolitik. Bildung schafft Gestaltungs- und Innovationskompetenz. Manche mögen ja nach der umfänglichen Diskussion, die es seit der Pisa-Studie gegeben hat, schon gar nicht mehr über das Thema Bildung reden. Doch in den Kindergärten und Schulen wird die Basis gelegt für zukünftige Innovationskraft. Wettbewerbe wie »Jugend forscht« zeigen, dass das Potenzial da ist. Es muss nur gesucht und gezielt gefördert werden.

4. Eine innovationsorientierte Umweltpolitik sollte die staatliche und private Innovationsforschung auf Umwelt- und Nachhaltigkeitsverträglichkeit begleiten. Einfacher formuliert, könnte die Umweltpolitik als eine Art TÜV für innovative Technologieentwicklung fungieren – auf der Grundlage nachvollziehbarer Kriterien, die Forschung einhalten sollte.

5. Innovationen sollten nicht nur technisch definiert werden. Vielmehr sind heute soziale Innovationen erforderlich zur Bewältigung der gesellschaftlichen Probleme. Neue Konzepte des Umweltschutzes – wie Stoffstrommanagement, produktionsintegrierter und produktbezogener Umweltschutz, neue Nutzungsstrategien und so weiter – erfordern ein hohes Maß an manchmal neuen Kooperationen entlang der Wertschöpfungsketten oder eine hohe Organisations- und Koordinationsleistung bei gemeinschaftlicher Nutzung, generell eine Verständigung und Zusammenarbeit. Durch die Verständigung zwischen Anbietern und Nutzern von umweltverträglichen Produkten können neue Geschäftsmodelle mit kombinierten Produkt- und Dienstleistungsangeboten entstehen. Umweltschutz und Umweltpolitik können so Träger für gesellschaftliche Prozesse werden, die selbst Innovationen sind und/oder Innovationen fördern.

Nehmen wir das Beispiel produktionsintegrierter Umweltschutz. Er bezeichnet eine Umweltentlastung durch Anwendung innovativer Produktionsverfahren oder Betriebsweisen, die – in medienübergreifender Betrachtung – mit geringeren Umweltwirkungen verbunden sind als die herkömmliche Produktionstechnik. Im Vergleich zum Einsatz nachgeschalteter Umweltschutztechniken, deren Effekte zur Umweltentlastung durch den zusätzlichen Aufwand an Material und Energie zum Teil wieder aufgehoben werden, führt der pro-

duktionsintegrierte Umweltschutz in der Regel zu einer größeren Umweltentlastung, weil er mit einer besseren Material- und Energieeffizienz bei der
Produktion verbunden ist. Daher sind integrierte Umweltschutztechniken
häufig auch wirtschaftlich vorteilhaft.

6. Innovationen – insbesondere neue Techniken – sollten von der Politik
nüchtern und rational betrachtet werden. Technikphobie ist hier ebenso
falsch am Platz wie Technikeuphorie. Welchen tatsächlichen Vorteil bieten
etwa neue Techniken? Erbringen sie die gewünschten »Dienstleistungen«
genau so gut oder gar besser als herkömmliche Methoden, Verfahren oder
Techniken? Wo sind potenzielle Nachteile, welche die gewünschten Vorteile
überdecken könnten? Diese Fragen müssen gestellt und beantwortet werden.
Ein Beispiel dafür ist die Brennstoffzellentechnik. Bei der Umsetzung der
Ziele im Klimaschutz spielt die rationelle Energienutzung und -wandlung
eine herausragende Rolle. Diese wird sie aber nur einnehmen können, falls es
gelingt, verstärkt und kosteneffizient neue Energietechniken zu entwickeln
und einzusetzen. Die Entwicklung und Einführung der Brennstoffzellentechnik – unter anderem auch im Rahmen des von der Bundesregierung
beschlossenen Ausbaus der Kraft-Wärme-Kopplung (KWK) – kann hierbei
wichtige Impulse für Versorgungssicherheit, Beschäftigung und Wertschöpfung in Deutschland bringen.

Keine Frage: Die Brennstoffzelle ist eine faszinierende technische Entwicklung. Ihre Vorteile kommen aus Sicht des Umweltschutzes vor allem dann
zum Tragen, soweit zunehmend regenerative Brennstoffe – also etwa Biogas
oder mittels erneuerbarer Energie erzeugter Wasserstoff – eingesetzt werden.
Mit Blick auf die Dienstleistung, welche die Brennstoffzelle erbringen soll,
sollte man unterscheiden zwischen dem Einsatz dieser Technik im stationären Bereich – also etwa im heimischen Keller und im mobilen Bereich –
also im Verkehr.

Die Brennstoffzelle hat vor allem in der stationären Anwendung in dezentralen Anlagen zur Elektrizitätserzeugung sowie Wärme- und Kältegewin-
nung ein erhebliches Potenzial. Unter den gegenwärtigen Marktbedingungen
und bei den derzeitigen vergleichsweise sehr hohen spezifischen Investitionskosten ist eine rasche breite Markteinführung zwar nicht zu erwarten, denn
sowohl in technischer als auch in wirtschaftlicher Hinsicht besteht noch Ent-
wicklungsbedarf. Vor allem aus Kostengründen dürfte eine breite Markt-
durchdringung der Brennstoffzelle auch nach Erreichen der technischen Verfügbarkeit nur Schritt für Schritt erfolgen. Die Anwendung dieser Technik
wird wohl vorerst eher auf Nischen beschränkt bleiben. Das liegt auch daran,
dass die etablierten, konventionellen dezentralen Energieumwandlungs-
systeme – wie etwa Motor- und Gasturbinen-Blockheizkraftwerke – bei Zu-

verlässigkeit und Wirtschaftlichkeit einen hohen Standard besitzen. Zudem haben sie ebenfalls noch nicht vollständig ausgeschöpfte technische und wirtschaftliche Potenziale.

Aber: Voraussichtlich nach dem Jahr 2005 wird mit erdgasbetriebenen stationären Brennstoffzellen eine hocheffiziente Stromerzeugungstechnologie in den Markt eintreten, die wegen ihrer hohen Flexibilität die dezentrale Kraft-Wärme-Kopplung-Anwendung deutlich attraktiver macht. Unter der Voraussetzung, dass die gegenwärtig laufenden Pilotprojekte keine gravierenden technischen Probleme aufdecken, wird bereits bis zum Jahr 2010 mit einer nennenswerten installierten Gesamtleistung zu rechnen sein.

Die breite Markteinführung der stationären Brennstoffzelle setzt aber voraus, dass die finanzielle Förderung für den Einsatz der Brennstoffzellentechnologie wirksam verbessert wird. Noch ist die gegenwärtige Förderung im Bereich der stationären Brennstoffzellentechnik nicht ausreichend. Hier kann die Politik aktiv werden, z. B. im Rahmen der für Ende 2004 vorgesehenen Überprüfung des KWK-Gesetzes. Insbesondere mit dem in den kommenden Jahren in Deutschland im Kraftwerksbereich bestehenden Erneuerungsbedarf könnten sich für stationäre Brennstoffzellen, die in Kraft-Wärme-Kopplung betrieben werden, erhebliche Chancen ergeben.

Weniger positiv ist der Brennstoffzellen-Einsatz im Verkehr zu sehen. Brennstoffzellen-Antriebe zeigen – wenn sie mit fossilen Brennstoffen betrieben werden – keine Klima- und Ressourcenschutzvorteile gegenüber fortschrittlicher konventioneller Antriebstechnologie. Nur falls der Kraftstoff aus regenerativen Energien gewonnen wird, haben Brennstoffzellen-Antriebe Vorteile in diesem Bereich. Darin ist sich mittlerweile das Gros der Wissenschaftler und Entwickler einig. Die Nutzung regenerativer Energieträger im Verkehrsbereich steht aber in Konkurrenz zu deren stationärer Nutzung. Kurz- und mittelfristig ist dabei der stationäre Einsatz aus Klima- und Ressourcenschutzsicht erheblich günstiger.

Wer Innovationen fördern will, muss sich auch mit den potenziellen Risiken befassen. Sicher gibt es keine Innovation ohne Risiken. Es hat aber nichts mit einem Mangel an Risikobereitschaft zu tun, wenn man sich auch fragt, ob etwa bestimmte Techniken »Nebenwirkungen« haben, die deren potenziellen Nutzen übersteigen; das ist im Gegenteil wichtiger Baustein einer vernünftigen Betrachtung und muss keineswegs bedeuten, dass man angesichts möglicher Risiken von Innovationen wie das sprichwörtliche Kaninchen vor der Schlange erstarrt – und es lieber sein lässt. Aber zur Ehrlichkeit in der Innovationsdebatte gehört es auch, dass mögliche negative Wirkungen identifiziert und angesprochen werden. Die Entscheidung über Innovationen muss in einer Abwägung fallen. Nichts wäre nämlich der Debatte um Innovationen abträglicher als Neuerungen und technische Entwicklungen, die nicht halten, was vorab versprochen wurde. Innovationen dürfen keine Illusionen sein.

DIE
AUTOREN

CLAUDE FUSSLER

Direktor des World Business Council for Sustainable Development (WBCSD). Sonderberater des UN Global Compact. Leitete die Vorbereitungen der Aktivitäten des WBCSD zum Weltgipfel für nachhaltige Entwicklung in Johannesburg 2002. Bis 2001 Vizepräsident von Dow Europe. Autor mehrerer Bücher zum Thema Umwelt und Wirtschaft, u. a. Raising the Bar und Driving Eco-Innovation.

PROF. DR. ARNIM VON GLEICH

Professor für Technikbewertung, Fachbereich Maschinenbau und Produktion, Fachhochschule Hamburg (Hochschule für Angewandte Wissenschaften Hamburg), Mitglied der Enquête-Kommission »Schutz des Menschen und der Umwelt – Ziele und Rahmenbedingungen einer nachhaltig zukunftsverträglichen Entwicklung« des 13. Deutschen Bundestags. Mitbegründer des Instituts für ökologische Wirtschaftsforschung gGmbH Berlin, 1999 Berufung in die »Grüne Akademie« der Heinrich Böll Stiftung, u. a. Mitarbeit bei der Ausarbeitung eines »Memorandums zur Innovationspolitik«, 2000 Berufung in die Risikokommission der Bundesregierung zur »Neuordnung der Verfahren und Strukturen der Risikobewertung und Standardsetzung im gesundheitlichen Umweltschutz der Bundesrepublik Deutschland« 2001–2003 Vergabeausschuss der »Innovationsstiftung Hamburg – Stiftung des öffentlichen Rechts«

PROF. DR. ARMIN GRUNWALD

Leiter des Instituts für Technikfolgenabschätzung und Systemanalyse des Forschungszentrums Karlsruhe (ITAS) und Professor an der Universität Freiburg seit 1999. Seit 2002 auch Leiter des Büros für Technikfolgen-Abschätzung beim Deutschen Bundestag (TAB). Sprecher des Programms »Nachhaltige Entwicklung und Technik« der Helmholtz-Gemeinschaft. Arbeitsgebiete: konzeptionelle und methodische Fragen der Technikfolgenabschätzung und der Ethik in der Technikgestaltung, Wissenschaftstheorie, Nachhaltigkeit und Technik.

DR. VOLKER HAUFF

Senior Vice President der BearingPoint Deutschland GmbH, Frankfurt (ehemals KPMG Consulting GmbH). Seit September 2001 Vorsitzender des Rates für Nachhaltige Entwicklung der deutschen Bundesregierung. Von 1969 bis 1989 Mitglied des Deutschen Bundestages, 1978–1980 Staatssekretär und Bundesminister für Forschung und Technologie, 1980–1982 Bundesminister für Verkehr; 1989–1991 Oberbürgermeister der Stadt

Frankfurt am Main. Volker Hauff war Mitglied der »World Commission On Environment And Development« der Vereinten Nationen unter Vorsitz der damaligen norwegischen Ministerpräsidentin Gro Harlem Brundtland (1985–87).

DR. HARALD HIESSL

Seit 1996 Abteilungsleiter Umwelttechnik und Umweltökonomie des Fraunhofer Instituts für Systemtechnik und Innovationsforschung (ISI) in Karlsruhe. Arbeitsschwerpunkte: Innovationsprozesse im Bereich von Infrastruktursystemen, Innovationsstrategien für ressourceneffiziente Technologien und Produkte, Handlungsoptionen für eine nachhaltige Wasserwirtschaft sowie für die Umsetzung der Kreislaufwirtschaft, Technikvorausschau.

PROF. DR.-ING. EBERHARD JOCHEM

Ordentlicher Professor für Nationalökonomie und Energiewirtschaft an der ETH Zürich. Gründete dort 1999 mit seinen Kollegen Massimo Filippini und Daniel Spreng das Centre for Energy Policy and Economics (CEPE); Forschungsschwerpunkte: Energie- und Materialeffizienz aus technischer, ökonomischer und politikwissenschaftlicher Sicht. Lehrverpflichtungen an der ETH Zürich und an der ETH Lausanne zu Themen der Energiewirtschaft, Technologiediffusion und Energie- und Klima-Politik. 1983–1999 stellvertretender Institutsleiter des Fraunhofer Instituts für Systemtechnik und Innovationsforschung (Fh-ISI). Mitglied verschiedener nationaler und internationaler wissenschaftlicher Gremien, darunter Vice Chair des Intergovernmental Panel on Climate Change (IPCC, 1997–2002), Mitglied der Enquête-Kommission (2000–2002), Mitglied des Rates für Nachhaltige Entwicklung der deutschen Bundesregierung. Mitglied des Beirates von drei wissenschaftlichen Zeitschriften. Bundesverdienstkreuz für die Forschungsarbeiten zur Energieeffizienz und die Vermittlung ihrer Ergebnisse an Politik und Wirtschaft (2001).

PROF. DR. STEFAN KUHLMANN

Stellvertretender Institutsleiter des Fraunhofer Instituts für Systemtechnik und Innovationsforschung (ISI) in Karlsruhe. Seit Sommer 2001 auch Professor für Innovation Policy Analysis am Copernicus Research Institute for Sustainable Development and Innovation der Universität Utrecht, Niederlande. Arbeitsschwerpunkte: Governance des Forschungs- und Innovationssystems in Europa; Konzeption, Priorisierung und Evaluation von Forschungs- Technologie-, und Innovationspolitiken; Technikfolgenabschätzung. Kuhlmann ist u. a. Mitglied der High Level Expert Group on »Maximising the wider benefits of competitive basic research funding at European level« (EU-Kommission), des »European RTD Evaluation Network«, des Executive Committee des europäischen Exzellenznetzwerks PRIME (Policies for Research and Innovation on the Move towards the European Research Area), des Leitungsgremiums des »Six Countries Programme – The International Innovation Network«, des Editorial Advisory Board der Zeitschrift »Evaluation« sowie Associate Editor des »International Journal of Foresight and Innovation Policy (IJFIP)«.

DR. CARSTEN ORWAT

Wissenschaftlicher Mitarbeiter am Institut für Technikfolgenabschätzung und Systemanalyse des Forschungszentrums Karlsruhe in der Helmholtz-Gemeinschaft. Mehrere Forschungsprojekte der Technikfolgenabschätzung von Informations- und Kommunikationstechnologien. Gegenwärtig ist er Koordinator des europäischen Projektes INDICARE – The Informed Dialogue about Consumer Acceptability of DRM Solutions in Europe.

PROF. DR. KONRAD OTT

Seit 1997 Professor für Umweltethik an der Ernst-Moritz-Arndt-Universität Greifswald. Mitglied im Deutschen Rat für Landespflege und im Rat vom Sachverständigen für Umweltfragen. Arbeitsgebiete: Allgemeine Ethik und Umweltethik, Theorien von Nachhaltigkeit, ethische Aspekte des Klimawandels, Naturschutzbegründungen, Naturschutzgeschichte, Technikfolgenabschätzung.

PROF. DR. FRANZ JOSEF RADERMACHER

Seit 1987 Leiter des Forschungsinstituts für anwendungsorientierte Wissensverarbeitung (FAW) in Ulm. Professur für Datenbanken und Künstliche Intelligenz an der Universität Ulm. 1992–1993 Mitglied in der »Zukunftskommission Wirtschaft 2000«, 1994–1996 Mitglied im »Innovationsbeirat«, 1995–1996 Mitglied der Enquête-Kommission »Entwicklungschancen und Auswirkungen neuer Informations- und Kommunikationstechnologien Baden-Württemberg (Multimedia-Enquête)«. 1995–2001 Mitglied im »Information Society Forum« der Europäischen Kommission (seit Anfang 1997 zugleich Leiter der Arbeitsgruppe 4 »Sustainability in an Information Society« sowie Mitglied des Steering Committee). 1997–2001 Sprecher der Arbeitsgruppe »Informationsgesellschaft und Nachhaltige Entwicklung« im Forum Info 2000/Forum Informationsgesellschaft der Bundesregierung. 1997 Berufung in den wissenschaftlichen Beirat der EXPO 2000 GmbH für die Themenbereiche »Planet of Visions« und »Das 21. Jahrhundert«. Seit

2000 Mitglied des Wissenschaftlichen Beirats beim Bundesministerium für Verkehr, Bau- und Wohnungswesen (BMVBW). Seit 2000 Sprecher des »Global Society Dialogue« des Information Society Forums der EU. Seit 2001 Vizepräsident des Ökosozialen Forums Europa. Seit 2002 Mitglied im Beirat der Landesregierung Baden-Württemberg für nachhaltige Entwicklung sowie Mitglied in der Jury für die Auswahl des Deutschen Umweltpreises. Seit 2002 aktives Mitglied des Club of Rome. Seit 2003 Vorsitzender des Wissenschaftlichen Beirates des Bundesverbandes für Wirtschaftsförderung und Außenwirtschaft (BWA).

DR. ALBRECHT RITTMANN

Leiter der Abteilung »Umweltpolitik, Ökologie, Abfallwirtschaft« im Ministerium für Umwelt und Verkehr Baden-Württemberg; dort zuständig für die Bereiche: Grundsatzfragen der Umweltpolitik, Ökologie, Umweltforschung, Klimaschutz, Rechtsangelegenheiten des Ministeriums, Abfallwirtschaft sowie die Akademie für Umwelt- und Naturschutz. 1996–2001 Leiter der Abteilung »Industrie und Gewerbe« im Ministerium für Umwelt und Verkehr Baden-Württemberg. 1988–1996 Chef des Protokolls der Landesregierung von Baden-Württemberg

PROF. DR. WALTER TRÖSCH

Stellvertretender Leiter des Fraunhofer-Instituts für Grenzflächen- und Bioverfahrenstechnik IGB, Stuttgart, Leiter des Bereichs Umweltbiotechnologie und Bioverfahrenstechnik des IGB, Hauptarbeitsgebiete: Regenerative Energiegewinnung aus organischen Abfallstoffen, urbanes Wasser- und Abwassermanagement, nachwachsende Rohstoffe aus Mikroalgen, Recycling von P- und N-Wertstoffen aus Abwasser, Systemanalyse von Bioprozessen. Apl. Professor für Biotechnologie an der Universität Hohenheim: Umweltbiotechnologie und Nachhaltigkeit.

PROF. DR. ANDREAS TROGE

Präsident des Umweltbundesamtes. 1981–1986 Umweltreferent im Bundesverband der Deutschen Industrie; 1986–1990 Geschäftsführer des Instituts für gewerbliche Wasserwirtschaft und Luftreinhaltung e.V. (IWL) und der Überwachungsgemeinschaft Chemieanlagenbetreiber (Üchem). 1990–1995 Vizepräsident des Umweltbundesamtes. 1996 Ernennung zum Honorarprofessor der Universität Bayreuth. Hauptforschungsgebiete: verkehrsbedingte Umweltbelastungen, Theorie und Praxis der Wirtschaftsordnungen, ökonomische Theorie, Umweltökologie.

PRIVATDOZENT DR. RAINER WALZ

Studium der Volkswirtschaftslehre und Politikwissenschaft. Promotion 1992, Habilitation 2002, jeweils in Volkswirtschaftslehre an der Universität Freiburg. Wissenschaftlicher Mitarbeiter an der Universität Wisconsin und der Enquête-Kommission »Vorsorge zum Schutz der Erdatmosphäre« des Deutschen Bundestages. Seit 1991 am FhG-ISI, seit 1996 als Stellvertretender Abteilungsleiter. Forschungsgebiete und Publikationen im Bereich Operationalisierung von Nachhaltigkeit, Wechselwirkungen zwischen Wirtschaft und Umwelt sowie Design und Evaluierung von umwelt- und energiepolitischen Maßnahmen. Mitgliedschaft in internationalen Gremien sowie Lehrtätigkeit an den Universitäten Freiburg und Karlsruhe.

PROF. DR. GERHARD ZEIDLER

Vorsitzender des Vorstands des DEKRA e.V., Vorsitzender des Aufsichtsrats der DEKRA AG. 1996 Vorsitzender des Aufsichtsrats der Perot Systems Corp., Central Europe, bis 1995 Vorsitzender des Vorstands der ALCATEL SEL AG. Inhaber des Verdienstkreuzes 1. Klasse des Verdienstordens der Bundesrepublik Deutschland; Ehrensenator der Technischen Hochschule Darmstadt; Honorarprofessor der Universität Stuttgart; Honorarkonsul der Republik der Philippinen für Baden-Württemberg und Hessen.

IMPRESSUM

Dieses Buch ist Herrn Minister Ulrich Müller MdL
zu seinem 60. Geburtstag gewidmet.

HERAUSGEBER

Stefan Mappus MdL
Minister für Umwelt und Verkehr
des Landes Baden-Württemberg
Kernerplatz 9
70 182 Stuttgart

REDAKTION

Dr. Pascal Bader
Referat 21 – Grundsatzfragen der Umweltpolitik
Ministerium für Umwelt und Verkehr
Baden-Württemberg
Kernerplatz 9
70 182 Stuttgart
Telefon: +49 (0)7 11 / 126-0
Telefax: +49 (0)7 11 / 126-2881
E-Mail: poststelle@uvm.bwl.de
Internet: www.uvm.baden-wuerttemberg.de

WISSENSCHAFTLICHE BERATUNG

Dr. Harald Hiessl
Fraunhofer-Institut für
Systemtechnik und Innovationsforschung (ISI)
Breslauer Straße 48
76 139 Karlsruhe
Telefon: +49 (0)7 21 / 68 09-0
Telefax: +49 (0)7 21 / 68 91 52
E-Mail: isi@fraunhofer.de
Internet: www.isi.fhg.de

WISSENSCHAFTLICHE UNTERSTÜTZUNG

Dr. Wolfgang Schade
Universität Karlsruhe
Institut für Wirtschaftspolitik und Wirtschafts-
forschung (IWW)/Kollegium am Schloss, Bau IV
76 128 Karlsruhe
Telefon: +49 (0)7 21 / 608 43 71
Telefax: +49 (0)7 21 / 608 84 29
E-Mail: wolfgang.schade@iww.uni-karlsruhe.de
Internet: www.iww.uni-karlsruhe.de

GESTALTUNG

L2M3 Kommunikations Design GmbH
Rosenbergstrasse 82
70 176 Stuttgart
Telefon: +49 (0)7 11 / 99 33 91 60
Telefax: +49 (0)7 11 / 99 33 91 70
E-Mail: info@L2M3.com
Internet: www.L2M3.com

FOTOGRAFIE

Brigida Gonzalez
Mitarbeit: Andreas Brenner
Schnellweg 1
70 199 Stuttgart
Telefon: +49 (0)7 11 / 60 24 91
Telefax: +49 (0)7 11 / 64 56 07 20
E-Mail: mail@fotografie-gonzalez.de
Internet: www.fotografie-gonzalez.de

Die Artikel geben die Meinungen der Autoren wieder.

Die Fotografien stammen aus der Ausstellung »Erde 2.0 – Baden-Württemberg zeigt Technologien für morgen«, die anlässlich des 50. Jubiläums des Landes Baden-Württemberg vom 15.06.–28.07.2002 auf der Messe Stuttgart Killesberg gezeigt wurde.

Druck: Appl, Wemding
Bindung: Appl, Wemding